T0211287

Nichtlineare Deskriptormodelle

Felix Gausch

Nichtlineare Deskriptormodelle

Analyse- und Syntheseverfahren

Unter Mitwirkung von Nicolaos Dourdoumas

 Springer Vieweg

Felix Gausch
Paderborn, Deutschland

Nicolaos Dourdoumas
Graz, Österreich

ISBN 978-3-658-31943-4   ISBN 978-3-658-31944-1   (eBook)
https://doi.org/10.1007/978-3-658-31944-1

Die Deutsche Nationalbibliothek verzeichnet diese Publikation in der Deutschen Nationalbibliografie;
detaillierte bibliografische Daten sind im Internet über http://dnb.d-nb.de abrufbar.

Planung/Lektorat: Reinhard Dapper
Springer Vieweg ist ein Imprint der eingetragenen Gesellschaft Springer Fachmedien Wiesbaden GmbH und ist
ein Teil von Springer Nature.
Die Anschrift der Gesellschaft ist: Abraham-Lincoln-Str. 46, 65189 Wiesbaden, Germany

Vorwort

Die System- und Regelungstheorie hat in ihrer Fortentwicklung Methoden hervorgebracht, die unverzichtbare Instrumente zur Bewältigung von komplexen Aufgabenstellungen in der Automatisierungstechnik geworden sind. Obwohl die Anfänge der Automatisierungstechnik weit in die Vergangenheit zurückreichen, sind die anspruchsvollen Erfolge erst in den letzten Jahrzehnten erzielt worden.

So gab es praktisch erfolgreiche automatisierungstechnische Lösungen bereits über mehrere Jahrhunderte, etwa von den vorchristlichen griechischen Automatentechniken bis zum Fliehkraftregler zur Beibehaltung der Drehzahl von Dampfmaschinen gegen Ende des 18. Jahrhunderts.

Systematische Erfolge jedoch wurden durch die Analyse des Frequenzverhaltens von elektronischen Verstärkern zu Beginn des 20. Jahrhunderts eingeleitet und mündeten in vielfältigen Methoden zum Entwurf linearer Regelungssysteme.

Es war im Nachhinein gesehen äußerst gewinnbringend, diese Frequenzbereichsbetrachtungen anschließend mit Zustandsraumbetrachtungen in einem bildlichen Sinne zu „überholen"; sie öffneten dann die Türen in das weite Feld der Analyse und Synthese von nichtlinearen Regelungssystemen. Seit der 2. Hälfte des 20. Jahrhunderts wird diese Thematik auf der Basis von mathematischen Modellen im Zustandsraum extensiv und äußerst erfolgreich bearbeitet.

Schließlich hat sich gegen Ende des 20. Jahrhunderts überwiegend durch den voranschreitenden Einsatz rechnergestützter Modellierungswerkzeuge die Notwendigkeit abgezeichnet, den Zustandsraum zu „verlassen" und die entwickelten Konzepte für eine neue Klasse von Modellen „fit" zu machen – damit ist die Klasse der Deskriptormodelle angesprochen und dies ist der Punkt, an dem das vorliegende Buch anknüpft.

Eine Arbeitsgruppe im Institut für Elektrotechnik und Informationstechnik der Universität Paderborn hat sich über eineinhalb Jahrzehnte mit der system- und regelungstheoretischen Untersuchung von mathematischen Modellen in Deskriptorform befasst. Also mit nichtlinearen Modellen zur Beschreibung der Dynamik von Systemen, die herkömmlich – das heißt, nicht ausschließlich – durch Verkopplung von mehreren Teilsystemen entstanden sind, wobei deren Dynamik über Zustandsmodelle beschrieben wird. Auf diese Weise entsteht ein mathematisches Modell des Gesamtsystems, das neben der Kollektion der Zustandsdifferentialgleichungen der einzelnen Teilsysteme auch noch einen Satz von algebraischen Gleichungen enthält, womit die konkrete Zusammenschaltung der Teilsysteme zum Gesamtsystem erfasst wird. Ein derartiges Gleichungssystem wird als *differential-algebraisches* bzw. *differentiellalgebraisches Gleichungssystem* oder als *Algebro-Differentialgleichungssystem* bezeichnet. In diesem Buch wird vornehmlich auf das Akronym *DAE* für **D**ifferential **A**lgebraic **E**quations bzw. auf die Bezeichnung *Deskriptormodell* zurückgegriffen.

Die Beschäftigung mit dieser Klasse von Modellen wird umso bedeutender, je häufiger die Ermittlung mathematischer Modelle zur Beschreibung der Dynamik komplexer Systeme mit rechnergestützten, objekt-orientierten Modellierungswerkzeugen (Computer-Algebra-Systeme wie z. B. DYMOLA™) durchgeführt wird. Denn vor allem diese automatisierte Aggregation von Elementarmodellen liefert ein Gesamtmodell in Deskriptorform. Auch in jenen Fällen, in denen das *Deskriptormodell* durch mathematische Umformungen in ein *Zustandsmodell* überführt werden kann, ist ein solcher Übergang mit Blick auf die formale Komplexität des Ergebnisses oder den Verlust von Informationen z. B. über herrschende Zwangsbedingungen nicht immer ratsam; in anderen Fällen, in denen das *DAE-System* Gleichungen für implizit gegebene Funktionen von Systemvariablen enthält, deren Lösungen nicht explizit formuliert werden können, auch wenn sie eindeutig existieren, kann deswegen ein explizites Zustandsmodell nicht ermittelt werden. Es besteht daher ein Bedarf an Verfahren zur systemtheoretischen Analyse bzw. zur regelungstheoretischen Synthese von nichtlinearen dynamischen Systemen auf der Basis von mathematischen Modellen in Deskriptorform.

Während für die Behandlung der Klasse von linearen Systemmodellen in der Deskriptordarstellung eine weitgehend geschlossene Systemtheorie entwickelt wurde, ist hingegen die Entwicklung der Theorie für nichtlineare Systemmodelle in Deskriptordarstellung noch im Fluss.

Im vorliegenden Buch wird das Ziel verfolgt, jene Teile dieser von der Arbeitsgruppe entwickelten Theorie, die für die Lösung von praktischen Automatisierungsproblemen relevant erscheinen, darzustellen. Dabei werden nach der Entwicklung spezieller Analyseverfahren die Schwerpunkte auf den Entwurf einer Rückführung zur exakten Linearisierung und Entkopplung des E/A-Verhaltens von Mehrgrößensystemen, auf den Entwurf von Beobachtern für nichtlineare Mehrgrößensysteme und auf die Realisierbarkeit von verkoppelten Deskriptormodellen gelegt. Es werden ausschließlich zeitkontinuierliche und zeitinvariante dynamische Systeme betrachtet.

Wesentliche Beiträge zur Entwicklung der Verfahren stammen von Frau Dr.- Ing. Pia MÜLLER und von den Herren Dr.-Ing. Carsten BALEWSKI, Dipl.-Ing. Robel BESRAT, Dr.-Ing. Jörg MENKE und Dr.-Ing. Nenad VRHOVAC – dafür danke ich ihnen ganz besonders.

Darüber hinaus schulde ich Herrn Professor Dr.-Ing. Nicolaos DOURDOUMAS von der Technischen Universität Graz größten Dank für seine leidenschaftlich vorgetragene Kritik und seine endlosen Bemühungen, die Formulierungen in ihrer Präzision zu schärfen; seine Vorschläge waren stets treffsicher und eine große Hilfe bei der Gestaltung der Lektüre.

Paderborn   Felix Gausch
Mai 2020

Nomenklatur

Druckbild

In mathematischen Formulierungen werden (algebraische) Vektoren mit fettgedruckten Kleinbuchstaben dargestellt, Matrizen werden mit fettgedruckten Großbuchstaben gekennzeichnet und skalare Größen werden im Normaldruck geschrieben. In Strukturbildern erscheinen Blöcke mit denen eine Dynamik zwischen den Ein- und Ausgangsgrößen erfasst wird, fett umrandet bzw. mit einem Schatten hinterlegt und Signalpfade mit mehreren skalaren Größen werden mit Doppellinien nachgebildet; letzteres gilt sinngemäß auch für das Implikations-bzw. Äquivalenzzeichen. Alle auftretenden Größen und Signale sind reellwertig.

Zeichen

M	$(n \times m)$-dimensionale Matrix: $M = \{m_{i,j}\}$, $i = 1, \ldots, n$; $j = 1, \ldots, m$
M^{-1}	Inverse einer regulären Matrix
M^T	Transponierte einer Matrix
e^M	Matrix-Exponentialfunktion
E	Einheitsmatrix passender Dimension
v^T	Zeilenvektor; transponierter Spaltenvektor: $v^T = [v_1, \ldots, v_n]$
R^n	n-dimensionaler Vektorraum
$\mathcal{S}$	Menge in R^n
$\mathcal{S}^c$	Komplement der Menge $\mathcal{S}$ in R^n
$\mathcal{M}$	(HAUSDORFF-)Mannigfaltigkeit auf R^n
$\cap$	$A \cap B$ Schnittmenge (Durchschnittsmenge) von A und B
$\cup$	$A \cup B$ Vereinigungsmenge von A und B
$\setminus$	$A \setminus B$ Differenzmenge (Restmenge) von A und B d. h. A ohne B
$\Re(z)$	Realteil einer komplexen Zahl z
$\mathbb{N}_0$	Natürliche Zahlen inklusive 0: $\mathbb{N}_0 = \{0,1,2,3,\ldots\}$
Δ	Ende einer Definition

$\Diamond$	Ende einer Behauptung, Folgerung oder eines Beispiels
$\Diamond \Rightarrow$	Vorläufiges Ende eines Beispiels; es wird fortgesetzt
$\square$	Ende eines Beweises

Bezeichnungen

$\dim\{\mathbf{v}\}$	Anzahl der Elemente des Vektors $\mathbf{v}$
$\|\mathbf{v}\|$	eine Norm des Vektors $\mathbf{v}$
$\dot{x}$	$x(t)$ einmal total nach t abgeleitet: $\dot{x} = \dfrac{dx(t)}{dt}$
$\ddot{x}$	$x(t)$ zweimal total nach t abgeleitet: $\ddot{x} = \dfrac{d^2 x(t)}{dt^2}$
$\overset{(v)}{x}$	$x(t)$ v-mal total nach t abgeleitet: $\overset{(v)}{x} = \dfrac{d^v x(t)}{dt^v}$
$\dfrac{\partial c(\mathbf{x})}{\partial \mathbf{x}}$	Ableitung des Skalars $c(\mathbf{x})$ bezüglich des Spaltenvektors $\mathbf{x}$ mit $\dim\{\mathbf{x}\} = n$: $$\frac{\partial c(\mathbf{x})}{\partial \mathbf{x}} = \left[\frac{\partial c}{\partial x_1}, \ldots, \frac{\partial c}{\partial x_n}\right]$$
$\dfrac{\partial \mathbf{f}(\mathbf{x})}{\partial \mathbf{x}}$	JACOBI-Matrix der Funktion $\mathbf{f}(x)$ mit $\dim\{\mathbf{f}\} = p$ bezüglich $\mathbf{x}$ mit $\dim\{\mathbf{x}\} = n$ (Spaltenvektoren $\mathbf{f}, \mathbf{x}$): $$\frac{\partial \mathbf{f}(\mathbf{x})}{\partial \mathbf{x}} = \left\{\frac{\partial f_i}{\partial x_j}\right\}, i = 1, \ldots, p; j = 1, \ldots, n$$
$[[v_1, v_2]] =$	LIE-Klammer im $\mathbb{R}^n$; $v_1, v_2 \in \mathbb{R}^n$ (s. Anhang C.4)
$\exists\{\cdot\}$	es existiert $\{\cdot\}$
$\neg\exists\{\cdot\}$	es existiert $\{\cdot\}$ nicht bzw. nicht eindeutig, je nach Kontext
$\mathrm{rang}\{\mathbf{M}\}$	Rang der Matrix $\mathbf{M}$
$\displaystyle\sum_{l,b(l)}^{n,m}$	Summation läuft von $l = n$ bis $l = m$, ausgenommen jene l, für die die Bedingung $b(l)$ falsch ist

Variable/Größen

$\mathbf{x}$	Zustands- bzw. differentielle Variable, $\dim\{\mathbf{x}\} = n$
$\mathbf{z}$	algebraische Variable, $\dim\{\mathbf{z}\} = p$
$\mathbf{w}$	Deskriptorvariable $\mathbf{w} = [\mathbf{x}^T, \mathbf{z}^T]^T$, $\dim\{\mathbf{w}\} = n + p =: \hat{n}$
k	Differentiationsindex (2.22) eines DAE-Systems
k_i	Differentiationsindex (2.24) einer algebraischen Gleichung eines DAE-Systems

k_S	Summenindex (2.31) eines DAE-Systems
$\tilde{n}$	Anzahl der Freiheitsgrade in einem dynamischen System, Gl. (2.32) für Deskriptormodelle
r_i	relativer Grad (3.7) der Ausgangsgröße y_i
γ_i	Ableitungsgrad (3.15) der Ausgangsgröße y_i
$\boldsymbol{\gamma}$	vektorieller Ableitungsgrad – Def. 3.3
$\mathbf{r}$	vektorieller relativer Grad – Def. 3.4
s, σ	Pol, Eigenwert in der komplexen Ebene (ohne Angabe der zugehörigen Einheit)
λ	Verstärkungsfaktor der linearen Eingangs-Ausgangsdynamik (Kanaldynamik)

Abkürzungen

AI	Affine Input (eingangsaffine Systeme)
ALS	Analytische Systeme mit linearer Steuerung (eingangsaffine Systeme)
DAE	Differential Algebraic Equations
DGL	Differentialgleichung
E/A	Eingang(s)-Ausgang(s)
ODE	Ordinary Differential Equation
OP	Operationsverstärker
SISO	Bezeichnung eines Eingrößensystems (single input single output system)
MIMO	Bezeichnung eines Mehrgrößensystems (multiple input multiple output system)

Verweis in Rechenschritten

In mehrschrittigen mathematischen Abhandlungen wird mit Strukturen der Art

$$y = f(\cdot)$$
$$= \cdots X \cdots$$
$$= g(\cdot)$$

darauf verwiesen, dass aus dem Ausdruck f unter Beachtung des Zusammenhangs bzw. der Vorgabe oder Bedingung X der Ausdruck g folgt.

Ergebnisse

In mathematischen Veröffentlichungen ist es gängige Praxis, mathematische Sätze bezüglich ihrer Rangordnung in vier Kategorien

- Theorem (Hauptsatz)
- Proposition (Satz, Behauptung)
- Korollar (Folgesatz)
- Lemma (Hilfssatz)

einzuteilen, wobei die Grenzen zwischen benachbarten Kategorien durchaus fließend sind. Weit verbreitet ist, einem Theorem einen Satz von zentraler Bedeutung beizumessen und in einer Proposition einen wichtigen Satz zu sehen.

Dieses Schema wird im Rahmen des vorliegenden Buches nicht aufgegriffen; hier gibt es zwei Kategorien:

- Behauptung
- Folgerung

In einer Folgerung werden Ergebnisse zusammengefasst, die sich meist aus dem Kontext ergeben; Folgerungen werden nicht bewiesen. Dem gegenüber werden in einer Behauptung Ergebnisse zusammengefasst, die sich nicht offenkundig aus dem Kontext erschließen; Behauptungen werden bewiesen, zumindest soweit dies mit den zur Verfügung stehenden methodischen Hilfsmitteln möglich ist.

Im Kap. 5 wird ein Ergebnis als

- Postulat

formuliert, weil der Beweis der Aussage als Gegenstand zukünftiger Arbeiten angesehen wird.

Vektorfunktion und Vektorfeld

Die in diesem Buch am häufigsten verwendete Form von Differentialgleichungen zur Beschreibung der Dynamik von Systemen ist die vektorwertige explizite Differentialgleichung erster Ordnung; ihre rechte Seite ist eine vektorwertige Funktion mit gewissen Eigenschaften.

Während in der klassischen Systemtheorie durch diese Vektorfunktion ein Vektorfeld im euklidischen Raum definiert ist, handelt es sich hingegen in den überwiegenden

Fällen dieses Buches um ein Vektorfeld auf einer Mannigfaltigkeit; dies rührt daher, dass die Lösung von differential-algebraischen Gleichungen – also Differentialgleichungen im Verbund mit algebraischen Gleichungen – eng verknüpft ist mit der Lösung von Differentialgleichungen auf Mannigfaltigkeiten. Soll der letztgenannte Umstand betont werden, wird der Begriff Vektorfeld dem Begriff Vektorfunktion vorgezogen.

Inhaltsverzeichnis

Abbildungsverzeichnis

Zustands- und Deskriptormodelle

1

Dieses Kapitel startet mit einem flüchtigen Blick auf dynamische Systeme und die zugehörigen mathematischen Modelle zur Beschreibung der Dynamik, um darauf vorzubereiten, dass Kausalität und Realisierbarkeit als Eigenschaften der Modelle anzusehen sind. So sind z. B. physikalisch-technische Systeme kausal, obwohl deren Modelle das nicht sein müssen; ein Umstand, der von den angewandten Modellierungstechniken abhängig ist.

Anschließend werden die Begriffe Kausalität und Realisierbarkeit als wichtige Eigenschaften von Zustands- bzw. Deskriptor-Modellen untersucht; die Herausbildung derartiger Modelle über unterschiedliche Modellbildungsstrategien wird schließlich an ausgewählten Beispielen demonstriert.

1.1   Systeme und Modelle

Sprechen Regelungstechniker von Systemen, dann meinen sie zum einen dynamische Systeme und zum anderen Systeme von Gleichungen und/oder Differentialgleichungen. Diese sind mathematische Beschreibungen der dynamischen Vorgänge in jenen Systemen, seien es ihre originalen bzw. skalierten Realisierungen oder nur ihre Konzepte. Es sind letztlich mathematische Modelle zur Beschreibung der Vorgänge in dynamischen Systemen und sie können in unterschiedlichen Formen vorliegen. Welche Form sich in einem konkreten Fall ergibt, ist nicht unmittelbar aus dem (dynamischen) System ableitbar, sondern eher der Vorgehensweise bei der Modellierung zuzuschreiben.

Das Aufstellen mathematischer Modelle – die Modellbildung – ist für die Analyse des Systemverhaltens ein unverzichtbarer Vorgang, um den sich aber angesichts der Vielfalt dynamischer Systeme keine geschlossene Theorie konstruieren lässt. Zu dieser Vielfalt gehört auch, dass Systeme aus Teilsystemen bestehen können, die unterschiedlichen Disziplinen zugeordnet sind, so dass es ratsam ist, die Modellierung mit den Grundgesetzen derjenigen Disziplin zu beginnen, welcher das (Teil-)System zuzuordnen ist; z. B. mit den

F. Gausch, *Nichtlineare Deskriptormodelle*,
https://doi.org/10.1007/978-3-658-31944-1_1

Grundlagen der Netzwerkstheorie bei elektrischen Netzwerken, mit den Grundlagen der Mechanik bei der Bewegung von Körpern, mit den Grundlagen der Reaktionskinetik bei chemischen Vorgängen. Sind dann Modelle von Teilsystemen – insbesondere aus unterschiedlichen Disziplinen – zu einem Gesamtsystem zusammenzuschalten, müssen die Kopplungen in geeigneter Weise mathematisch erfasst werden; solche Koppelgleichungen sind meist algebraischer Natur und vervollständigen mit den Differentialgleichungen der Teilmodelle das Gesamtmodell.

Selbst innerhalb einer Disziplin muss die Modellbildungsstrategie nicht eindeutig sein; man denke nur an ein mechanisches System, aufgebaut aus verkoppelten starren Körpern: man kann in puncto Grundlagen auf die NEWTONschen Axiome oder auf den daraus abgeleiteten LAGRANGE-Formalismus zurückgreifen – dieser Fall führt auf ein Modell mit einer minimalen Anzahl von Differentialgleichungen (ein Zustandsmodell), während jener Fall ein differential-algebraisches Modell (ein Deskriptormodell) liefert.

LUENBERGER führte in [42] die Bezeichnung *Deskriptor*variablen ein, um auszudrücken, dass es bei der Modellierung komplexer Systeme oft darum geht, solche Variablen auszuwählen, die das dynamische Verhalten adäquat beschreiben, wobei deren Anzahl nicht zwingend minimal sein muss[1]. Im Abschn. 1.3 sind dazu drei Beispiele mit überschaubarer Komplexität zu finden.

1.2   Kausalität und Realisierbarkeit

Der Fokus dieses Abschnitts ist auf die Eigenschaften *Kausalität* und *Realisierbarkeit* von mathematischen Modellen zur Beschreibung der Dynamik von Systemen gerichtet. Es sei vorweggenommen, dass die Modelle in den folgenden Kapiteln im allgemeinen nicht kausal sind, obwohl in den zugrundeliegenden Systemen die dynamischen Vorgänge zeitlich gesehen derart ablaufen, dass – kurz gesprochen – die Wirkung nicht vor der Ursache auftreten kann. Darüber hinaus seien die zugrundeliegenden Systeme auch (physikalisch, technisch oder auch nur konzeptionell) realisiert, sodass ihre Modelle die Eigenschaft der Realisierbarkeit in dem Sinne widerspiegeln sollten, dass eine dem Modell gerechte Nachbildung der Dynamik keine idealen Differenzierer erfordert.

In vielen Lehrbüchern, insbesondere über die Dynamik linearer Systeme, werden die Begriffe *kausal* und *realisierbar* synonym verwendet; des weiteren findet man in diesem Zusammenhang auch die Begriffe *proper* und *streng proper* – siehe hierzu z. B. [13, 51, 68, 73, 76]. In diesem Abschnitt werden die Eigenschaften *Kausalität* und *Realisierbarkeit* im weiteren Verlauf des Textes über zugehörige Definitionen klar unterschieden; sie bilden die Grundlage für eine Klassifizierung der Modelle in diesem Buch: mit Blick auf die Klasse der zulässigen Modelle sei betont, dass nichtkausale (akausale) Modelle auf realisierbare Modelle beschränkt werden.

---

[1]Das lateinische Verb *describere* mit der Bedeutung *beschreiben* ist der Ursprung für die Wahl der Bezeichnung *Deskriptormodell.*

Es ist nun wichtig, darauf hinzuweisen, dass die genannten Eigenschaften nicht auf das Übertragungsverhalten (Eingang → Ausgang, wie etwa in [68, 76]) bezogen werden, sondern auf das Modell zur Beschreibung der Dynamik des Systems – also ohne Ausgangsgleichungen, durch die Systemgrößen bloß zu Ausgangsgrößen geformt werden. Dadurch wird in diesem Buch ein Konzept verfolgt, auf das z. B. bereits in [51] für lineare und in [73] für nichtlineare Deskriptormodelle Bezug genommen wurde.

Für die folgenden Abhandlungen wird erwartet, dass man mit den Grundlagen der System- und Regelungstheorie vertraut ist. Im Besonderen ist es wichtig, dass dem Leser das Konzept des Zustandes eines dynamischen Systems geläufig ist; dies ist deshalb essentiell, weil in einem Deskriptormodell nicht notwendigerweise alle Systemgrößen auch Zustandsgrößen sind und dieser Aspekt ständig zu beachten ist. Der folgende Blick auf die Bedeutung von Zustandsgrößen soll hilfreich für das Verständnis dieses Aspektes sein.

Ein mathematisches Modell zur Beschreibung des zeitlichen Verhaltens einer Klasse zeitkontinuierlicher und zeitinvarianter dynamischer Systeme besitzt die Form

$$\dot{\mathbf{x}}(t) = \mathbf{f}(\mathbf{x}(t), \mathbf{u}(t)), \tag{1.1}$$

wobei $\mathbf{x}(t) = [x_1(t), \ldots, x_n(t)]^T$ und $\mathbf{u}(t) = [u_1(t), \ldots, u_m(t)]^T$ die Vektoren der Zustands- bzw. der Eingangsgrößen sind. Unter gewissen Stetigkeitsvoraussetzungen bezüglich der vektorwertigen Funktion $\mathbf{f}(\cdot, \cdot)$ (siehe z. B. [79]) besitzt das Differentialgleichungssystem (1.1) für alle Zeiten t im Intervall $[0, \infty)$ eine eindeutige Lösung, die stetig vom Anfangszustand $\mathbf{x}(0) = \mathbf{x}_0$ abhängt.

Dabei sind – die im Sinne der Stetigkeitsvoraussetzungen zulässigen – Eingangsgrößen $u_1(t), \ldots, u_m(t)$ für $t > 0$ m bekannte Funktionen der Zeit und der Anfangszustand $\mathbf{x}_0$ ist ein beliebig vorgebbarer n-dimensionaler Vektor; für die Anzahl $\tilde{n}$ der Freiheitsgrade des Modells (1.1) gilt daher $\tilde{n} = n$ oder anders ausgedrückt, das System besitzt die dynamische Ordnung $\tilde{n} = n$.

Sind im mathematischen Modell etwa idealisierte Schaltvorgänge oder ideale Übertragungseigenschaften von Analog-Digital-Umsetzern zu berücksichtigen (siehe z. B. [20]), ist i. A. die Funktion $\mathbf{f}$ meist nur mehr stückweise stetig, derart, dass sie in einem endlichen Zeitintervall eine endliche Anzahl von Sprungstellen besitzt. In solchen Fällen ist die Zustandsgröße $\mathbf{x}$ trotzdem eine stetige Funktion der Zeit, wie ein Blick auf die formale Lösung der Differentialgleichung (1.1)

$$\mathbf{x}(t) = \mathbf{x}_0 + \int_0^t \mathbf{f}(\mathbf{x}(\tau), \mathbf{u}(\tau)) d\tau \tag{1.2}$$

unter Beachtung der glättenden Eigenschaft des RIEMANN-Integrals in der Lösung (1.2) zeigt. Ein solches Modell wird *kausal* genannt[2], wobei für die Eigenschaft der *Kausalität* folgende Definition gilt.

---

[2]Ein solches Modell wird z. B. in [73] *streng proper* genannt.

Definition 1.1 (Kausalität)

*Ein dynamisches System (bzw. sein mathematisches Modell (1.1)) heißt **kausal**, wenn die Systemgröße $\mathbf{x}(t)$ nicht von der Eingangsgröße $\mathbf{u}(t)$ und auch nicht von deren zeitlichen Ableitungen $\dot{\mathbf{u}}(t)$, $\ddot{\mathbf{u}}(t)$, ... sondern nur vom zeitlichen Integral über $\mathbf{u}(t)$ abhängen.*   △

Bemerkung

Aus grundsätzlichen Überlegungen kann sich der Zustand (das Wesen von Zustandsgrößen ist z. B. in [15, 30, 41] erläutert) eines Systems nicht sprunghaft ändern; dies ist eine Sicht auf die Vorgänge in technisch-physikalischen Systemen, die der klassischen Physik bzw. Mechanik entstammt. Danach löst im Rahmen des Kausalitätsgedankens jede Wirkung kontinuierliche Vorgänge aus, auch wenn die Erregung sprunghaft auftritt. Folglich sind Zustandsmodelle solcher Systeme kausal.

Hingegen sind Deskriptormodelle i. A. nicht kausal; eine wichtige Klasse von Deskriptormodellen in diesem Buch hat die Form:

$$\dot{\mathbf{w}}(t) = \mathbf{f}(\mathbf{w}(t), \mathbf{u}(t), \dot{\mathbf{u}}(t)) \tag{1.3}$$

Ein solches Modell wird *realisierbar* genannt, wobei für die Eigenschaft der *Realisierbarkeit* folgende Definition gilt[3].

Definition 1.2 (Realisierbarkeit)

*Ein dynamisches System (bzw. sein mathematisches Modell (1.3)) heißt **realisierbar**, wenn die Systemgröße $\mathbf{w}(t)$ nicht von den zeitlichen Ableitungen $\dot{\mathbf{u}}(t)$, $\ddot{\mathbf{u}}(t)$, ... der Eingangsgröße sondern nur von $\mathbf{u}(t)$ selbst und/oder vom Integral über $\mathbf{u}(t)$ abhängt.*   △

Zwei einfache Beispiele aus dem Bereich der linearen Systeme sollen die Begriffe Kausalität und Realisierbarkeit veranschaulichen.

Beispiel 1.1 (Kausalität eines linearen Systems)

Das Zustandsmodell eines linearen, zeitinvarianten dynamischen Systems in der Form

$$\dot{\mathbf{x}} = \mathbf{A}\mathbf{x} + \mathbf{B}\mathbf{u} \tag{1.4}$$

mit passenden Dimensionen der Vektoren $\mathbf{x}$, $\mathbf{u}$ und der Matrizen $\mathbf{A}$, $\mathbf{B}$ und mit dem beliebig vorgebbaren Anfangszustand $\mathbf{x}(0) = \mathbf{x}_0$ besitzt die Lösung

$$\mathbf{x}(t) = e^{\mathbf{A}t}\mathbf{x}_0 + \int_0^t e^{\mathbf{A}(t-\tau)}\mathbf{B}\mathbf{u}(\tau)d\tau, \tag{1.5}$$

---

[3]Im Abschn. 2.2.2 wird eine alternative Definition angegeben; sie ist inhaltlich gleich der Definition 1.2, ist aber an die Struktur des Deskriptormodells und nicht an die zugehörige Lösung gebunden. Es wird dabei vorausgesetzt, dass das Deskriptormodell *regulär* ist; die Eigenschaft der Regularität wird dort analysiert und definiert.

die im Einklang mit der Definition 1.1 nur vom zeitlichen Integral über $\mathbf{u}$ *abhängt; das Modell (1.4) ist also kausal.*   ◇

Beispiel 1.2 (Realisierbarkeit eines linearen Systems)
Es sei angenommen, dass die Modellbildung eines aus Teilsystemen aufgebauten Gesamtsystems zunächst das folgende mathematische Modell ergeben hat:

$$\dot{\mathbf{x}} = \mathbf{A}_1\mathbf{x} + \mathbf{A}_2\mathbf{z} + \mathbf{B}_0\mathbf{u} \tag{1.6a}$$

$$\mathbf{0} = \mathbf{A}_3\mathbf{x} \tag{1.6b}$$

Darin seien die Zustandsdifferentialgleichungen zur Beschreibung der Dynamik der einzelnen unverkoppelten Teilsysteme in der Dgl. (1.6a) und die Gleichungen zur Beschreibung der (statischen) Verkopplungen untereinander in der Gl. (1.6b) zusammengefasst. Die Dimensionen der Matrizen $\mathbf{A}_1$, $\mathbf{A}_2$ *und* $\mathbf{B}_0$ *sind durch die Vektordimensionen* $\dim\{\mathbf{x}\} = n$, $\dim\{\mathbf{z}\} = p$ *bzw.* $\dim\{\mathbf{u}\} = m$ *vorgegeben. Mit der* $(p \times n)$*-dimensionalen Matrix* $\mathbf{A}_3$ *werden* $p < n$ *Abhängigkeiten [4] unter den Zustandsvariablen der unverkoppelten Teilsysteme ausgedrückt; diese Beschränkungen (z.B. in den Bewegungsmöglichkeiten) werden durch die Zwänge* $\mathbf{z}$ *(z.B. Zwangskräfte) herbeigeführt.*

Wichtiger Hinweis *Im Allgemeinen sind nicht alle Zustandsgrößen der unverkoppelten Teilsysteme auch Zustandsgrößen im verkoppelten Gesamtsystem; in diesem Beispiel zeigt die Gl. (1.6b), dass gewisse „alte" Zustandsgrößen untereinander verkoppelt sind und schon deswegen im Gesamtsystem den Charakter von Zustandsgrößen verlieren.*

Zur Bestimmung der Lösungen $\mathbf{x}(t)$ *und* $\mathbf{z}(t)$ *ist es zweckmäßig, Gl. (1.6b) zunächst total nach der Zeit zu differenzieren*

$$\mathbf{0} = \mathbf{A}_3\dot{\mathbf{x}} = \mathbf{A}_3\mathbf{A}_1\mathbf{x} + \mathbf{A}_3\mathbf{A}_2\mathbf{z} + \mathbf{A}_3\mathbf{B}_0\mathbf{u} \tag{1.7}$$

und dann unter der Annahme einer regulären [5] $(p \times p)$*-dimensionalen Matrix* $(\mathbf{A}_3\mathbf{A}_2)$ *nach* $\mathbf{z}$ *aufzulösen:*

$$\mathbf{z} = -(\mathbf{A}_3\mathbf{A}_2)^{-1}(\mathbf{A}_3\mathbf{A}_1\mathbf{x} + \mathbf{A}_3\mathbf{B}_0\mathbf{u}) \tag{1.8}$$

Somit kann die Systemgröße $\mathbf{z}(t)$ *bei bekannter Eingangsgröße* $\mathbf{u}(t)$ *ermittelt werden, sofern die Systemgröße* $\mathbf{x}(t)$ *bekannt ist; ein Einsetzen der Beziehung (1.8) in die Dgl. (1.6a) ergibt schließlich die Dgl.*

$$\dot{\mathbf{x}} = \left[\mathbf{A}_1 - \mathbf{A}_2(\mathbf{A}_3\mathbf{A}_2)^{-1}\mathbf{A}_3\mathbf{A}_1\right]\mathbf{x} + \left[\mathbf{B}_1 - \mathbf{A}_2(\mathbf{A}_3\mathbf{A}_2)^{-1}\mathbf{A}_3\mathbf{B}_1\right]\mathbf{u} =:$$
$$=: \mathbf{A}\mathbf{x} + \mathbf{B}\mathbf{u} \tag{1.9}$$

---

[4]Mit $p < n$ soll verhindert werden, dass alle ursprünglichen Zustandsgrößen Zwängen unterliegen, womit die Anzahl der Freiheitsgrade im Gesamtsystem verschwinden würde: $\tilde{n} = 0$.
[5]Im singulären Fall erhält man i. A. durch geeignete Weiterführung des Differentiationsprozesses eine reguläre Matrix.

für die noch zu bestimmende Größe $\mathbf{x}(t)$. *Hierin ist die Komposition der neu eingeführten Matrizen* $\mathbf{A}$ *und* $\mathbf{B}$ *offensichtlich. Zu beachten ist, dass der Anfangswert* $\mathbf{x}(0) = \mathbf{x}_0$ *in der Dgl.* (1.9) *nicht beliebig vorgebbar ist, sondern der Beziehung* (1.6b) *genügen muss – also gilt* $\mathbf{0} = \mathbf{A}_3\mathbf{x}_0$.

Die Lösung der Dgl. (1.9), *die formal identisch mit der Lösung* (1.5) *ist, hängt nur vom zeitlichen Integral über* $\mathbf{u}$ *ab; das Modell* (1.9) *ist also gemäß Definition 1.1 kausal. Man beachte, dass zu den Größen, die die Dynamik des Systems* (1.6) *beschreiben, neben* $\mathbf{x}(t)$ *auch noch* $\mathbf{z}(t)$ *gehört – und ein Blick auf die Beziehung* (1.8) *zeigt, dass* $\mathbf{z}$ *mit der Eingangsgröße* $\mathbf{u}$ *sprungfähig ist und deshalb kein kausaler Zusammenhang besteht. Fasst man beide Lösungsanteile* $\mathbf{x}(t)$ *und* $\mathbf{z}(t)$ *in einem Vektor* $\mathbf{w}(t) := [\mathbf{x}^T(t), \mathbf{z}^T(t)]^T$ *zusammen, so hängt die Lösung* $\mathbf{w}(t)$ *des Modells* (1.6) *im Einklang mit der Definition 1.2 vom zeitlichen Integral über* $\mathbf{u}$ *(Lösungsanteil* (1.5)*) und von* $\mathbf{u}$ *(Lösungsanteil* (1.8)*) ab; das Modell* (1.6) *ist realisierbar aber nicht kausal.*

Ein zweiter Lösungsweg: *Er ist als Vorbereitung für noch kommende Kapitel aufzufassen, in denen der Sachverhalt in einem allgemeinen Umfeld behandelt wird. Im allgemeinen (nichtlinearen) Fall kann es vorkommen, dass eine Lösung* (1.8) *nicht explizit angegeben werden kann (siehe Beispiel Gasmischanlage im Abschnitt 1.3.3), obwohl ihre (zumindest lokal eindeutige) Existenz gesichert ist; in solchen Fällen kann aber im Rahmen der sogenannten impliziten Differentiation die Ableitung der Lösung explizit angegeben werden (siehe Anhang B.1). Im vorliegenden Beispiel führt dies nach Differentiation von Gl.* (1.7) *und anschließender Auflösung nach* $\dot{\mathbf{z}}$ *auf:*

$$\dot{\mathbf{z}} = -\left(\mathbf{A}_3\mathbf{A}_2\right)^{-1}\left(\mathbf{A}_3\mathbf{A}_1^2\mathbf{x} + \mathbf{A}_3\mathbf{A}_1\mathbf{A}_2\mathbf{z} + \mathbf{A}_3\mathbf{A}_1\mathbf{B}_0\mathbf{u} + \mathbf{A}_3\mathbf{B}_0\dot{\mathbf{u}}\right) =:$$
$$=: \tilde{\mathbf{A}}_1\mathbf{x} + \tilde{\mathbf{A}}_2\mathbf{z} + \tilde{\mathbf{B}}_0\mathbf{u} + \tilde{\mathbf{B}}_1\dot{\mathbf{u}} \tag{1.10}$$

Auch hierin ist die Komposition der neu eingeführten Matrizen $\tilde{\mathbf{A}}_1$, $\tilde{\mathbf{A}}_2$, $\tilde{\mathbf{B}}_0$ *und* $\tilde{\mathbf{B}}_1$ *offensichtlich.*

Die Dgl. (1.10) *für den Lösungsanteil* $\mathbf{z}(t)$ *ergibt zusammen mit der ursprünglichen Dgl.* (1.6a) *für den Lösungsanteil* $\mathbf{x}(t)$ *anstelle des differential-algebraischen Systems* (1.6) *nunmehr das Differentialgleichungssystem*

$$\begin{bmatrix} \dot{\mathbf{x}} \\ \dot{\mathbf{z}} \end{bmatrix} = \begin{bmatrix} \mathbf{A}_1 & \mathbf{A}_2 \\ \tilde{\mathbf{A}}_1 & \tilde{\mathbf{A}}_2 \end{bmatrix} \begin{bmatrix} \mathbf{x} \\ \mathbf{z} \end{bmatrix} + \begin{bmatrix} \mathbf{B}_0 \\ \tilde{\mathbf{B}}_0 \end{bmatrix} \mathbf{u} + \begin{bmatrix} \mathbf{0} \\ \tilde{\mathbf{B}}_1 \end{bmatrix} \dot{\mathbf{u}},$$

das mit dem oben eingeführten Verbundvektor $\mathbf{w}$ *folgende kompakte Form annimmt*

$$\dot{\mathbf{w}} = \hat{\mathbf{A}}\mathbf{w} + \hat{\mathbf{B}}_0\mathbf{u} + \hat{\mathbf{B}}_1\dot{\mathbf{u}} \tag{1.11}$$

und die Lösung

$$\mathbf{w}(t) = e^{\hat{\mathbf{A}}t}\mathbf{w}_0 + \int_0^t e^{\hat{\mathbf{A}}(t-\tau)}\hat{\mathbf{B}}_0\mathbf{u}(\tau)d\tau + \hat{\mathbf{B}}_1\mathbf{u}(t) \tag{1.12}$$

besitzt. Sie hängt vom Integral über **u** *und von* **u** *selbst ab; das Modell (1.11) ist also im Einklang mit der Definition 1.2 realisierbar – es ist aber nicht kausal.*

Man beachte: Die Vorgabe des Anfangswertes $\mathbf{w}(0) = \mathbf{w}_0$ *in der Lösung (1.12) ist nicht beliebig; der Anfangswert muss sowohl der gegebenen algebraischen Gl. (1.6b) als auch ihrer 1. Ableitung (1.7) genügen:*

$$\mathbf{w}_0 = \begin{bmatrix} \mathbf{x}_0 \\ \mathbf{z}_0 \end{bmatrix} \quad \text{mit} \begin{cases} \mathbf{0} = \mathbf{A}_3\mathbf{x}_0 \\ \mathbf{0} = \mathbf{A}_3\mathbf{A}_1\mathbf{x}_0 + \mathbf{A}_3\mathbf{A}_2\mathbf{z}_0 + \mathbf{A}_3\mathbf{B}_0\mathbf{u}(0) \end{cases}$$

Das sind sogenannte **konsistente Anfangswerte***. Sie sind eine notwendige Bedingung dafür, dass die Lösungen des DAE-Systems (1.6) und des DGL-Systems (1.11) übereinstimmen unter der Voraussetzung der Existenz jeweils einer eindeutigen Lösung beider Systeme [14, 61] bzw. Anhänge B.5 und B.6.*

Zum Abschluss dieses Beispiels wird noch gezeigt, dass das Modell (1.11) auch ohne die nicht realisierbare Differentiation der Eingangsgröße strukturell umgesetzt werden kann, indem man das Modell mit der Zwischengröße $\boldsymbol{\xi} := \mathbf{w} - \hat{\mathbf{B}}_1\mathbf{u}$ *umschreibt:*

$$\dot{\boldsymbol{\xi}} = \hat{\mathbf{A}}\mathbf{w} + \hat{\mathbf{B}}_0\mathbf{u}$$

$$\mathbf{w} = \boldsymbol{\xi} + \hat{\mathbf{B}}_1\mathbf{u}$$

Die Struktur dieser Realisierung ist in Abb. 1.1 wiedergegeben; darin ist der für die Integration erforderliche Anfangswert $\boldsymbol{\xi}(0) = \boldsymbol{\xi}_0$ *im Einklang mit den obigen Bemerkungen bezüglich konsistenter Anfangswerte nicht beliebig vorgebbar.* ◊

Vergleichende Bemerkungen
Im Beispiel 1.1 ist der Anfangswert $\mathbf{x}(0) = \mathbf{x}_0$ beliebig vorgebbar und bei bekanntem Verlauf von $\mathbf{u}(t)$ für $t > 0$ ist die Entwicklung von $\mathbf{x}(t)$ für alle $t > 0$ angebbar; deswegen sind die Systemgrößen $\mathbf{x}$ Zustandsgrößen. Bei stückweise stetigem Verlauf von $\mathbf{u}(t)$ verliert die Dgl. 1.4 zwar ihre Bedeutung, weil die rechten Seiten an den Unstetigkeitsstellen t_u

Abb. 1.1 Realisierbare
Struktur des Deskriptormodells
aus Beispiel 1.2

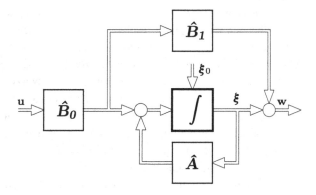

nicht definiert sind, aber die Lösung (1.5) zeigt auf, dass man die Berechnung von $\mathbf{x}(t)$ intervallweise durchführen kann, wenn man an den Unstetigkeitsstellen t_u die Stetigkeit der Zustandsgrößen $\mathbf{x}(t_u - 0) = \mathbf{x}(t_u + 0)$ berücksichtigt.

Vergleichsweise anders ist der Fall im Beispiel 1.2: Hier ist der Anfangswert $\mathbf{x}(0) = \mathbf{x}_0$ nicht beliebig vorgebbar, weil er der Beziehung (1.6b) genügen muss – für die Anzahl $\tilde{n}$ der Freiheitsgrade gilt somit $\tilde{n} < n$; zum einen sind die Systemgrößen $\mathbf{x}$ deswegen keine Zustandsgrößen; zudem sind die Systemgrößen $\mathbf{w}$ gemäß Gl. (1.12) mit $\mathbf{u}$ sprungfähig, was dem Kausalitätsgedanken über eine Zustandsänderung widerspricht.

Das mathematische Modell im Beispiel 1.1 wird **Zustandsmodell** genannt. Hingegen spricht man im Beispiel 1.2 von einem **Deskriptormodell.**

1.3   Modellierungsbeispiele

Anhand von drei Fällen überschaubarer Komplexität wird nun gezeigt, wie eine Modellbildung in der Anfangsphase auf ein Deskriptormodell führen kann. Die Beispiele unterscheiden sich grundsätzlich, wenn es darum geht, das Deskriptormodell in das zugehörige Zustandsmodell zu überführen. Im ersten Beispiel (Elektrisches Netzwerk) ist dieser Übergang im Rahmen eines Eliminationsprozesses einfach durchführbar; im zweiten Beispiel (Mechanisches System) ist er anspruchsvoller und aufwendiger im Rahmen von Differentiationsprozessen machbar, aber unter Umständen mit Blick auf den Verwendungszweck des Modells nicht ratsam; im dritten Beispiel (Strömungsmechanisches Netz) ist er gar nicht möglich.

Computer-Algebra-Systeme waren im Zuge der Berechnungen ein wertvolles Hilfsmittel.

1.3.1   Beispiel Netzwerk

In der elektronischen Schaltung nach Abb. 1.2 ist der über eine Kapazität C_2 rückgekoppelte Operationsverstärker (abgekürzt mit OP) über ein RC-Glied mit einer Spannungsquelle mit der Quellspannung $u(t)$ verbunden. Die Spannung $u(t)$ ist die Eingangsgröße. Der zweite OP ist über den Widerstand R_5 rückgekoppelt; am selben Eingang ist auch der erste OP über den Widerstand R_4 und die Spannungsquelle über den Widerstand R_2 angeschlossen. Die Ausgangsspannung $y(t)$ des zweiten OPs ist die Ausgangsgröße des Systems.

Stützt man sich bei der Modellierung dieses Netzwerkes auf die KIRCHHOFFschen Gesetze, muss man neben den sogenannten Knoten- und Maschengleichungen, in denen die Topologie des Netzwerkes festgehalten wird, noch die Bauteilgleichungen zur Beschreibung der Strom-Spannungsverhältnisse an des Netzwerkskanten anschreiben. Das Übertragungsverhalten der OP sei nun ideal, d. h. die Dynamik ist vernachlässigbar (der OP sei also ein statisches Übertragungsglied). Für den Innenwiderstand gilt $R_i \rightarrow \infty$ (damit verschwindet der Strom am invertierenden OP-Eingang, was die Knotengleichungen formal vereinfacht)

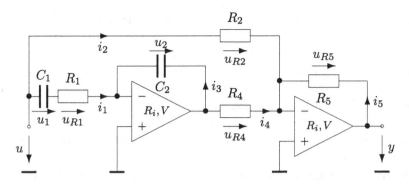

Abb. 1.2 Elektronische Schaltung

und für den Verstärkungsfaktor gilt $V \rightarrow \infty$ (womit bei endlicher Ausgangsspannung die Spannung zwischen den beiden OP-Eingängen verschwindet, was die Maschengleichungen formal vereinfacht). Somit wird in der Anfangsphase der Modellbildung das Netzwerk durch folgende Gleichungen beschrieben[6]:

$$\text{Bauteil-Gln.:} \qquad C_1 \dot{u}_1 = i_1$$
$$C_2 \dot{u}_2 = -i_3$$
$$0 = u_{R1} - i_1 R_1$$
$$0 = u_{R2} - i_2 R_2$$
$$0 = u_{R4} - i_4 R_4$$
$$0 = u_{R5} + i_5 R_5$$
$$\text{Knoten-Gln.:} \qquad 0 = i_1 + i_3$$
$$0 = i_2 + i_4 + i_5$$
$$\text{Maschen-Gln.:} \qquad 0 = u - u_{R1} - u_1$$
$$0 = -u_{R4} - u_2$$
$$0 = u - u_{R2}$$
$$y = -u_{R5}$$

Dies ist ein DAE-System, also ein Deskriptormodell zur Beschreibung der Netzwerksdynamik, mit $n = 2$ Differentialgleichungen und $p = 9$ algebraischen Gleichungen; die letzte Gleichung wird nicht dazu gezählt, denn sie wird zur Beschreibung der Dynamik nicht

---

[6]In den angegebenen Knotengleichungen sind diejenigen an den beiden OP-Ausgängen und an der Spannungsquelle nicht enthalten, weil sie nur die Bestimmung der OP-Ausgangsströme und des Quellenstroms erlauben würden, die als bloße Belastung der idealen Bauteile für die weitere Bearbeitung nicht interessieren.

gebraucht – sie beschreibt als Ausgangsgleichung eine Systemgröße zur weiteren Verarbeitung.

Ein Blick auf die Schaltung in Abb. 1.2 zeigt, dass die Anfangsladungen in den beiden Kapazitäten frei wählbar sind; damit ist der Zustand des Netzwerks vor dem Zuschalten der Eingangsspannung eindeutig festgelegt. Es ist natürlich naheliegend, die Spannungen an den beiden Kapazitäten als Zustandsgrößen zu interpretieren: $\mathbf{x} := [u_1, u_2]^T$. Die restlichen Systemgrößen werden zur Beschreibung des Zustandes nicht unmittelbar gebraucht und können aus dem mathematischen Modell eliminiert werden; sie seien exklusive der Ausgangsgröße im Vektor $\mathbf{z} := [i_1, i_2, i_3, i_4, i_5, u_{R1}, u_{R2}, u_{R4}, u_{R5}]^T$ zusammengefasst.

Aus dem Beispiel 1.2 ist bereits bekannt, dass in Deskriptormodellen nicht alle Systemvariablen, die über explizite Differentialgleichungen 1. Ordnung gegeben sind, auch Zustandsvariablen sein müssen. So gesehen spricht man von der **differentiellen Variablen** $\mathbf{x}$ und von der **algebraischen Variablen** $\mathbf{z}$; beide zusammengenommen bilden dann die **Deskriptorvariable** $\mathbf{w} := [\mathbf{x}^T, \mathbf{z}^T]^T$.

Um das bereits angesprochene Eliminieren der algebraischen Variablen übersichtlich zu gestalten, sei das entwickelte Deskriptormodell in folgender Matrizenform kompakt dargestellt.

$$\dot{\mathbf{x}} = \mathbf{A}_1 \mathbf{z} \tag{1.14a}$$

$$\mathbf{0} = \mathbf{A}_2 \mathbf{x} + \mathbf{A}_3 \mathbf{z} + \mathbf{b}_1 u \tag{1.14b}$$

$$y = \mathbf{c}_1^T \mathbf{z} \tag{1.14c}$$

Die Belegung der Matrizen $\mathbf{A}_1$, $\mathbf{A}_2$ und $\mathbf{A}_3$ sowie der Vektoren $\mathbf{b}_1$ und $\mathbf{c}_1^T$ kann unmittelbar aus dem ursprünglichen Deskriptormodell abgelesen werden und sind im Anhang A.1 zusammengefasst.

Die Matrix $\mathbf{A}_3$ ist in diesem Beispiel regulär, so dass die algebraische Variable $\mathbf{z}$ zunächst aus der Gl. (1.14b) explizit berechnet

$$\mathbf{z} = -\mathbf{A}_3^{-1}(\mathbf{A}_2 \mathbf{x} + \mathbf{b}_1 u)$$

und dann aus der Dgl. (1.14a) eliminiert werden kann; dies führt auf das Zustandsmodell:

$$\begin{aligned} \dot{\mathbf{x}} &= \mathbf{A}\mathbf{x} + \mathbf{b}u \\ y &= \mathbf{c}^T \mathbf{x} + du \end{aligned} \tag{1.15}$$

Die Berechnung der Größen

$$\mathbf{A} = -\mathbf{A}_1 \mathbf{A}_3^{-1} \mathbf{A}_2, \quad \mathbf{b} = -\mathbf{A}_1 \mathbf{A}_3^{-1} \mathbf{b}_1, \quad \mathbf{c}^T = -\mathbf{c}_1^T \mathbf{A}_3^{-1} \mathbf{A}_2, \quad d = -\mathbf{c}_1^T \mathbf{A}_3^{-1} \mathbf{b}_1$$

führt auf folgende Ergebnisse:

$$\mathbf{A} = \begin{bmatrix} -\dfrac{1}{R_1 C_1} & 0 \\[2ex] -\dfrac{1}{R_1 C_2} & 0 \end{bmatrix}, \qquad \mathbf{b} = \begin{bmatrix} \dfrac{1}{R_1 C_1} \\[2ex] \dfrac{1}{R_1 C_2} \end{bmatrix},$$

$$\mathbf{c}^T = \begin{bmatrix} 0 & \dfrac{R_5}{R_4} \end{bmatrix} \quad \text{und} \quad d = -\dfrac{R_5}{R_2}.$$

Man beachte, dass das Deskriptormodell (1.14) durch bloße Elimination der algebraischen Variablen $\mathbf{z}$ in das Zustandsmodell (1.15) übergeführt wurde; dafür war keine „besondere" Rechenbehandlung wie Differentiationen in den algebraischen Gleichungen erforderlich. In diesem Sinne war die Umformung mit einem geringen Aufwand verbunden; als Kenngröße für diesen Aufwand weist man dem Deskriptormodell (1.14) den **Index**[7] $k = 1$ zu.

Sind hingegen für so einen Übergang Differentiationen der algebraischen Gleichungen erforderlich, so steigt damit der Aufwand und man spricht von höher indizierten Modellen. In Modellen mit Index $k = 1$ sind mit den algebraischen Gleichungen generell keinerlei Beschränkungen in den „Bewegungsmöglichkeiten" des Systems verbunden; die Anzahl n der Differentialgleichungen im Deskriptormodell bestimmt also weiterhin die Anzahl $\tilde{n}$ der Freiheitsgrade – es gilt: $\tilde{n} = n$.

1.3.2 Beispiel Kurbelmechanismus

In diesem Beispiel ist der Übergang vom Desktriptor- auf das zugehörige Zustandsmodell nicht einfach im Zuge der Elimination der algebraischen Variablen durchführbar, so wie dies im Beispiel 1.3.1 möglich war. Der Übergang ist nun aufwendiger, weil die algebraischen Gleichungen mehrmals nach der Zeit abgeleitet werden müssen. Es handelt sich demnach um ein höher-indiziertes Deskriptormodell.

Betrachtet wird der Kurbelmechanismus nach Abb. 1.3 als idealisierte Kurbeltrieb-Pleuel-Anordnung. Zur Modellbildung mit Hilfe der NEWTONschen Axiome sind die beiden starren Körper „Kurbel" bzw. „Pleuel" aufgeschnitten mit den Zwangskräften S_x, S_y und Z gezeichnet. Die Kurbel mit dem Radius r und dem Trägheitsmoment Θ kann nur die rotatorische Bewegung mit der Winkelkoordinate φ ausführen; auf die Kurbel wirkt das Moment M als Eingangsgröße. Der Pleuel hat die Masse m, das Trägheitsmoment J, die Länge L mit dem Schwerpunktsabstand l, die Winkellage ψ und die Schwerpunktskoordinaten x und y; an der Verbindungsstelle A bzw. B wird der Pleuel mit der Kurbel bzw. mit dem masselosen Schlitten verbunden.

Mit $L > r$ ergeben die Bewegungsgleichungen

---

[7] Es gibt unterschiedliche Definitionen für den Index eines Deskriptormodells, jedoch ergeben sie für lineare, zeitinvariante Modelle denselben Wert.

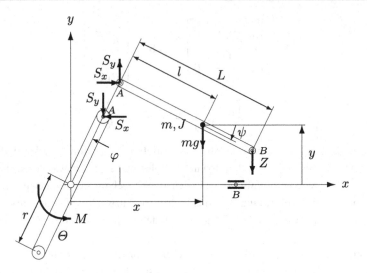

Abb. 1.3 Kurbelmechanismus

$$\Theta\ddot{\varphi} = M + S_x r \sin\varphi - S_y r \cos\varphi$$
$$J\ddot{\psi} = S_x l \sin\psi + S_y l \cos\psi + Z(L - l)\cos\psi$$
$$m\ddot{x} = S_x$$
$$m\ddot{y} = S_y - Z - mg$$

und die Koppelgleichungen

$$0 = r\sin\varphi - l\sin\psi - y$$
$$0 = r\cos\varphi + l\cos\psi - x$$
$$0 = y - (L - l)\sin\psi$$

ein DAE-System, also ein Deskriptormodell zur Beschreibung der Dynamik des Kurbelmechanismus, mit 4 Differentialgleichungen 2. Ordnung (d. h. $n = 8$ Differentialgleichungen
1. Ordnung) und $p = 3$ algebraischen Gleichungen.

Man fasst nun die Zustandsgrößen der freien Teilsysteme, nämlich die Winkellagen φ
und ψ, die Positionen x und y, sowie die zugehörigen Geschwindigkeiten $\dot{\varphi}$, $\dot{\psi}$, $\dot{x}$ und $\dot{y}$
als differentielle Variable des Gesamtsystems im Vektor $\mathbf{x} := [\varphi, \dot{\varphi}, \psi, \dot{\psi}, x, \dot{x}, y, \dot{y}]^T$ und
die Zwangskräfte als algebraische Variable im Vektor $\mathbf{z} := [S_x, S_y, Z]^T$ zusammen. Setzt
man darüber hinaus für die Eingangsgröße $u = M$, kann obiges Deskriptormodell in der
kompakten Form angegeben werden:

$$\dot{\mathbf{x}} = \mathbf{f}(\mathbf{x}, \mathbf{z}, u) \tag{1.16a}$$

$$\mathbf{0} = \mathbf{g}(\mathbf{x}) \tag{1.16b}$$

Die Funktionen **f** und **g** sind dem Anhang A.2 zu entnehmen.

Es ist nun wichtig zu erkennen, dass im Unterschied zum Netzwerk aus dem vorangegangenen Beispiel, das zugehörige Zustandsmodell nicht einfach durch Eliminieren der algebraischen Variablen **z** im Modell (1.16) gefunden werden kann, weil die algebraische Gl. (1.16b) die Variable **z** gar nicht enthält. Hier führt der Weg zum Ziel über Differentiationen der algebraischen Gleichung nach der Zeit t (Details zu den nun folgenden Abhandlungen können dem Anhang A.2 entnommen werden):

$$\mathbf{0} = \dot{\mathbf{g}} = \frac{\partial \mathbf{g}}{\partial \mathbf{x}} \dot{\mathbf{x}} = \frac{\partial \mathbf{g}}{\partial \mathbf{x}} \mathbf{f}(\mathbf{x}, \mathbf{z}, u) =: \mathbf{g}_1(\mathbf{x}) \qquad (1.17)$$

Gl. (1.17) zeigt allerdings, dass die 1. Ableitung von **g** in diesem Fall nur eine Abhängigkeit von **x** bringt; erst eine nochmalige Differentiation bringt dann auch die gewünschte Abhängigkeit von **z**:

$$\mathbf{0} = \ddot{\mathbf{g}} = \dot{\mathbf{g}}_1 = \frac{\partial \mathbf{g}_1}{\partial \mathbf{x}} \dot{\mathbf{x}} = \frac{\partial \mathbf{g}_1}{\partial \mathbf{x}} \mathbf{f}(\mathbf{x}, \mathbf{z}, u) =: \mathbf{g}_2(\mathbf{x}, \mathbf{z}, u) \qquad (1.18)$$

Die Funktion $\mathbf{g}_2$ in Gl. (1.18) erfüllt in diesem Beispiel die Bedingungen des Theorems über implizit gegebene Funktionen [36] – insbesondere ist ihre JACOBI-Matrix bezüglich der gesuchten Funktion **z** regulär; damit kann Gl. (1.18) explizit nach $\mathbf{z} = \mathbf{z}(\mathbf{x}, u)$ aufgelöst werden[8]. Lässt man die explizite Lösung in das Deskriptormodell Gl. (1.16) einfließen, entsteht das Modell

$$\dot{\mathbf{x}} = \mathbf{f}(\mathbf{x}, \mathbf{z}(\mathbf{x}, u), u) = \bar{\mathbf{f}}(\mathbf{x}, u) \qquad (1.19\text{a})$$

$$\mathbf{0} = \mathbf{g}(\mathbf{x}) \qquad (1.19\text{b})$$

$$\mathbf{0} = \mathbf{g}_1(\mathbf{x}) \,, \qquad (1.19\text{c})$$

in dem die Variable **z** nicht mehr erscheint; hierin ist erforderlicherweise die auf dem Differentiationsweg entstandene algebraische Gl. (1.17) berücksichtigt. Zu beachten ist nun, dass die Lösung der Dgl. (1.19a) den Bedingungen (1.19b) und (1.19c) genügen muss – das gilt insbesondere für die Anfangswerte $\mathbf{x}(0)$. Zusammen genommen stecken in diesen beiden Bedingungen 6 skalare Gleichungen für die 8 Elemente des Vektors **x**, so dass hinsichtlich der Anfangswerte nur 2 beliebig vorgebbar sind, woraus folgt, dass die Anzahl der Freiheitsgrade $\tilde{n} = 2$ ist.

Man kann also die algebraischen Gln. (1.19b) und (1.19c) prinzipiell nach einer Untermenge von **x**, hier zweckmäßigerweise $\tilde{\mathbf{x}} := [\psi, \dot{\psi}, x, \dot{x}, y, \dot{y}]^T$, in Abhängigkeit vom Rest in **x**, also $\hat{\mathbf{x}} := [\varphi, \dot{\varphi}]^T$, auflösen, so dass $\mathbf{x} = [\hat{\mathbf{x}}^T, \tilde{\mathbf{x}}^T(\hat{\mathbf{x}})]^T$ gilt. Nach einem Substitutionsprozess bleiben letztlich in der rechten Seite der Dgl. (1.19a) nur mehr φ, $\dot{\varphi}$ und u als unabhängige Variablen zurück (siehe Anhang A.2), also

---

[8]Im allgemeinen Fall darf man nicht von einer solchen expliziten Auflösbarkeit ausgehen, was dann weiterreichender mathematischer Hilfsmittel bedarf, auf die in späteren Kapiteln noch eingegangen wird.

$$\dot{\mathbf{x}} = \hat{\mathbf{f}}(\hat{\mathbf{x}}, u) \tag{1.20}$$

und man kann ein Zustandsmodell minimaler Ordnung $\tilde{n} = 2$ herauslesen; hier sei das Ergebnis in Form einer Dgl. 2. Ordnung in φ angeschrieben – dies dient ausschließlich der Demonstration, dass der Übergang von einem Deskriptormodell auf das dahinterliegende Zustandsmodell nicht immer ratsam ist:

$$\begin{aligned}
&\ddot{\varphi} \frac{1}{L^2 \left(L^2 - r^2 \sin^2 \varphi\right)^2} \Bigg\{ Lr^2 \cos\varphi \sin\varphi \Big(L \left(2mlL^3 - (J + ml^2)(L^2 - r^2)\right) \\
&\quad - 2mlr^2 \sin^2 \varphi (2L^2 - r^2 \sin^2 \varphi) \Big) - mlLr^3 \sin\varphi \sqrt{L^2 - r^2 \sin^2 \varphi} \cdot \\
&\quad \cdot \left[L^2(3\sin^2\varphi - 2) - r^2 \sin^2\varphi(2\sin^2\varphi - 1) \right] \Bigg\} \\
&+ \dot{\varphi}^2 \frac{1}{L^2(L^2 - r^2 \sin^2 \varphi)} \Bigg\{ L^2(L^2 - r^2)(\Theta + mr^2) - 2mlLr^2 \cos^2 \varphi \cdot \\
&\quad \cdot \left(L^2 - r^2 \cos^2\varphi \sin^2\varphi \right) + L^2 \left(r^2 \cos^2 \varphi (J + ml^2 + \Theta + mr^2) \right) \\
&\quad + 2mlLr^3 \cos\varphi \sin^2\varphi \sqrt{L^2 - r^2 \sin^2 \varphi} \Bigg\} + \frac{mg\,(L - l)\,r}{L} \cos\varphi = M
\end{aligned}$$

Bemerkung

Das ursprüngliche Deskriptormodell (1.16) enthält neben der Eingangsgröße u die differentielle Variable $\mathbf{x}$ sowie die algebraische Variable $\mathbf{z}$. Hingegen enthält das Deskriptormodell (1.19) die algebraische Variable $\mathbf{z}$ nicht mehr; diese wurde ja mit Hilfe der zweimal abgeleiteten algebraischen Gl. (1.18) als Funktion $\mathbf{z} = \mathbf{z}(\mathbf{x}, u)$ ausgedrückt. Der Ableitungsprozess hat allerdings auch die einmal abgeleitete algebraische Gl. (1.17) hervorgebracht, die zusätzlich zur gegebenen algebraischen Gl. (1.16b) weitere Abhängigkeiten unter den differentiellen Variablen im Vektor $\mathbf{x}$ beschreibt. Man sagt, dass das DAE-System (1.16) nicht nur die *explizit* gegebene Zwangsbedingung (1.16b) sondern auch die *implizit* vorhandene Zwangsbedingung (1.17) enthält. Diese Tatsache ist im Deskriptormodell (1.19) ersichtlich. Solcherart implizite Zwangsbedingungen sind generell gleichbedeutend mit der Beschränkung von „Bewegungsmöglichkeiten" im dynamischen System; nicht alle n differentiellen Variablen sind Zustandsgrößen, womit für die Anzahl der Freiheitsgrade $\tilde{n} < n$ gilt.

1.3.3 Beispiel Gasmischanlage

In diesem Beispiel ist der Übergang vom Deskriptor- auf das zugehörige Zustandsmodell nicht durchführbar, weil die eindeutige Lösung der algebraischen Gleichung zwar existiert aber nicht explizit angebbar ist.

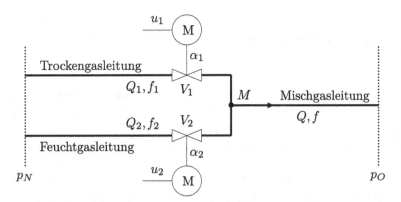

Abb. 1.4 Wirkschaltbild der Gasmischanlage

Gegenstand der Untersuchungen (siehe Abb. 1.4) ist die Mischung eines feuchten und eines trockenen Wasserstoffgases, so dass nach dem Mischvorgang ein Gas mit vorgebbarem Massenfluss und vorgebbarer Feuchte für eine weitere Verwendung zur Verfügung steht. Die Menge und die Feuchte des bereitzustellenden Mischgases sind im Zuge eines Produktionsvorganges qualitätsbestimmende Größen.

Wasserstoffgas kann aus einem Wasserstoffversorgungsnetz mit einem Druck p_N [bar] bezogen werden. Das Netz liefert ein Gas mit geringer Feuchte – Wassergehalt ≈ 2 [mg/m^3], sogenanntes *trockenes* Gas – und ein Gas mit hoher Feuchte – Wassergehalt ≈ 20 [g/m^3], als *feuchtes* Gas bezeichnet. Entscheidend für das Aufstellen des mathematischen Modells der Anlage ist der geringe Überdruck p_N des Netzes gegenüber dem Verbrauchsdruck p_O: die Druckdifferenz $\Delta p := p_N - p_O$ beträgt im Mittel nur $\Delta p \approx 4$ [$mbar$]; aus diesem Grund müssen neben den Druckabfällen entlang der Rohrleitungen auch die Druckabfälle über die Ventile modelliert werden.

Beide Gase, das *Trockengas* mit der Feuchte f_1 [g/m^3] und das *Feuchtgas* mit der Feuchte f_2 [g/m^3], werden über Rohrleitungen zu den Ventilen V_1 bzw. V_2 geführt. Die Öffnungsgrade α_1 bzw. α_2 mit $0 \leq \alpha_i \leq 1$ und $i = 1, 2$ beeinflussen die Volumenströme Q_1 [m^3/s] bzw. Q_2 [m^3/s]. Ab dem Rohrknoten M vermischen sich beide Gase zum *Mischgas* mit der Feuchte f [g/m^3] und dem Volumenstrom Q [m^3/s], das über eine Rohrleitung zur Verbrauchsstelle (Sinterofen) geführt wird.

Das Ventil inklusive Motor ist eine gekapselte Baugruppe, die einen potentiometrisch gewonnenen Messwert für den Öffnungsgrad α zur Verfügung stellt. Die Messwerte für Feuchte und Menge des Mischgases werden von einem Feuchte- und einem Mengenmessgerät zur Verfügung gestellt. Auf die Modellierung der Messgerätedynamik wird hier verzichtet und auf eine detaillierte Modellbildung der Anlage in [18] verwiesen.

Die mathematische Modellierung der dynamischen Vorgänge in der strömungsmechanischen Anlage nach Abb. 1.4 umfasst

- die Vermischung des trockenen und des feuchten Gases im Mischpunkt M,
- die Druckabfälle entlang der Rohrleitungen und Ventile und
- die Dynamik der Antriebe.

Die Dynamik der Anlage sei ausreichend genau durch ein sogenanntes konzentriert-parametrisches Modell beschrieben, in dem insbesondere Totzeiten hervorgerufen durch die Transportvorgänge in den Rohren vernachlässigt wurden.

Die Modellierung dieses strömungsmechanischen Netzwerkes geschieht in Analogie zur Modellierung des elektronischen Netzwerkes in Bsp. 1.3.1. Man schreibt neben den Knoten- und Maschengleichungen, in denen die Topologie des Netzwerkes festgehalten wird, noch die Bauteilgleichungen zur Beschreibung der Fluss-Druckverhältnisse entlang der Netzwerkskanten an.

Die **Knotengleichungen** beschreiben die Vermischung des Feucht- und Trockengases im Mischpunkt M auf der Basis des Massenerhaltungsgesetzes. Die pro Zeiteinheit zuflie-ßenden Massen $\dot{m}_1$ $[kg/s]$ und $\dot{m}_2$ $[kg/s]$ ergeben die abfließende Masse $\dot{m}$ $[kg/s]$:

$$\dot{m}_1 + \dot{m}_2 = \dot{m} \tag{1.21}$$

Da es sich ausschließlich um eine Vermischung ohne zusätzliche Umwandlungsprozesse handelt, gilt die Massenerhaltung auch für den Bestandteil Wasser (gekennzeichnet durch den Index H_2O):

$$\dot{m}_{1,H_2O} + \dot{m}_{2,H_2O} = \dot{m}_{H_2O} \tag{1.22}$$

Um in die Gln. (1.21) und (1.22) die Volumenflüsse Q_1, Q_2 und Q einzubringen (Volumenströme sind im Vergleich mit Massenströmen mit geringerem technischen Aufwand messbar), verwende man die Beziehungen $\dot{m} = \varrho$ $[kg/m^3] \cdot Q$ $[m^3/s]$ bzw. $\dot{m}_{H_2O} = f$ $[kg/m^3] \cdot Q$ $[m^3/s]$, wobei mit ϱ die Dichte und mit f die Feuchte des Mischgases bezeichnet ist; diese Beziehungen gelten sinngemäß auch für das Trocken- und Feuchtgas, so dass man für die Gln. (1.21) und (1.22) auch schreiben kann:

$$\varrho_1 Q_1 + \varrho_2 Q_2 = \varrho Q$$
$$f_1 Q_1 + f_2 Q_2 = f Q$$

Wegen der geringen Druckunterschiede wird $\varrho_1 = \varrho_2 = \varrho$ angenommen; das mathematische Modell der Vermischung (die Knotengleichungen) lautet somit[9]:

$$Q = Q_1 + Q_2 \tag{1.23a}$$

$$f = \frac{f_1 Q_1 + f_2 Q_2}{Q} \tag{1.23b}$$

---

[9]Hierbei ist angenommen dass $Q > 0$ gilt, dass also nicht beide Ventile gleichzeitig geschlossen sind, d. h. $\alpha_1 + \alpha_2 > 0$.

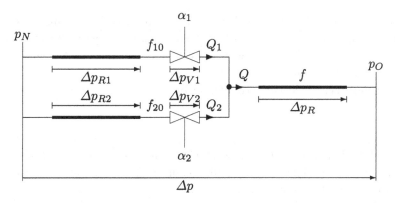

Abb. 1.5 Zur Berechnung der Druckverteilung

Die **Maschengleichungen** beschreiben die Druckverteilung im strömungsmechanischen Netz; in Abb. 1.5 sind die Druckabfälle entlang der Bauteile „Rohr" und „Ventil" gekennzeichnet.

Die Maschengleichungen können unmittelbar aus Abb. 1.5 herausgelesen werden:

$$\Delta p_{R1} + \Delta p_{V1} + \Delta p_R = \Delta p \tag{1.24a}$$

$$\Delta p_{R2} + \Delta p_{V2} + \Delta p_R = \Delta p \tag{1.24b}$$

Die **Bauteilgleichungen** wurden in [18] auf der Grundlage der Kontinuitätsgleichung und der NEWTONschen Bewegungsgleichung theoretisch hergeleitet und anschließend anhand von Messreihen an den Rohren und einem Ventil parametriert. Die detaillierten Berechnungsschritte im Anhang A.3 ergeben im Falle eines Rohres mit turbulenter Strömung die übliche quadratische Abhängigkeit des Druckabfalls vom Durchfluss während für ein Ventil diese Abhängigkeit gebrochen rational und zudem abhängig vom Ventilöffnungsgrad anfällt. Konkret zeigt sich folgendes Ergebnis:

Für den Druckabfall entlang einer Rohrleitung (Indizierung der Größen mit R für „Rohr") gilt unter gewissen Voraussetzungen:

$$\Delta p_R = c_R \, Q_R^2 \tag{1.25}$$

Darin ist c_R der hydraulische Widerstand des Rohres und Q_R der Volumenstrom durch das Rohr. Für die Druckabfälle entlang der drei Rohrleitungen der Anlage gilt gemäß Abb. 1.5: $\Delta p_{R1} = c_{R1} \, Q_1^2$, $\Delta p_{R2} = c_{R2} \, Q_2^2$ und $\Delta p_R = c_R \, Q^2$.

Für den Druckabfall entlang eines Ventiles (Indizierung der Größen mit V für „Ventil") gilt unter gewissen Voraussetzungen:

$$\Delta p_V = c_V \, Q_V^q \, \psi(\alpha) \tag{1.26}$$

Darin ist c_V der hydraulische Widerstand des Ventiles, Q_V der Volumenstrom durch das Ventil, q ein Strömungsparameter und $\psi(\alpha)$ eine Öffnungsgradfunktion. Für die Druckabfälle entlang der beiden baugleichen Ventile der Anlage gilt gemäß Abb. 1.5: $\Delta p_{V1} = c_V \, Q_{V1}^q \, \psi(\alpha_1)$ und $\Delta p_{V2} = c_V \, Q_{V2}^q \, \psi(\alpha_2)$.

Im mathematischen Modell des **Ventilantriebs**

$$\dot\alpha = \frac{1}{T}\, u \tag{1.27}$$

ist u die auf das Betragsmaximum der Motorklemmenspannung normierte Eingangsgröße und T die sogenannte Schließzeit des Ventils. Für die beiden baugleichen Ventilantriebe der Anlage gilt gemäß Abb. 1.5: $\dot\alpha_1 = 1/T \, u_1$ und $\dot\alpha_2 = 1/T \, u_2$.

Offensichtlich beschreiben die beiden Knotengleichungen (1.23) im mathematischen Modell der Gasmischanlage die Ausgangsgrößen

$$\mathbf{y} = [f, Q]^T;$$

die Differentialgleichungen der Ventilantriebe gemäß Modell (1.27) führen auf die differentiellen Variablen

$$\mathbf{x} = [\alpha_1, \alpha_2]^T;$$

setzt man schließlich die Bauteilgleichungen (1.25) und (1.26) mit passender Indizierung in die Maschengleichungen (1.24) ein, erhält man die Gleichungen für die algebraischen Variablen

$$\mathbf{z} = [Q_1, Q_2]^T.$$

Die Dynamik der Gasmischanlage wird also durch folgendes Deskriptormodell beschrieben:

$$
\begin{aligned}
\dot{\mathbf{x}} &= \frac{1}{T}\mathbf{u} \\[4pt]
\mathbf{0} = \mathbf{g}(\mathbf{x}, \mathbf{z}) &= \begin{bmatrix} g_1 \\ g_2 \end{bmatrix} = \begin{bmatrix} c_{R1}z_1^2 + c_V\,\psi(x_1)z_1^q + c_R(z_1+z_2)^2 - \Delta p \\ c_{R2}z_2^2 + c_V\,\psi(x_2)z_2^q + c_R(z_1+z_2)^2 - \Delta p \end{bmatrix} \\[4pt]
\mathbf{y} = \mathbf{c}(\mathbf{z}) &= \begin{bmatrix} c_1 \\ c_2 \end{bmatrix} = \begin{bmatrix} \dfrac{f_1 z_1 + f_2 z_2}{z_1 + z_2} \\ z_1 + z_2 \end{bmatrix}
\end{aligned} \tag{1.28}
$$

Obwohl die algebraische Gleichung $\mathbf{0} = \mathbf{g}(\mathbf{x}, \mathbf{z})$ im gesamten Betriebsbereich der Anlage die Bedingungen für die Existenz einer eindeutigen Lösung $\mathbf{z} = \mathbf{z}(\mathbf{x})$ erfüllt, ist diese für beliebige Werte des Exponenten q nicht explizit angebbar. Der Übergang auf ein Zustandsmodell ist also mit vertretbarem Aufwand wohl nur für ausgewählte Werte von q möglich.

Zusammenfassung

Der Abschn. 1.3 soll verdeutlichen, dass die Modellbildung für dynamische Systeme ab einer gewissen strukturellen Komplexität in der Anfangsphase meist auf ein Deskriptormodell führt, das dann unter Umständen durch mathematische Umformungen auf ein Zustandsmodell gebracht werden kann. Der Aufwand, der im Zuge der Umformung anfällt, wird durch den Index k charakterisiert – je größer der Aufwand, gemessen an der Anzahl erforderlicher Differentiationen in den algebraischen Gleichungen, desto höher der Wert des Indexes. Wichtig ist aber zu erkennen, dass die Frage, ob ein Zustandsmodell in expliziter Form angegeben werden kann, unabhängig vom Index zu beantworten ist.

Zur Erinnerung: Die Deskriptormodelle in den Beispielen Netzwerk (s. Abschn. 1.3.1) und Gasmischanlage (s. Abschn. 1.3.3) besitzen den gleichen Indexwert (nämlich den niedrigsten Wert des Index $k = 1$), dennoch konnte nicht in beiden Fällen ein Zustandsmodell angegeben werden.

Analyse von Deskriptormodellen

2

Im ersten Abschnitt dieses Kapitels werden gängige Strukturen von Deskriptormodellen beschrieben; zuvor soll aber die Klasse der ins Auge gefassten dynamischen Systeme denen gegenüber gestellt werden, die ausdrücklich nicht Gegenstand der Modellbildung sind.

Es werden ausschließlich zeitkontinuierliche, zeitinvariante Systeme mit konzentrierten Parametern betrachtet; die mathematischen Modelle enthalten also gewöhnliche Differentialgleichungen mit konstanten Parametern. Die Differentialgleichungen sind als Anfangswertprobleme aufzufassen mit denen die Weiterentwicklung ihrer Lösungen für alle Zeiten t ($t_0 \leq t < \infty$) ausgehend von einem Anfangswert zum Zeitpunkt $t = t_0$ festgelegt ist – falls das mathematische Modell die Dynamik des betrachteten Systems exakt beschreibt, ist mit der Lösung die Entwicklung des Systemverhaltens vorhergesagt.

Ausgeschlossen aus der genannten Klasse sind stochastische Modelle, totzeitbehaftete Modelle oder Modelle mit retardierten Differentialgleichungen; letztere sind häufig bei der Modellierung von Prozessen in den Disziplinen Biologie, Biochemie, Immunologie und Epidemiologie anzutreffen [28], wenn die Lösungen nicht mehr vom Anfangswert zu einem Zeitpunkt $t = t_0$ alleine abhängen, sondern von der Entwicklung der Lösung in einem gewissen Zeitintervall $[t_0 - t_r, t_0]$.

2.1 Strukturen von Deskriptormodellen

Unbenommen der obigen Einschränkungen bezüglich der betrachteten Deskriptormodelle gibt es immer noch eine Vielzahl von unterschiedlichen Strukturen solcher mathematischen Modelle. Häufig anzutreffen und für dieses Buch von Bedeutung sind sogenannte

- semi-explizite,
- explizite und
- implizite

F. Gausch, *Nichtlineare Deskriptormodelle*, https://doi.org/10.1007/978-3-658-31944-1_2

Deskriptormodelle, in denen die Differentialgleichungen von 1. Ordnung und nicht autonom sind.

Bezüglich der Ableitungen der Eingangsgröße nach der Zeit t sei in den folgenden Abschnitten unter Vorwegnahme der Eigenschaft der Realisierbarkeit das Auftreten von höchstens der ersten Ableitung der Eingangsgröße in den mathematischen Modellen zugelassen; in späteren Abschnitten wird dieser Frage noch im Detail nachgegangen.

Darüber hinaus wird in den Modellen eine Ausgangsgleichung angesetzt. Es sei daran erinnert, dass eine solche Gleichung nicht der mathematischen Modellierung der Systemdynamik entspringt, sondern damit Systemgrößen für die Weiterverarbeitung aufbereitet werden; dies ist etwa dann von Bedeutung, wenn über Rückkopplungen die Dynamik von Regelkreisen einzustellen ist und hierzu die Größen zur Rückkopplung bereitzustellen sind.

2.1.1   Semi-explizite Deskriptormodelle

Ein Repräsentant dieses Modelltyps war bereits im Beispiel 1.2 als lineares Modell (1.6) zu sehen. Im Rahmen oben genannter Einschränkungen lautet die allgemeine nichtlineare Form eines semi-expliziten Deskriptormodells mit der Eingangsgröße $\mathbf{u}$, der Ausgangsgröße $\mathbf{y}$ und den Systemvariablen $\mathbf{x}$ und $\mathbf{z}$:

$$\dot{\mathbf{x}} = \mathbf{f}(\mathbf{x}, \mathbf{z}, \mathbf{u}) \tag{2.1a}$$

$$\mathbf{0} = \mathbf{g}(\mathbf{x}, \mathbf{z}, \mathbf{u}) \tag{2.1b}$$

$$\mathbf{y} = \mathbf{c}(\mathbf{x}, \mathbf{z}, \mathbf{u}) \tag{2.1c}$$

Im Modell (2.1) besitzen die vektorwertigen Größen die folgenden Dimensionen:

$$\dim\{\mathbf{x}\} = \dim\{\mathbf{f}\} = n$$
$$\dim\{\mathbf{z}\} = \dim\{\mathbf{g}\} = p$$
$$\dim\{\mathbf{u}\} = m$$
$$\dim\{\mathbf{y}\} = \dim\{\mathbf{c}\} = \mu$$

Abgesehen von der Ausgangsgleichung (2.1c) enthält das DAE-System (2.1a, 2.1b) n Differentialgleichungen für die Bestimmung der Größen $\mathbf{x}$ und p algebraische Gleichungen für die Bestimmung der Größen $\mathbf{z}$; deswegen spricht man von **differentieller Variablen x** bzw. von **algebraischer Variablen z**; beide zusammengenommen nennt man **Deskriptorvariable** $\mathbf{w} = [\mathbf{x}^T, \mathbf{z}^T]^T$. Mit dem Adjektiv „semi-explizit" wird ausgedrückt, dass nicht für alle Deskriptorvariablen explizite Differentialgleichungen vorhanden sind, sondern nur für die differentiellen Variablen.

Die Funktionen $\mathbf{f}$, $\mathbf{g}$ und $\mathbf{c}$ seien im Kontext einer konkreten Bearbeitung hinreichend oft differenzierbar.

In der Dgl. (2.1a) tritt die 1. Ableitung der Eingangsgröße, also $\dot{\mathbf{u}}$, nicht auf, weil in dieser Differentialgleichung die Zustandsgrößen einzelner kausaler Teilsysteme zusammengefasst seien.

Bei der Modellierung technisch-physikalischer Systeme ergibt sich oft die spezielle Form eines semi-expliziten Deskriptormodells (2.3)

$$\dot{\mathbf{x}} = \mathbf{a}(\mathbf{x}, \mathbf{z}) + \mathbf{B}(\mathbf{x}, \mathbf{z})\,\mathbf{u} \tag{2.3a}$$

$$\mathbf{0} = \mathbf{g}(\mathbf{x}, \mathbf{z}, \mathbf{u}) \tag{2.3b}$$

$$\mathbf{y} = \mathbf{c}(\mathbf{x}, \mathbf{z}, \mathbf{u})\,, \tag{2.3c}$$

in der die Differentialgleichung affin in der Eingangsgröße $\mathbf{u}$ ist; darin ist die vektorwertige n-dimensionale Funktion $\mathbf{a}$ hinreichend oft differenzierbar und $\mathbf{B}$ eine $(n \times m)$-dimensionale Matrix. Solche Modelle werden mit AI-Systeme [31] bezeichnet[1].

Die lineare Version eines semi-expliziten Deskriptormodelles hat die Form

$$\dot{\mathbf{x}} = \mathbf{A}_1 \mathbf{x} + \mathbf{A}_2 \mathbf{z} + \mathbf{B}_1 \mathbf{u} \tag{2.4a}$$

$$\mathbf{0} = \mathbf{G}_1 \mathbf{x} + \mathbf{G}_2 \mathbf{z} + \mathbf{B}_2 \mathbf{u} \tag{2.4b}$$

$$\mathbf{y} = \mathbf{C}_1 \mathbf{x} + \mathbf{C}_2 \mathbf{z} + \mathbf{D}\mathbf{u} \tag{2.4c}$$

mit passenden Dimensionen der vorkommenden Matrizen.

2.1.2 Explizite Deskriptormodelle

Wenn es gelingt, aus dem DAE-System des semi-expliziten Modells (2.1) eine explizite Differentialgleichung für die algebraische Variable $\mathbf{z}$ herauszulösen (siehe hierzu das lineare Beispiel 1.2), ergibt sich mit der Deskriptorvariablen $\mathbf{w}(t) := [\mathbf{x}^T(t), \mathbf{z}^T(t)]^T$ das explizite Deskriptormodell:

$$\dot{\mathbf{w}} = \hat{\mathbf{f}}(\mathbf{w}, \mathbf{u}, \dot{\mathbf{u}}) \tag{2.5a}$$

$$\mathbf{y} = \mathbf{c}(\mathbf{w}, \mathbf{u}) \tag{2.5b}$$

Hier wurde mit Blick auf die Realisierbarkeit höchstens die erste Ableitung der Eingangsgröße zugelassen. Die Vektordimensionen sind $\dim\{\mathbf{w}\} = \dim\{\hat{\mathbf{f}}\} = n + p =: \hat{n}$, $\dim\{\mathbf{u}\} = m$ bzw. $\dim\{\mathbf{y}\} = \dim\{\mathbf{c}\} = \mu$ und die Vektorfunktionen $\hat{\mathbf{f}}$ und $\mathbf{c}$ seien hinreichend glatt.

Die lineare Version eines expliziten Deskriptormodelles hat die Form

---

[1]AI als Akronym für **A**ffine **I**nput; in der deutschsprachigen Literatur findet man auch manchmal die Bezeichnung ALS-Systeme [72], ALS ist ein Akronym für **A**nalytische Systeme mit **l**inearer **S**teuerung.

$$\dot{\mathbf{w}} = \mathbf{A}\mathbf{w} + \mathbf{B}_0\mathbf{u} + \mathbf{B}_1\dot{\mathbf{u}} \qquad (2.6a)$$

$$\mathbf{y} = \mathbf{C}\mathbf{w} + \mathbf{D}\mathbf{u} \qquad (2.6b)$$

mit passenden Dimensionen der vorkommenden Matrizen.

2.1.3 Implizite Deskriptormodelle

Die Modellbildung für lineare holonome mechatronische Systeme liefert häufig [16] implizite Deskriptormodelle der Form

$$\mathbf{M}\dot{\mathbf{w}} = \mathbf{A}\mathbf{w} + \mathbf{B}\mathbf{u} \qquad (2.7a)$$

$$\mathbf{y} = \mathbf{C}\mathbf{w} \qquad (2.7b)$$

mit Vektordimensionen wie oben angeführt und dazu passenden Dimensionen der auftretenden Matrizen. Die Singularität der Matrix $\mathbf{M}$ ist wesentlich und namensgebend. Die nichtlineare Version eines impliziten Deskriptormodelles hat die Form

$$\mathbf{0} = \mathbf{f}(\dot{\mathbf{w}}, \mathbf{w}, \mathbf{u}) \qquad (2.8a)$$

$$\mathbf{y} = \mathbf{c}(\mathbf{w}, \mathbf{u}) \qquad (2.8b)$$

mit hinreichend glatten Vektorfunktionen $\mathbf{f}$ und $\mathbf{c}$ und $\dim\{\mathbf{f}\} = \dim\{\mathbf{w}\} = \hat{n}$. Die Singularität der Matrix $\mathbf{M}$ im linearen Modell (2.7) entspricht im nichtlinearen Modell (2.8) der Singularität der JACOBI-Matrix der Funktion $\mathbf{f}$ bezüglich $\dot{\mathbf{w}}$ (siehe Anhang B.1):

$$\text{rang}\left\{\frac{\partial \mathbf{f}}{\partial \dot{\mathbf{w}}}\right\} < \hat{n}$$

Zum Schluss dieses Abschnitts seien die drei angesprochenen Modellstrukturen anhand eines einfachen linearen Beispiels zusammenfassend gezeigt (Abb. 2.1).

Beispiel 2.1 (Modellstrukturen für ein lineares System)
Die Anordnung nach Abb. 2.1 besteht aus zwei linearen Feder-Masse-Dämpfer-Systemen mit den Massen m_i, den Dämpfungsfaktoren d_i, den Federsteifigkeiten c_i, den eingeprägten Kräften F_i mit den Ortskoordinaten x_i, wobei jeweils $i = 1, 2$ gilt.

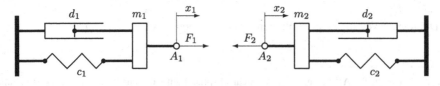

Abb. 2.1 Einfaches mechanisches System

Mit diesen Vorgaben gilt für die mathematischen Modelle der beiden isolierten Schwinger:

$$m_1 \ddot{x}_1 = -d_1 \dot{x}_1 - c_1 x_1 + F_1 \tag{2.9a}$$

$$m_2 \ddot{x}_2 = -d_2 \dot{x}_2 - c_2 x_2 - F_2 \tag{2.9b}$$

Werden beide Systeme an den Punkten A_1 und A_2 (masselos) ohne Einwirkung der eingeprägten Kräfte verbunden, entsteht eine Zwangskraft z und es gilt $x_1 = x_2$. Lässt man dies in die Modelle (2.9) einfließen, lautet mit den Zustandsvariablen $\mathbf{x} := [x_1, x_2, x_3, x_4]^T = [x_1, x_2, \dot{x}_1, \dot{x}_2]^T$ das mathematische Modell für das gekoppelte Gesamtsystem:

$$\begin{aligned}
\dot{x}_1 &= x_3 \\
\dot{x}_2 &= x_4 \\
\dot{x}_3 &= -\frac{c_1}{m_1} x_1 - \frac{d_1}{m_1} x_3 + \frac{1}{m_1} z \\
\dot{x}_4 &= -\frac{c_2}{m_2} x_2 - \frac{d_2}{m_2} x_4 - \frac{1}{m_2} z \\
0 &= x_1 - x_2 \, ,
\end{aligned} \tag{2.10}$$

*Dies ist ein **semi-explizites Deskriptormodell**, das sich in die Struktur (2.4) einordnen lässt:*

$$\dot{\mathbf{x}} = \begin{bmatrix} 0 & 0 & 1 & 0 \\ 0 & 0 & 0 & 1 \\ -\frac{c_1}{m_1} & 0 & -\frac{d_1}{m_1} & 0 \\ 0 & -\frac{c_2}{m_2} & 0 & -\frac{d_2}{m_2} \end{bmatrix} \mathbf{x} + \begin{bmatrix} 0 \\ 0 \\ \frac{1}{m_1} \\ -\frac{1}{m_2} \end{bmatrix} z =: \mathbf{A}_1 \mathbf{x} + \mathbf{a}_2 z \tag{2.11}$$

$$0 = \begin{bmatrix} 1 & -1 & 0 & 0 \end{bmatrix} \mathbf{x} \qquad =: \mathbf{g}_1^T \mathbf{x}$$

*Das zugehörige **implizite Deskriptormodell** erhält man, wenn das Modell (2.11) mit der Deskriptorvariablen $\mathbf{w} := [x_1, x_2, x_3, x_4, z]^T$ angeschrieben wird:*

$$\begin{bmatrix} 1 & 0 & 0 & 0 & 0 \\ 0 & 1 & 0 & 0 & 0 \\ 0 & 0 & 1 & 0 & 0 \\ 0 & 0 & 0 & 1 & 0 \\ 0 & 0 & 0 & 0 & 0 \end{bmatrix} \dot{\mathbf{w}} = \begin{bmatrix} 0 & 0 & 1 & 0 & 0 \\ 0 & 0 & 0 & 1 & 0 \\ -\frac{c_1}{m_1} & 0 & -\frac{d_1}{m_1} & 0 & \frac{1}{m_1} \\ 0 & -\frac{c_2}{m_2} & 0 & -\frac{d_2}{m_2} & -\frac{1}{m_2} \\ 1 & -1 & 0 & 0 & 0 \end{bmatrix} \mathbf{w} \implies \mathbf{M}\dot{\mathbf{w}} = \mathbf{A}\mathbf{w} \tag{2.12}$$

Im Modell (2.12) ist $\mathbf{M}$ offensichtlich eine singuläre Matrix.

*Das zugehörige **explizite Deskriptormodell** erhält man folgendermaßen. Um die fehlende Differentialgleichung für die algebraische Variable z zu ermitteln, ist die algebraische Gleichung so oft nach der Zeit abzuleiten, bis die Ableitung $\dot{z}$ auftritt:*

$$0 = \mathbf{g}_1^T \mathbf{x} = g_0(\mathbf{x}) \tag{2.13a}$$

$$0 = \mathbf{g}_1^T \dot{\mathbf{x}} = g_1(\mathbf{x}) \tag{2.13b}$$

$$0 = \mathbf{g}_1^T \ddot{\mathbf{x}} = g_2(\mathbf{x}, z) \tag{2.13c}$$

$$0 = \mathbf{g}_1^T \dddot{\mathbf{x}} = g_3(\mathbf{x}, z, \dot{z}) \tag{2.13d}$$

Löst man die letzte Gleichung nach $\dot{z}$ auf und verbindet das Ergebnis mit den Differential-gleichungen des semi-expliziten Modells (2.11), ergibt sich das explizite Deskriptormodell

$$\dot{\mathbf{w}} = \begin{bmatrix} 0 & 0 & 1 & 0 & 0 \\ 0 & 0 & 0 & 1 & 0 \\ -\frac{c_1}{m_1} & 0 & -\frac{d_1}{m_1} & 0 & \frac{1}{m_1} \\ 0 & -\frac{c_2}{m_2} & 0 & -\frac{d_2}{m_2} & -\frac{1}{m_2} \\ \alpha_1 & \alpha_2 & \alpha_3 & \alpha_4 & \alpha \end{bmatrix} \mathbf{w} \implies \dot{\mathbf{w}} = \hat{\mathbf{A}}\mathbf{w}, \tag{2.14}$$

in dem für die Deskriptorvariable weiterhin $\mathbf{w} := [x_1, x_2, x_3, x_4, z]^T$ gilt und das sich in die Struktur (2.6) einfügt. In der letzten Zeile der Matrix $\hat{\mathbf{A}}$ ist für die Koeffizienten

$$\alpha_1 = -\frac{c_1 d_1 m_2}{m_1(m_1 + m_2)} \qquad \alpha_2 = \frac{c_2 d_2 m_1}{m_2(m_1 + m_2)}$$

$$\alpha_3 = \frac{m_2(c_1 m_1 - d_1^2)}{m_1(m_1 + m_2)} \qquad \alpha_4 = -\frac{m_1(c_2 m_2 - d_2^2)}{m_2(m_1 + m_2)} \qquad \alpha = \frac{d_1 m_2^2 + d_2 m_1^2}{m_1 m_2(m_1 + m_2)}$$

zu setzen.

An dieser Stelle ist es angebracht, auf den bisherigen Rechengang zurückzublicken. Dann fällt auf, dass drei Gleichungen bisher noch nicht ausgewertet wurden. Ausgehend vom semi-expliziten Deskriptormodell (2.11) wurde zuerst mit einer trivialen mathematischen Manipu-lation das implizite Deskriptormodell (2.12) formuliert und dann über die Differentiationen (2.13) das explizite Deskriptormodell (2.14) berechnet. Wichtig hierbei ist die Tatsache, dass bislang nur die vierte der Gln. (2.13) zur Ermittlung von $\dot{z}$ ausgewertet wurde; die noch verbleibenden ersten drei der Gln. (2.13) enthalten die fünf Variablen x_1, x_2, x_3, x_4, z, so dass man versuchen kann, etwa x_2, x_4, z abhängig von x_1, x_3 darzustellen; dies führt auf:

$$x_2 = x_1$$

$$x_4 = x_3$$

$$z = \frac{c_1 m_2 - c_2 m_1}{m_1 + m_2} x_1 + \frac{d_1 m_2 - d_2 m_1}{m_1 + m_2} x_3$$

Lässt man dieses Ergebnis in die vier Differentialgleichungen des semi-expliziten Modells (2.11) einfließen, verbleiben die folgenden zwei Differentialgleichungen

$$\dot{x}_1 = x_3$$

$$\dot{x}_3 = -\frac{c_1 + c_2}{m_1 + m_2} x_1 - \frac{d_1 + d_2}{m_1 + m_2} x_3 \, ,$$

während die restlichen zwei zu Tautologien degenerieren. So gelangt man zu einem **Zustands-** **modell** *in diesem Beispiel* [2] *mit der minimalen Ordnung* $\tilde{n} = 2$. *In den* $\hat{n} = 5$ *Differentialgleichungen des expliziten Modells (2.14) sind also nur* $\tilde{n} = 2$ *Anfangswerte beliebig vorgebbar.*

Konsistente Anfangswerte: Die ersten drei der Gln. (2.13) – das ist zum einen die explizit gegebene Zwangsbedingung $0 = g_0$ *und zum anderen sind das die implizit im DAE-System (2.11) enthaltenen und durch den Differentiationsprozess herausgelösten Zwangsbedingungen* $0 = g_1$ *und* $0 = g_2$ – *stellen die Kriterien für konsistente Anfangswerte im expliziten Deskriptormodell (2.14) dar.* ◇

2.2 Eigenschaften von Deskriptormodellen

Man erkennt am Beispiel 2.1, dass für die numerische Simulation mit Hilfe der Standardumgebung MATLAB-SIMULINK™ sowohl das semi-explizite Modell (2.11) als auch das implizite Modell (2.12) ungeeignet sind[3]; nur das explizite Modell (2.14) ist für diesen Zweck geeignet, wobei beim Start der Simulation auf die Vorgabe konsistenter Anfangswerte zu achten ist[4]. Schon aus diesem Grund ist die Ermittlung eines expliziten Modells von Bedeutung – und dabei spielt der Index eines Deskriptormodells eine entscheidende Rolle.

2.2.1 Index eines Deskriptormodells

In diesem Abschnitt werden die analytischen Details der Herleitung eines expliziten Deskriptormodells aus einem semi-expliziten Modell beleuchtet, um u. a. den Aufwand dieser Herleitung mit Hilfe des Indexes zu klassifizieren; hierbei wird es sich um den sogenannten differentiellen Index – auch Differentiationsindex genannt – handeln.

---

[2]In diesem einfachen linearen Beispiel kann man das Zustandsmodell auch mit elementaren Rechenschritten aus dem Deskriptormodell (2.10) gewinnen.

[3]Da sowohl x_1 als auch x_2 Ausgang eines Integriers ist, bildet die algebraische Gleichung $0 = x_1 - x_2$ strukturell gesehen keine algebraische Schleife, die mit der SIMULINK-Bibliotheksfunktion *Algebraic Constraint* aufgebrochen werden könnte – die genannte Bibliotheksfunktion ist für die Verwendung in DAE-Systemen vom Index 1 konzipiert.

[4]An der HUMBOLD-Universität zu Berlin wurden spezielle Algorithmen für die numerische Simulation einer breiten Klasse von Deskriptormodellen entwickelt [39]; sie gehören zur Zeit aber nicht zu den kommerziell verfügbaren Software-Paketen.

Die im Abschn. 2.1 angegebenen Strukturen von Deskriptormodellen erlauben u. U. auch, das explizite Modell aus dem impliziten Modell herzuleiten. Dieser Weg wird hier nicht weiter verfolgt, weil in technik- und naturwissenschaftlichen Modellierungsanwendungen davon ausgegangen werden kann, dass vorrangig ein semi-explizites Modell anfällt, das anschließend je nach Verwendung weiter verarbeitet wird.

Wissenswert ist aber, dass gerade dieser Weg entwicklungsgeschichtlich gesehen am Anfang beschritten wurde; nämlich im Zuge der Untersuchungen, DAE-Modelle unter Zuhilfenahme von ODE-Standardmethoden numerisch zu lösen. Der Weg scheint erstmals in [24] beschrieben worden zu sein; er wurde in den darauffolgenden Jahren in umfangreichen Forschungsarbeiten von zahlreichen Autoren weiterentwickelt, z. B. [23, 25, 57].

Ausgangspunkt ist nun das semi-explizite Deskriptormodell aus dem Abschn. 2.1.1 mit unterteilter algebraischer Gleichung:

$$\dot{\mathbf{x}} = \mathbf{f}(\mathbf{x}, \mathbf{z}, \mathbf{u}) \tag{2.15a}$$

$$\mathbf{0} = \mathbf{g}(\mathbf{x}, \mathbf{z}, \mathbf{u}) = \begin{bmatrix} g_1(\mathbf{x}, \mathbf{z}, \mathbf{u}) \\ \vdots \\ g_i(\mathbf{x}, \mathbf{z}, \mathbf{u}) \\ \vdots \\ g_p(\mathbf{x}, \mathbf{z}, \mathbf{u}) \end{bmatrix} \tag{2.15b}$$

Gesucht ist das zugehörige explizite Deskriptormodell

$$\dot{\mathbf{w}} = \hat{\mathbf{f}}(\mathbf{w}, \mathbf{u}, \dot{\mathbf{u}}, \ddot{\mathbf{u}}, \ldots) \tag{2.16}$$

in der Deskriptorvariablen $\mathbf{w} = [\mathbf{x}^T, \mathbf{z}^T]^T$ und der Eingangsgröße $\mathbf{u}$ mit höheren Ableitungen, die ohne Rücksicht auf die Realisierbarkeit hier noch aus formalen Gründen zugelassen sind; darüber hinaus sei angenommen, dass das gesuchte explizite Modell (2.16) existiert. Um $\dot{\mathbf{w}}$ bilden zu können, sind neben den gegebenen Dgln. (2.15a) noch Differentialgleichungen für $\mathbf{z}$ erforderlich; diese erhält man durch zielführendes Differenzieren in den algebraischen Gleichungen (2.15b), was jetzt im Detail ausgeführt wird.

Jede algebraische Gleichung $0 = g_i =: g_{i,0}$ (der zweite Index steht für die Anzahl der Differentiationen der i-ten algebraischen Gleichung) wird sukzessive so oft total nach der Zeit abgeleitet, bis erstmals die Ableitung wenigstens einer algebraischen Variablen (also $\dot{z}_j$ mit $j \in \{1, \ldots, p\}$) vorkommt – dies sei bei der k_i-ten Ableitung der Fall[5]:

---

[5]Man nennt k_i den Index der i-ten algebraischen Gleichung g_i (auch Gleichungsindex genannt) und kennzeichnet damit diejenige zeitliche Ableitung von g_i, in der erstmals die Ableitung wenigstens einer algebraischen Variablen vorkommt, ohne dass diese Abhängigkeit im Fall $p > 1$ durch die restlichen algebraischen Gleichungen kompensiert werden kann.

$$0 = \overset{(v)}{g_i} = g_{i,v}(\mathbf{x}, \mathbf{u}, \ldots, \overset{(v)}{\mathbf{u}}) \qquad v = 0, \ldots, k_i - 2 \text{ nur für } k_i > 1$$

$$0 = \overset{(k_i-1)}{g_i} = g_{i,k_i-1}(\mathbf{x}, \mathbf{z}, \mathbf{u}, \ldots, \overset{(k_i-1)}{\mathbf{u}}) \qquad \text{für } k_i \geq 1 \qquad (2.17)$$

$$0 = \overset{(k_i)}{g_i} = g_{i,k_i}(\mathbf{x}, \mathbf{z}, \dot{\mathbf{z}}, \mathbf{u}, \ldots, \overset{(k_i)}{\mathbf{u}})$$

Wichtige Bemerkungen zum Ableitungsschema

- Sollte $k_i = 1$ sein, dann muss die Gleichung $0 = g_i = g_{i,0}$ die algebraische Variable $\mathbf{z}$ bereits enthalten, so dass in diesem Falle der Ableitungsprozess (2.17) mit der zweiten Zeile beginnt.

- Sollte $k_i > 1$ sein, dann darf die Gleichung $0 = g_i = g_{i,0}$ die algebraische Variable $\mathbf{z}$ nicht enthalten haben, so dass der Ableitungsprozess mit der ersten Zeile beginnt – dies ist formal einfach und trifft sicher für $p = 1$ zu. Besondere Aufmerksamkeit verlangt der anspruchsvolle Fall mehrerer Gleichungen, also $p > 1$. Dann darf in der ersten Zeile des Prozesses (2.17) eine Abhängigkeit von der algebraischen Variable $\mathbf{z}$ zugelassen werden; denn es kann ja sein, dass die Abhängigkeit von $\dot{\mathbf{z}}$, die nach der nachfolgenden Ableitung entsteht, nach dem Einsetzen der Dgl. (2.15a) **und** der schon gefundenen Abhängigkeiten in anderen algebraischen Gleichungen wieder eliminiert wird. Solche Abhängigkeiten können sogar dazu führen, dass der Index einer algebraischen Gleichung gar nicht existiert, was im folgenden Beispiel demonstriert wird.

Beispiel 2.2 (Probleme bei der Index-Berechnung)
Berechnet man für das lineare Deskriptormodell

$$\dot{\mathbf{x}} = \begin{bmatrix} x_2 + z_1 + z_2 \\ x_1 - z_1 - z_2 \end{bmatrix}$$

$$\mathbf{0} = \begin{bmatrix} x_1 + z_1 + z_2 \\ -x_2 + z_1 + z_2 \end{bmatrix}$$

die Indizes der beiden algebraischen Gleichungen gemäß Prozedur (2.17), ergeben sich schrittweise die folgenden v-ten Ableitungen einer i-ten Gleichung.

$$v = 0 : i = 1 : 0 = g_{1,0} = x_1 + z_1 + z_2 \qquad \text{gegeben}$$
$$i = 2 : 0 = g_{2,0} = -x_2 + z_1 + z_2 \qquad \text{gegeben}$$

$$v = 1 : i = 1 : 0 = g_{1,1} = \dot{x}_1 + \dot{z}_1 + \dot{z}_2$$
$$0 = g_{1,1} = x_2 + z_1 + z_2 + \dot{z}_1 + \dot{z}_2 \;(*) \;\rightarrow\; \underline{\underline{k_1 = v = 1}}$$

$$i = 2 : 0 = g_{2,1} = -\dot{x}_2 + \dot{z}_1 + \dot{z}_2 \;(**)$$
$$0 = g_{2,1} = -x_1 - x_2 \qquad\qquad \rightarrow k_2 > v = 1$$

$$v = 2 : i = 2 : 0 = g_{2,2} = -\dot{x}_1 - \dot{x}_2$$
$$0 = g_{2,2} = -x_1 - x_2 \qquad\qquad \rightarrow k_2 > v = 2$$

Die Prozedur kann hier beliebig fortgesetzt werden, ohne dass ein Ergebnis für den Index k_2 der zweiten algebraischen Gleichung erreicht wird.

In der Gleichung (**) *für* $i = 2$ *scheinen zum ersten Mal die Ableitungen der algebraischen Variablen auf. Allerdings muss hier nicht nur die Differentialgleichung* $\dot{x}_2$ *sondern auch die schon gefundene Abhängigkeit* (*) *berücksichtigt werden, so dass sich beide Ableitungen der algebraischen Variablen herausheben. Das ist der oben erwähnte Fall, bei dem die algebraische Gleichung* $g_{2,0}$ *von* $\mathbf{z}$ *abhängt, die 1. Ableitung* $g_{2,1}$ *letztlich aber nicht von* $\dot{\mathbf{z}}$, *weil diese Abhängigkeit durch eine bereits durch Differentiation gewonnene algebraische Gleichung eliminiert wird.*

Nach einer weiteren Ableitung werden wiederum die Differentialgleichungen eingesetzt, es heben sich dadurch die algebraischen Variablen wieder heraus. Es existiert offensichtlich kein endlicher Differentiationsindex k_2, *d. h.* $k_2 \to \infty$; *ein kritischer Blick auf das DAE-System zeigt, dass es unterbestimmt ist, weil nur die Summe* $(z_1 + z_2)$ *eine Rolle spielt.* ◊

Nun soll der Ableitungsprozess (2.17), der eine Gleichung g_i erfasst, für alle Gleichungen $g_1, \ldots, g_p$ angeschrieben werden. Die Anzahl der Ableitungen und damit der Index in den einzelnen algebraischen Gleichungen kann unterschiedlich ausfallen; deswegen ist es für eine kompakte Darstellung der gesamten Ableitungsprozedur zweckmäßig, die Gleichungen der jeweils vorletzten Ableitungsstufe in einem Vektor, dessen Indexierung anschließend erklärt wird, zusammenzufassen

$$0 = \begin{bmatrix} g_{1,k_1-1} \\ \vdots \\ g_{p,k_p-1} \end{bmatrix} =: \mathbf{g}_{k-1}, \tag{2.18}$$

um dann den jeweils letzten Ableitungsschritt für alle Gleichungen gemeinsam in einem einzigen Schritt ebenfalls kompakt erfassen zu können:

$$0 = \dot{\mathbf{g}}_{k-1} = \frac{\partial \mathbf{g}_{k-1}}{\partial \mathbf{z}} \dot{\mathbf{z}} + \frac{\partial \mathbf{g}_{k-1}}{\partial \mathbf{x}} \dot{\mathbf{x}} + \frac{\partial \mathbf{g}_{k-1}}{\partial \mathbf{u}} \dot{\mathbf{u}} + \ldots + \frac{\partial \mathbf{g}_{k-1}}{\partial \overset{(k-1)}{\mathbf{u}}} \overset{(k)}{\mathbf{u}} \tag{2.19}$$

Ist nun die JACOBI-Matrix $\partial \mathbf{g}_{k-1}/\partial \mathbf{z}$ zumindest lokal invertierbar (dieser Umstand wird weiter unten noch einmal aufgegriffen), dann kann Gl. (2.19) nach $\dot{\mathbf{z}}$ aufgelöst werden

$$\dot{\mathbf{z}} = -\left(\frac{\partial \mathbf{g}_{k-1}}{\partial \mathbf{z}}\right)^{-1} \left(\frac{\partial \mathbf{g}_{k-1}}{\partial \mathbf{x}} \dot{\mathbf{x}} + \frac{\partial \mathbf{g}_{k-1}}{\partial \mathbf{u}} \dot{\mathbf{u}} + \ldots + \frac{\partial \mathbf{g}_{k-1}}{\partial \overset{(k-1)}{\mathbf{u}}} \overset{(k)}{\mathbf{u}}\right), \tag{2.20}$$

womit man schließlich das gesuchte explizite Differentialgleichungssystem gemäß Struktur (2.16)

$$\dot{\mathbf{w}} = \begin{bmatrix} \dot{\mathbf{x}} \\ \dot{\mathbf{z}} \end{bmatrix} = \begin{bmatrix} \mathbf{f} \\ -\left(\dfrac{\partial \mathbf{g}_{k-1}}{\partial \mathbf{z}}\right)^{-1} \left(\dfrac{\partial \mathbf{g}_{k-1}}{\partial \mathbf{x}}\mathbf{f} + \dfrac{\partial \mathbf{g}_{k-1}}{\partial \mathbf{u}}\dot{\mathbf{u}} + \dots\right) \end{bmatrix} =:$$

$$=: \hat{\mathbf{f}}(\mathbf{w}, \mathbf{u}, \dot{\mathbf{u}}, \dots, \overset{(d)}{\mathbf{u}}) \tag{2.21}$$

mit der Ordnung $n + p$ erhält; hierin wurde vorwegnehmend ausgedrückt, dass für die höchste Ableitung der Eingangsgröße $\mathbf{u}$ nicht unbedingt $d = k$ gelten muss, sondern lediglich $d \leq k$ ($d \in \mathbb{N}_0$).

Der soeben durchlaufene Differentiationsprozess legt nahe, eine Kennzahl für den analytischen Aufwand bei der Überführung eines semi-expliziten Deskriptormodells in das zugehörige explizite Modell in Form eines Index einzuführen:

Definition 2.1 (Differentiationsindex des Modells)
*Der größte Wert aus den Gleichungsindizes $k_1, \dots, k_p$ eines semi-expliziten Deskriptormodells heißt **Differentiationsindex** bzw. **differentieller Index** k*

$$k := \max\{k_1, \dots, k_p\} \tag{2.22}$$

des Modells. △

Bemerkungen
Innerhalb der im Abschn. 2.1 genannten Modelltypen (semi-explizit, explizit und implizit) ist der Differentiationsindex nur im semi-expliziten Fall zweckdienlich, weil offensichtlich nur hier algebraische Gleichungen explizit vorhanden sind, an denen der hier vorgestellte Differentiationsprozess gestartet werden kann[6].

Einfach ausgedrückt, ist der so definierte Differentiationsindex ein Indikator dafür, wie weit das DAE-System vom zugrundeliegenden ODE-System „entfernt" liegt – sowohl aus der Sicht der Analysis, wie eben bei der Ermittlung des expliziten Modells, als auch aus der Sicht der Numerik beim Einsatz von ODE-Algorithmen zur Lösung von DAE-Systemen. Mit diesem Blick ist es auch nicht verwunderlich, dass ein ODE-System den Index $k = 0$ besitzt. Je nach dem, wie diese „Entfernung" charakterisiert wird, ergeben sich auch unterschiedliche Index-Definitionen; sie sind meist an Problemen ausgerichtet, die bei der numerischen Lösung differential-algebraischer Gleichungen auftreten. Die Index-Konzepte für DAE-Systeme sind in [47] mathematisch präzise formuliert und sie sind dort auch hinsichtlich ihrer Beziehungen untereinander analysiert.

Einige Indizes seien hier in groben Zügen und mit Literaturangaben aus dem Gebiet der Ursprungsarbeiten benannt:

---

[6]Für implizite DAE-Systeme gibt es einen alternativen Weg zur Bestimmung des Differentiationsindexes [23].

- Der KRONECKER-Index [37] eines linearen impliziten DAE-Systems ist der Nilpotenz-Index des regulären Matrizenbüschels der beiden DAE-Matrizen.

- Der Geometrie-Index [62, 64] ist ein Klassifikationsmerkmal im Zuge der Reduktion eines DAE-Systems auf ein ordnungsreduziertes ODE-System auf einer Lösungsmannigfaltigkeit.

- Der Perturbationsindex [27] ist ein Maß für die Empfindlichkeit der numerischen Lösung gegenüber Störungen, wie Rundungs- und Diskretisierungsfehlern.

- Der Traktabilitätsindex [44] charakterisiert Regularitätseigenschaften von JACOBI-Matrizen, die im Zuge der Projektion des DAE-Systems auf gewisse Unterräume gebildet werden.

- Kerngehalt des Differentiationsindexes gemäß Def. 2.1 ist, im DAE-System „versteckte" Beschränkungen herauszuholen; eng damit verwandt ist das Konzept des Strangeness-Index [38] und

- das Konzept des Struktur-Index [55, 63].

Wendet man die verschiedenen Index-Konzepte auf „einfache" DAE-Systeme – etwa lineare autonome Systeme – an, sind die sich ergebenden Index-Werte identisch und von globaler Natur. Angewandt auf „kompliziertere" nichtlineare Probleme, können die Ergebnisse durchaus unterschiedlich und von lokaler Natur sein; d. h., die Index-Werte können sich entlang der Lösung lokal in unterschiedlicher Weise ändern und zudem kann der Index an singulären Punkten undefiniert sein.

Wenn in diesem Buch der Begriff Index adressiert wird, ist damit durchwegs der Differentiationsindex angesprochen; andernfalls wird der gegenständliche Index explizit benannt.

2.2.2 Regularität und Realisierbarkeit

Die Systeme, die durch Deskriptormodelle beschrieben werden, sind im Regelfall komplexe zusammengesetzte Systeme, die – zumindest im technisch-naturwissenschaftlichen Umfeld – betrieben werden bzw. die prozessual ablaufen. Handelt es sich um Systemkonzepte, ermöglichen sie den Betrieb bzw. den Prozessablauf – kurzum sie sind realisierbar. Diese Eigenschaft der Realisierbarkeit wird nun in die Entwicklung von Analyse- und Syntheseverfahren aufgenommen und in der nachfolgenden Def. 2.3 den mathematischen Modellen aufgeprägt[7]; zwar wurde diese Eigenschaft schon mit Def. 1.2 festgesetzt, dort allerdings auf der Grundlage gewisser Eigenschaften der Lösung von Differentialgleichungen, während nun diese Eigenschaft an das mathematische Modell gebunden wird.

Für die ins Auge gefasste Definition der Realisierbarkeit ist es zweckmäßig, zuvor die Eigenschaft der Regularität eines semi-expliziten Deskriptormodells zu definieren:

---

[7]Das setzt voraus, dass sowohl Fehler als auch zu grobe Vereinfachungen in der Modellierung ausgeschlossen sind.

Definition 2.2 (Regularität eines Deskriptormodelles)
Das semi-explizite Deskriptormodell (2.15) heißt **regulär**, *wenn ein explizites Deskriptormodell (2.21) angegeben werden kann.*   △

Es leuchtet ein, dass die Bezeichnung dieser Eigenschaft von der (zumindest lokalen) Regularität der JACOBI-Matrix $\partial \mathbf{g}_{k-1}/\partial \mathbf{z}$ in der Beziehung (2.20) herrührt.

Definition 2.3 (Realisierbarkeit eines Deskriptormodelles)
Das explizite Deskriptormodell (2.21) heißt **realisierbar**, *wenn für die höchst vorkommende Ableitung d der Eingangsgröße* $\mathbf{u}$ $d \in \{0, 1\}$ *gilt.*   △

Bemerkungen
Wenn gemäß Def. 1.2 die Lösung $\mathbf{w}(t)$ nicht von den Ableitungen $\dot{\mathbf{u}}$, $\ddot{\mathbf{u}}$, ... der Eingangsgröße $\mathbf{u}(t)$ abhängen darf, dann folgt daraus, dass in der rechten Seite der zu lösenden Dgl. (1.3) höchstens die 1. Ableitung $\dot{\mathbf{u}}$ vorkommen darf – und darauf fußt die Definition 2.3. Allerdings ist im (gegebenen) semi-expliziten Modell (2.15) eine solche Abhängigkeit von Ableitungen der Eingangsgröße nicht unmittelbar erkennbar, wohl aber im zugehörigen (errechneten) expliziten Modell (2.21), so dass vor der Definition der Realisierbarkeit die Existenz eines expliziten Modells vorausgesetzt wird.

Die Regularität spielt eine wichtige Rolle im Rahmen der Lösungstheorie für DAE-Systeme; in der Literatur finden sich abhängig vom verwendeten Indexkonzept unterschiedliche Definitionen, die z. B. auf der Regularität von Matrizenbüscheln, JACOBI-Matrizen oder Systemmatrizen basieren [47, 61, 62, 80].

2.2.3 Modifizierter Shuffle-Algorithmus

Die Konstruktion der Definitionen 2.2 und 2.3 bringt es mit sich, dass aus der Realisierbarkeit des expliziten Modells die Regularität des semi-expliziten Modells folgt. Im Sinne der Ausführungen zu Beginn des Abschn. 2.2.2, mit denen die Annahme der tatsächlichen oder gedachten Realisierbarkeit der betrachteten Klasse von dynamischen Systemen begründet wurde, darf daher neben der Realisierbarkeit des expliziten auch die Regularität des semi-expliziten Modells angenommen werden.

Unter dieser Regularitäts- und Realisierbarkeitsvoraussetzung wird nun der Ableitungsprozess (2.17) zur Ermittlung der algebraischen Gleichung (2.18), die bei der Berechnung des regulären expliziten Modells (2.21) eine zentrale Rolle spielt, neu formuliert [21, 49]; die sich daraus ergebende Variante wurde in [22] mit *Modifizierter Shuffle-Algorithmus* benannt.

Der Ableitungsprozess für **reguläre** und **realisierbare** Deskriptormodelle lautet nunmehr (es sei hingewiesen auf die wichtigen Bemerkungen zum Ableitungsschema im Abschn. 2.2.1):

$$0 = g_{i,\nu}(\mathbf{x}, \mathbf{z}) \qquad\qquad\qquad \nu = 0, 1, \ldots, k_i - 2 \text{ nur für } k_i > 1$$
$$0 = g_{i,k_i-1}(\mathbf{x}, \mathbf{z}, \mathbf{u}) \qquad\qquad\qquad\qquad\qquad \text{für } k_i \geq 1 \qquad (2.23)$$
$$0 = \frac{\partial g_{i,k_i-1}}{\partial \mathbf{x}}\dot{\mathbf{x}} + \frac{\partial g_{i,k_i-1}}{\partial \mathbf{z}}\dot{\mathbf{z}} + \frac{\partial g_{i,k_i-1}}{\partial \mathbf{u}}\dot{\mathbf{u}}$$

Das erstmalige Auftreten der zeitlichen Ableitung wenigstens einer algebraischen Variablen kommt in der letzten Zeile zum Ausdruck; zudem erscheint dort aufgrund der Def. 2.3 höchstens die erste Ableitung der Eingangsgröße. Wie im vorangegangenen Abschnitt besprochen, ist hierbei zu prüfen, ob die so gebildete Differentialgleichung in einer oder mehreren algebraischen Variablen nicht funktionell von anderen durch den *Shuffle*-Algorithmus erzeugten Differentialgleichungen abhängig und daher zu eliminieren ist; diese Prüfung kommt in der folgenden Definition des differentiellen Gleichungsindexes durch die Hilfsfunktionen $h_{i,j}^{(l)}$ zum Ausdruck:

Definition 2.4 (Differentieller Gleichungsindex)
Die Anzahl der zeitlichen Ableitungen einer algebraischen Gleichung $0 = g_i(\mathbf{x}, \mathbf{z}, \mathbf{u})$ des semi-expliziten Deskriptorsystems (2.15) bis zum erstmaligen und funktionell unabhängigen Erscheinen der Ableitungen algebraischer Variablen heißt **Differentiationsindex** k_i *oder* **differentieller Index** k_i *dieser Gleichung; er wird wie folgt ermittelt:*

$$k_i := \min_{j=1,2,\ldots} \left\{ \begin{array}{l} j \;\left|\; \dfrac{\partial g_{i,j-1}}{\partial \mathbf{z}} \neq \mathbf{0}^T \quad \wedge \right. \\[3mm] h_{i,j}^{(0)}\dfrac{\partial g_{i,j-1}}{\partial \mathbf{z}} = \displaystyle\sum_{l,\exists k_l}^{1,p} h_{i,j}^{(l)}\dfrac{\partial g_{l,k_l-1}}{\partial \mathbf{z}} \xLongrightarrow[l=0,1,\ldots]{nur} h_{i,j}^{(l)}(\mathbf{x}, \mathbf{z}, \mathbf{u}) = 0 \end{array} \right\} \qquad (2.24)$$

$\triangle$

Der erste Teil der Bedingung (2.24) erfasst den Fall, dass das Aufscheinen der algebraischen Variablen $\mathbf{z}$ in $g_{i,j-1}$ – also in der $(j-1)$-ten Ableitung der Gleichung g_i – festgestellt wird (das ist gewissermaßen eine notwendige Bedingung dafür, dass das aktuelle j zum Gleichungsindex $k_i = j$ werden kann). Der zweite Teil ist dem Fall gewidmet, in dem geprüft wird, ob die in Frage kommende algebraische Gleichung von bereits vom *Modifizierten Shuffle-Algorithmus* erzeugten Gleichungen funktionell abhängig ist; liegt eine solche Abhängigkeit nicht vor, dann ist der zweite Teil der Bedingung (2.24) nur mit verschwindenden Hilfsfunktionen $h_{i,j}^{(l)}$ erfüllbar, so dass letztlich das aktuelle j den Gleichungsindex $k_i = j$ bestimmt. Bei der Überprüfung werden jene Gleichungen berücksichtigt, für die der Index schon bestimmt wurde; dies wird durch den Zusatz $\exists k_l$ in der Summenbildung angezeigt – Details des Algorithmus sind im Anhang B.2 zusammengestellt.

Wird hingegen eine funktionelle Abhängigkeit entdeckt, dann führt dieser Differentiationsschritt nicht auf den Gleichungsindex und die Gleichung ist vor dem nächsten Differentiationsschritt im *Modifizierten Shuffle-Algorithmus* so abzuwandeln, dass die Abhängigkeit eliminiert wird; dies geschieht folgendermaßen:

Behauptung 2.1 (Abwandlung einer algebraischen Gleichung)
Wenn in der Gleichung für $g_{i,j-1}$ funktionelle Abhängigkeiten im Sinne von Bedingung (2.24) entdeckt werden, dann wird im j-ten Differentiationsschritt die Gleichung g_i wie folgt gebildet:

$$g_{i,j} = \frac{\partial g_{i,j-1}}{\partial \mathbf{x}} \dot{\mathbf{x}} - \sum_{l,\exists k_l}^{1,p} \tilde{h}_{i,j}^{(l)} \frac{\partial g_{l,k_l-1}}{\partial \mathbf{x}} \dot{\mathbf{x}} \quad \text{mit} \quad \tilde{h}_{i,j}^{(l)} := \frac{h_{i,j}^{(l)}}{h_{i,j}^{(0)}}. \tag{2.25}$$

$\Diamond$

Der Beweis zur Behauptung 2.1 ist im Anhang B.3 nachzulesen[8].

Zusammenfassung der Ergebnisse
Ausgehend von einem *regulären* und *realisierbaren* semi-expliziten Deskriptormodell

$$\dot{\mathbf{x}} = \mathbf{f}(\mathbf{x}, \mathbf{z}, \mathbf{u}) \tag{2.26a}$$

$$\mathbf{0} = \mathbf{g}(\mathbf{x}, \mathbf{z}, \mathbf{u}) = \begin{bmatrix} g_1(\mathbf{x}, \mathbf{z}, \mathbf{u}) \\ \vdots \\ g_p(\mathbf{x}, \mathbf{z}, \mathbf{u}) \end{bmatrix} \tag{2.26b}$$

liefert der *Modifizierte Shuffle-Algorithmus* (2.23)–(2.25) anstelle der algebraischen Gl. (2.26b)[9] die algebraische Gleichung

$$\mathbf{0} = \mathbf{g}_{k-1}(\mathbf{x}, \mathbf{z}, \mathbf{u}) = \begin{bmatrix} g_{1,k_1-1}(\mathbf{x}, \mathbf{z}, \mathbf{u}) \\ \vdots \\ g_{p,k_p-1}(\mathbf{x}, \mathbf{z}, \mathbf{u}) \end{bmatrix} \tag{2.27}$$

mit nunmehr regulärer JACOBI-Matrix (s. Behauptung 2.2) der Funktion $\mathbf{g}_{k-1}(\mathbf{x}, \mathbf{z}, \mathbf{u})$ bezüglich $\mathbf{z}$. So kann in Analogie zu den Berechnungsschritten (2.18)–(2.21) das zum semi-expliziten Modell (2.26) gehörende explizite Modell (2.28) angegeben werden:

$$\dot{\mathbf{w}} = \begin{bmatrix} \dot{\mathbf{x}} \\ \dot{\mathbf{z}} \end{bmatrix} = \begin{bmatrix} \mathbf{f} \\ -\left(\frac{\partial \mathbf{g}_{k-1}}{\partial \mathbf{z}}\right)^{-1}\left(\frac{\partial \mathbf{g}_{k-1}}{\partial \mathbf{x}}\mathbf{f} + \frac{\partial \mathbf{g}_{k-1}}{\partial \mathbf{u}}\dot{\mathbf{u}}\right) \end{bmatrix} = \hat{\mathbf{f}}(\mathbf{w}, \mathbf{u}, \dot{\mathbf{u}}) \tag{2.28}$$

---

[8]Offenkundig gilt der Übergang (2.25) vom Rekursionsschritt $j-1$ zum Schritt j auch dann, wenn keine funktionellen Abhängigkeiten vorhanden sind, wenn also für die Hilfsfunktionen $\tilde{h}_{i,j}^{(l)} = 0$ gesetzt werden kann.

[9]Hier ist der Fall einer singulären JACOBI-Matrix der Funktion $\mathbf{g}(\mathbf{x}, \mathbf{z}, \mathbf{u})$ bezüglich $\mathbf{z}$ von Interesse, denn andernfalls ist der Index $k = 1$ und der „Output" (2.27) des *Modifizierten Shuffle-Algorithmus* identisch mit seinem „Input" (2.26b).

Das explizite Deskriptormodell (2.28) spielt im Verlauf des Buches eine entscheidende Rolle nicht nur für die Analyse von Deskriptormodellen, sondern auch für die Synthese, insbesondere für die exakte Linearisierung und für den Beobachterentwurf.

Behauptung 2.2 (Reguläre Jacobi-Matrix)
Es wurde vorausgesetzt, dass das semi-explizite Modell (2.26) regulär ist; aus der Def. 2.2 folgt dann mit Blick auf das explizite Modell (2.28) die Regularität der JACOBI-*Matrix der Funktion* $g_{k-1}(x, z, u)$ *bezüglich* z:

$$rang\left\{ \frac{\partial g_{k-1}}{\partial z} \right\} = p$$

Hierin werden die im Vektor g_{k-1} *enthaltenen Funktionen vom Modifizierten Shuffle-Algorithmus per Konstruktion (2.24), (2.25) gebildet.*   ◇

Im Anhang B.4 ist auf anderem Wege gezeigt, dass die JACOBI-Matrix regulär ist.

Bemerkungen
Der *Shuffle*-Algorithmus wurde ursprünglich in [43] für lineare Deskriptormodelle angegeben und später in [23] unter dem Gesichtspunkt der numerischen Lösung von nichtlinearen differential-algebraischen Gleichungssystemen erweitert. Schließlich wurde in [49] eine Modifikation entwickelt, die für reguläre und realisierbare semi-explizite Deskriptormodelle die Detektion des expliziten Modells sicherstellt. Ohne diese Modifikation, die auf die Erkennung funktioneller Abhängigkeiten in der Def. 2.4 ausgerichtet ist, wäre die genannte Detektion nicht gewährleistet. Eine vergleichbare Problematik gibt es im Zusammenhang mit dem in [55] angegebenen Algorithmus zur Ermittlung des Strukturindex; unter gewissen Bedingungen erfüllt dieser Algorithmus die Anforderungen nicht, wie anhand eines Beispiels in [63] gezeigt wurde. Dieses Problem wurde nachträglich in [80] aufgegriffen, wobei funktionelle Abhängigkeiten mit graphentheoretischen Methoden eliminiert wurden.

Beispiel 2.3 (*Modifizierter Shuffle-Algorithmus*)
Dieses einfache Beispiel soll verdeutlichen, wie der Modifizierte Shuffle-Algorithmus (2.23)–(2.25) funktionelle Abhängigkeiten behandelt. Gegeben sei ein lineares semi-explizites Deskriptormodell mit $\dim\{x\} = n = 3$ *und* $\dim\{z\} = \dim\{g\} = p = 2$:

$$\dot{x} = \begin{bmatrix} x_2 + z_1 + z_2 \\ x_1 + x_2 + z_2 \\ x_2 \end{bmatrix}$$

$$0 = g = \begin{bmatrix} g_1 \\ g_2 \end{bmatrix} = \begin{bmatrix} x_1 - x_2 + x_3 \\ x_1 - z_1 \end{bmatrix}$$

Die Gleichungsindizes k_1 und k_2 für die algebraischen Gleichungen $g_1 = 0$ und $g_2 = 0$ werden rekursiv berechnet. Dabei werden in einem Rekursionsschritt ($j = 0, 1, \ldots$) diejenigen algebraischen Gleichungen $g_i = 0$ (hier $i = 1, 2$) verarbeitet, für welche der Gleichungsindex nicht im vorangegangenen Schritt berechnet wurde. Der Algorithmus startet mit dem Initialisierungsschritt $j = 0$. Das Ergebnis des Algorithmus für die i-te Gleichung im j-ten Schritt wird mit $g_{i,j}$ bezeichnet:

$$j = 0: \quad i = 1 : g_{1,0} := g_1 = x_1 - x_2 + x_3$$
$$i = 2 : g_{2,0} := g_2 = x_1 - z_1$$

$$j = 1: \quad i = 1 : \frac{\partial g_{1,0}}{\partial \mathbf{z}} = \mathbf{0}^T \overset{(2.24)}{\longrightarrow} k_1 > 1$$

$$g_{1,1} \overset{(2.25)}{:=} \frac{\partial g_{1,0}}{\partial \mathbf{x}} \dot{\mathbf{x}} = \begin{bmatrix} 1 & -1 & 1 \end{bmatrix} \dot{\mathbf{x}} =$$
$$= -x_1 + x_2 + z_1$$

$$i = 2 : \frac{\partial g_{2,0}}{\partial \mathbf{z}} = \begin{bmatrix} -1 & 0 \end{bmatrix} \neq \mathbf{0}^T \quad und$$

$$h_{2,1}^{(0)} \frac{\partial g_{2,0}}{\partial \mathbf{z}} = \mathbf{0}^T \overset{nur}{\longrightarrow} h_{2,1}^{(0)} = 0 \qquad\qquad \overset{(2.24)}{\longrightarrow} \underline{\underline{k_2 = 1}}$$

$$j = 2: \quad i = 1 : \frac{\partial g_{1,1}}{\partial \mathbf{z}} = \begin{bmatrix} 1 & 0 \end{bmatrix} \neq \mathbf{0}^T \quad und$$

$$h_{1,2}^{(0)} \frac{\partial g_{1,1}}{\partial \mathbf{z}} - h_{1,2}^{(2)} \frac{\partial g_{2,0}}{\partial \mathbf{z}} =$$
$$= h_{1,2}^{(0)} \begin{bmatrix} 1 & 0 \end{bmatrix} - h_{1,2}^{(2)} \begin{bmatrix} -1 & 0 \end{bmatrix} \overset{!}{=} \mathbf{0}^T \Rightarrow$$
$$h_{1,2}^{(0)} = -h_{1,2}^{(2)} = 1 \neq 0 \qquad\qquad \overset{(2.24)}{\longrightarrow} k_1 > 2$$

$$g_{1,2} \overset{(2.25)}{:=} \frac{\partial g_{1,1}}{\partial \mathbf{x}} \dot{\mathbf{x}} - \tilde{h}_{1,2}^{(2)} \frac{\partial g_{2,0}}{\partial \mathbf{x}} \dot{\mathbf{x}} =$$
$$= \begin{bmatrix} -1 & 1 & 0 \end{bmatrix} \dot{\mathbf{x}} + \begin{bmatrix} 1 & 0 & 0 \end{bmatrix} \dot{\mathbf{x}} = \dot{x}_2 =$$
$$= x_1 + x_2 + z_2$$

Hier wurde eine funktionelle Abhängigkeit entdeckt und deshalb ist $j = 2$ nicht das minimale j, das den Index k_1 bestimmt. Ein weiterer Schritt ist nötig:

$$j = 3: \quad i = 1: \frac{\partial g_{1,2}}{\partial \mathbf{z}} = \begin{bmatrix} 0 & 1 \end{bmatrix} \neq \mathbf{0}^T \quad und$$

$$h_{1,3}^{(0)} \frac{\partial g_{1,2}}{\partial \mathbf{z}} - h_{1,3}^{(2)} \frac{\partial g_{2,0}}{\partial \mathbf{z}} =$$

$$= h_{1,3}^{(0)} \begin{bmatrix} 0 & 1 \end{bmatrix} - h_{1,3}^{(2)} \begin{bmatrix} -1 & 0 \end{bmatrix} \stackrel{!}{=} \mathbf{0}^T \stackrel{nur}{\longrightarrow}$$

$$h_{1,3}^{(0)} = h_{1,3}^{(2)} = 0 \qquad\qquad \stackrel{(2.24)}{\longrightarrow} \underline{k_1 = 3}$$

Das gegebene System ist also gemäß Definition (2.1) vom Index $k = 3$ und das modifizierte System algebraischer Gleichungen entsprechend (2.27) lautet:

$$\mathbf{0} = \mathbf{g}_{k-1} = \mathbf{g}_2 = \begin{bmatrix} g_{1,2} \\ g_{2,0} \end{bmatrix} = \begin{bmatrix} x_1 + x_2 + z_2 \\ x_1 - z_1 \end{bmatrix}$$

Offensichtlich ist die Jacobi-Matrix

$$\frac{\partial \mathbf{g}_2}{\partial \mathbf{z}} = \begin{bmatrix} 0 & 1 \\ -1 & 0 \end{bmatrix}$$

gemäß Behauptung 2.2 regulär. Das explizite Modell (2.28) mit $\dim\{\mathbf{w}\} = n + p = 5$ lautet:

$$\dot{\mathbf{w}} = \begin{bmatrix} \dot{x}_1 \\ \dot{x}_2 \\ \dot{x}_3 \\ \dot{z}_1 \\ \dot{z}_2 \end{bmatrix} = \begin{bmatrix} 0 & 1 & 0 & 1 & 1 \\ 1 & 1 & 0 & 0 & 1 \\ 0 & 1 & 0 & 0 & 0 \\ 0 & 1 & 0 & 1 & 1 \\ -1 & -2 & 0 & -1 & -2 \end{bmatrix} \mathbf{w} = \hat{\mathbf{f}}(\mathbf{w}) \qquad (2.29)$$

2.2.4 Konsistente Anfangswerte

Das (reale oder konzipierte) Verhalten eines Systems mit eingeschränkter Dynamik ist mit den Zwangsbedingungen konform. Ein Deskriptormodell zur adäquaten Beschreibung dieser Dynamik besitzt konsequenterweise Lösungen, die den Zwangsbedingungen, sprich algebraischen Gleichungen, genügen müssen. Dies gilt natürlich auch für die Anfangswerte; sie können also für die (numerische) Integration nicht beliebig vorgegeben werden, weil auch sie den algebraischen Gleichungen genügen müssen.

Das sind nicht nur die im DAE-System (2.26) explizit angegebenen algebraischen Gleichungen (das wären sie nur für ein Index-1-Problem), sondern auch die im DAE-System implizit vorhandenen (das ist bei höher indizierten Problemen der Fall) und vom *Modifizierten Shuffle-Algorithmus* erzeugten Gleichungen. Das Ableitungsprozedere (2.23) verdeutlicht dies formal; alle für die Berechnung **konsistenter Anfangswerte** zu berücksichtigenden Gleichungen seien nun im Vektor $\tilde{\mathbf{g}}$

$$\mathbf{0} = \tilde{\mathbf{g}}(\mathbf{x}, \mathbf{z}, \mathbf{u}) \qquad\qquad (2.30)$$

mit

$$
\widetilde{\mathbf{g}}(\mathbf{x}, \mathbf{z}, \mathbf{u}) = \begin{bmatrix} \widetilde{\mathbf{g}}_1(\mathbf{x}, \mathbf{z}, \mathbf{u}) \\ \vdots \\ \widetilde{\mathbf{g}}_i(\mathbf{x}, \mathbf{z}, \mathbf{u}) \\ \vdots \\ \widetilde{\mathbf{g}}_p(\mathbf{x}, \mathbf{z}, \mathbf{u}) \end{bmatrix} \quad \text{und} \quad \widetilde{\mathbf{g}}_i := \begin{bmatrix} g_{i,0}(\mathbf{x}, \mathbf{z}, \mathbf{u}) \\ g_{i,1}(\mathbf{x}, \mathbf{z}, \mathbf{u}) \\ \vdots \\ g_{i,k_i-1}(\mathbf{x}, \mathbf{z}, \mathbf{u}) \end{bmatrix} \quad \text{für } i = 1, \ldots, p
$$

zusammengefasst. Für die Dimension des Vektors $\widetilde{\mathbf{g}}$ gilt $\dim\{\widetilde{\mathbf{g}}\} = k_S$, wobei der sogenannte **Summenindex** k_S durch

$$
k_S := \sum_{i=1}^{p} k_i \tag{2.31}
$$

gegeben ist. Damit lässt sich auch die Anzahl der frei vorgebbaren Anfangswerte, bzw. die **Anzahl der Freiheitsgrade** $\tilde{n}$

$$
\tilde{n} = n - \sum_{i=1}^{p}(k_i - 1) = n + p - k_S = \hat{n} - k_S \tag{2.32}
$$

angeben. Wegen des Charakters der eingeführten Indizes ist $k_S \geq 0$ und aus der Beziehung (2.32) folgt $k_S \leq \hat{n}$, weil anderenfalls die Anzahl der Freiheitsgrade $\tilde{n} < 0$ wäre, was wiederum mit der Vorgabe realisierbarer dynamischer Systeme nicht vereinbar ist. Schließt man noch die Grenzfälle $k_S = 0$ (das Modell ist kein DAE- sondern ein ODE-System) und $k_S = \hat{n}$ (das Modell beschreibt kein dynamisches sondern ein statisches System) aus, dann gilt:

$$
0 < k_S < \hat{n}
$$

Die Elemente im Vektor $\widetilde{\mathbf{g}}(\mathbf{x}, \mathbf{z}, \mathbf{u}) = \widetilde{\mathbf{g}}(\mathbf{w}, \mathbf{u})$ entstehen durch den *Modifizierten Shuffle-Algorithmus*, der funktionelle Abhängigkeiten detektiert und eliminiert; folglich gilt für den Rang der JACOBI-Matrix der Funktion $\widetilde{\mathbf{g}}$ bezüglich $\mathbf{w}$

$$
\text{rang}\left\{ \frac{\partial \widetilde{\mathbf{g}}}{\partial \mathbf{w}} \right\} = k_S \,,
$$

so dass k_S konsistente Anfangswerte für das explizite Modell in Abhängigkeit von $\tilde{n}$ frei vorgebbaren ermittelt werden können.

Beispiel 2.3 – Fortsetzung
Das Gleichungssystem (2.30) lautet mit $p = 2$, $k_1 = 3$, $k_2 = 1$ und ohne Eingangsgröße:

$$0 = \widetilde{\mathbf{g}}(\mathbf{x}, \mathbf{z}) = \begin{bmatrix} \widetilde{\mathbf{g}}_1(\mathbf{x}, \mathbf{z}) \\ \widetilde{\mathbf{g}}_2(\mathbf{x}, \mathbf{z}) \end{bmatrix} = \begin{bmatrix} g_{1,0}(\mathbf{x}, \mathbf{z}) \\ g_{1,1}(\mathbf{x}, \mathbf{z}) \\ g_{1,2}(\mathbf{x}, \mathbf{z}) \\ g_{2,0}(\mathbf{x}, \mathbf{z}) \end{bmatrix} = \begin{bmatrix} x_1 - x_2 + x_3 \\ -x_1 + x_2 + z_1 \\ x_1 + x_2 + z_2 \\ x_1 - z_1 \end{bmatrix}$$

Nach Gl. (2.32) gilt für die Anzahl der Freiheitsgrade $\widetilde{n} = 3 + 2 - 4 = 1$, so dass etwa der Anfangswert $x_1(0) = x_{10}$ für das explizite Modell (2.29) beliebig vorgegeben werden kann, womit obiges Gleichungssystem die anderen Anfangswerte $x_{20} = 0$, $x_{30} = -x_{10}$, $z_{10} = x_{10}$, $z_{20} = -x_{10}$ liefert [10].   ◊

2.2.5 DAE als ODE auf einer Mannigfaltigkeit

Während im Abschn. 2.1 das semi-explizite, das explizite und das implizite Deskriptormodell in ihren formalen Strukturen vorgestellt wurden, sei jetzt ein Blick auf ihre Indienstnahme geworfen:

Das implizite Deskriptormodell ist insbesondere auf dem Gebiet der numerischen Mathematik von Bedeutung, weil die Entwicklung von Lösungsansätzen häufig dort ansetzt (siehe z. B. [24, 38]).

Als Regelungstechniker ist man aber ursprünglich mit semi-expliziten Deskriptormodellen konfrontiert, weil sie in der Regel das Ergebnis der Modellbildung strukturell komplexer Systeme sind (siehe Modellierungsbeispiele im Abschn. 1.3). Wenn es um die Analyse des dynamischen Verhaltens des zugrunde liegenden Systems geht, ist die Struktur eines semi-expliziten Deskriptormodells bei höher indizierten Problemen nicht unmittelbar, d. h. nicht ohne weitergehende Untersuchungen, verwertbar. Die Gründe hierfür sind unterschiedlicher Natur; offensichtlich ist wohl die Tatsache, dass nicht einmal die Initialisierung des Integrationsprozesses mit konsistenten Anfangswerten möglich ist, weil im DAE-System implizit vorhandene Abhängigkeiten erst im Rahmen von Voruntersuchungen „herausgeholt" werden müssen. Man kann natürlich vorhalten, dass konsistente Anfangswerte vornehmlich der Vorbereitung einer (numerischen) Integration dienen und für die systemtheoretische Analyse des dynamischen Verhaltens nicht notwendigerweise ein zu lösendes Problem darstellen. Dieser Sicht ist allerdings entgegenzuhalten, dass oftmals ein Modell vor der Analyse der Systemdynamik im Zuge eines Abgleichs von Mess- mit Simulationsergebnissen parametriert werden muss. Darüber hinaus ist noch zu beachten, dass nicht nur die Anfangswerte mit allen Zwangsbedingungen verträglich sein müssen, sondern auch der gesamte zeitliche Verlauf der Lösung auf der durch diese Bedingungen charakterisierten Mannigfaltigkeit im Lösungsraum liegen muss; die Kenntnis dieser Mannigfaltigkeit kann durchaus von Bedeutung für die systemtheoretische Analyse sein.

---

[10] Der Leser wird schon bemerkt haben, dass dieses Beispiel ausgesucht demonstrativ ist und das zugehörige Zustandsmodell einfach $\dot{x}_1 = 0$ lautet.

In das explizite Modell sind all diese Informationen bereits eingeflossen, weil zu seiner Formulierung die Kenntnis dieser Mannigfaltigkeit, also aller im DAE-System enthaltenen Zwangsbedingungen erforderlich ist. Das ist ein gewichtiger Grund, die Entwicklung von Analyse- und Synthese-Methoden nicht auf das ursprünglich gebildete semi-explizite, sondern auf das daraus abgeleitete explizite Modell aufzubauen.

Beide Modelle gelten als Beschreibungen der Dynamik eines und desselben wohldefiniert und eindeutig ablaufenden Prozesses; dies führt auf die Frage, unter welchen Bedingungen die Lösungen beider mathematischen Modelle identisch sind.

Als Referenz für die folgenden Untersuchungen seien die beiden Modelle zunächst wiedergegeben. Aus dem regulären und realisierbaren semi-expliziten Modell (siehe Gl. (2.26))

$$\dot{\mathbf{x}} = \mathbf{f}(\mathbf{x}, \mathbf{z}, \mathbf{u})$$
$$0 = \mathbf{g}(\mathbf{x}, \mathbf{z}, \mathbf{u}) \tag{2.33}$$

wird mit Hilfe des *Modifizierten Shuffle-Algorithmus* das explizite Modell (siehe Gl. (2.28))

$$\dot{\mathbf{w}} = \begin{bmatrix} \dot{\mathbf{x}} \\ \dot{\mathbf{z}} \end{bmatrix} = \hat{\mathbf{f}}(\mathbf{w}, \mathbf{u}, \dot{\mathbf{u}}) \tag{2.34}$$

gebildet. Zudem liefert der *Modifizierte Shuffle-Algorithmus* alle Zwangsbedingungen (2.30), die im DAE-System (2.33) enthalten sind:

$$0 = \widetilde{\mathbf{g}}(\mathbf{x}, \mathbf{z}, \mathbf{u}) \tag{2.35}$$

Es sei wiederholt darauf hingewiesen, dass ausschließlich für Index-1-Systeme $\widetilde{\mathbf{g}} = \mathbf{g}$ gilt.

Es sei einmal festgehalten, dass das explizite Deskriptormodell (2.34) – ODE-System – aus dem semi-expliziten Deskriptormodell (2.33) – DAE-System – über Differentiationsprozesse entstanden ist; das bedeutet, dass in die ODE-Lösung im Vergleich zur DAE-Lösung zusätzliche Integrationskonstanten eingebracht wurden. Die Lösungsmenge des DAE-Systems ist deswegen eine echte Teilmenge der Lösungen des ODE-Systems [45]. Unter welchen Bedingungen die Lösungsmengen identisch sind, ist Gegenstand der folgenden Ausführungen, deren analytische Grundlagen in den Anhängen B.5 und B.6 zusammengestellt sind.

Lösung des expliziten Modelles

Um Aussagen über die Existenz einer eindeutigen Lösung des expliziten Modells (2.34) anhand der Kriterien für das Anfangswertproblem (B.9) aus Anhang B.5 zu machen, muss man beachten, dass jenes Modell von einer Eingangsgröße $\mathbf{u}$ „getrieben" wird, dieses aber nicht. Das ist aber kein markanter Unterschied, denn wenn $\mathbf{u}(t)$ eine extern vorgegebene bekannte und fast überall differenzierbare Funktion der Zeit t ist, kann für die rechte Seite $\hat{\mathbf{f}}(\mathbf{w}, \mathbf{u}, \dot{\mathbf{u}})$ des Modells (2.34) auch $\hat{\mathbf{f}}_u(\mathbf{w}, t)$ geschrieben werden:

$$\dot{\mathbf{w}} = \hat{\mathbf{f}}_u(\mathbf{w}, t) \tag{2.36}$$

Damit ist die formale Ausgangslage wieder identisch und die Existenz einer eindeutigen Lösung des expliziten Modells (2.34) abhängig von $\mathbf{w}(0) = \mathbf{w}_0$ ist mit den Bedingungen im Anhang B.5 gesichert.

Lösung des semi-expliziten Modelles

Hier unterscheiden sich das semi-explizite Modell (2.33) und das DAE-System (B.10) aus Anhang B.6 in zwei Punkten. Einerseits enthält das semi-explizite Modell (2.33) die Eingangsgröße $\mathbf{u}$, andererseits ist das DAE-System (B.10) strukturell unterschiedlich wegen der nicht quadratischen Matrix $\mathbf{M}$.

Der zuerst angesprochene Unterschied ist, wie bereits ausgeführt nicht markant, weil bei bekanntem $\mathbf{u}(t)$ und mit $\mathbf{w} = [\mathbf{x}^T, \mathbf{z}^T]^T$ für das Modell (2.33) auch

$$
\begin{aligned}
\dot{\mathbf{x}} &= \mathbf{f}_u(\mathbf{w}, t) \\
0 &= \mathbf{g}_u(\mathbf{w}, t)
\end{aligned}
\tag{2.37}
$$

geschrieben werden kann.

Der zweitgenannte strukturelle Unterschied der linken Seiten der Differentialgleichungen in den Modellen (2.33) und (B.10) kann formal auch bereinigt werden. Denn mit

$$
\mathbf{M} = \begin{bmatrix} \mathbf{E} \ \mathbf{0} \end{bmatrix} \quad \text{mit} \quad \dim\{\mathbf{E}\} = n \times n, \ \dim\{\mathbf{0}\} = n \times p
$$

kann für das Modell (2.37) auch

$$
\begin{aligned}
\mathbf{M}\dot{\mathbf{w}} &= \mathbf{f}_u(\mathbf{w}, t) \\
0 &= \mathbf{g}_u(\mathbf{w}, t)
\end{aligned}
\tag{2.38}
$$

geschrieben werden. Hierdurch ist die formale Ausgangslage wieder identisch, sodass aus der Existenz einer eindeutigen Lösung des Modells (2.38) gemäß den Bedingungen im Anhang B.6 die eindeutige Lösung des semi-expliziten Modells (2.33) folgt. Darüber hinaus wird in diesem Anhang eine ODE konstruiert, deren Lösung genau die Lösung des DAE-Systems ist.

Vergleich der Lösungen

Die folgende Beweisskizze soll zeigen, dass die so konstruierte ODE identisch mit dem zum semi-expliziten Modell gehörenden expliziten Modell ist. Das Schema folgt dem zeitinvarianten Fall des Anhangs B.6; der Nachweis für den zeitvarianten Fall ist analog zu erbringen.

Ausgangspunkt ist das reguläre und realisierbare semi-explizite Modell

$$
\begin{aligned}
\dot{\mathbf{x}} &= \mathbf{f}(\mathbf{x}, \mathbf{z}) = \mathbf{f}(\mathbf{w}) \\
0 &= \mathbf{g}(\mathbf{x}, \mathbf{z}) = \mathbf{g}(\mathbf{w})
\end{aligned}
$$

vom Indek $k = 1^{11}$ mit dem zugehörigen expliziten Modell:

$$\dot{\mathbf{w}} = \begin{bmatrix} \dot{\mathbf{x}} \\ \dot{\mathbf{z}} \end{bmatrix} = \begin{bmatrix} \mathbf{f} \\ -\left(\dfrac{\partial \mathbf{g}}{\partial \mathbf{z}}\right)^{-1} \dfrac{\partial \mathbf{g}}{\partial \mathbf{x}} \mathbf{f} \end{bmatrix} = \hat{\mathbf{f}}(\mathbf{w}) \qquad (2.39)$$

Die konstruierte Dgl. (B.14) besitzt das Vektorfeld $\mathbf{q}$, das gemäß Vorschrift (B.12) zu berechnen ist:

$$\begin{bmatrix} \dfrac{\partial \mathbf{g}(\mathbf{w})}{\partial \mathbf{w}} \\ \mathbf{M}(\mathbf{w}) \end{bmatrix} \mathbf{q} = \begin{bmatrix} \mathbf{0} \\ \mathbf{f}(\mathbf{w}) \end{bmatrix} \qquad (2.40)$$

Aus der Partitionierung der Gl. (2.40) (ausgeführt mit $\mathbf{w} = [\mathbf{x}^T, \mathbf{z}^T]^T$, $\mathbf{M} = \begin{bmatrix} \mathbf{E} & \mathbf{0} \end{bmatrix}$ und geeigneter Unterteilung $\mathbf{q} =: [\mathbf{q}_1^T, \mathbf{q}_2^T]^T$)

$$\begin{bmatrix} \dfrac{\partial \mathbf{g}}{\partial \mathbf{x}} & \dfrac{\partial \mathbf{g}}{\partial \mathbf{z}} \\ \mathbf{E} & \mathbf{0} \end{bmatrix} \begin{bmatrix} \mathbf{q}_1 \\ \mathbf{q}_2 \end{bmatrix} = \begin{bmatrix} \mathbf{0} \\ \mathbf{f}(\mathbf{w}) \end{bmatrix}$$

folgt nach kurzer Zwischenrechnung:

$$\mathbf{q}_1 = \mathbf{f}$$
$$\mathbf{q}_2 = -\left(\dfrac{\partial \mathbf{g}}{\partial \mathbf{z}}\right)^{-1} \dfrac{\partial \mathbf{g}}{\partial \mathbf{x}} \mathbf{q}_1$$

Ein Vergleich dieses Ergebnisses mit dem expliziten Modell (2.39) liefert unmittelbar $\mathbf{q}_1 \equiv \dot{\mathbf{x}}$ und $\mathbf{q}_2 \equiv \dot{\mathbf{z}}$ bzw.

$$\mathbf{q} = \dot{\mathbf{w}} = \hat{\mathbf{f}}(\mathbf{w}) \,,$$

woraus die Äquivalenz der konstruierten ODE und des expliziten Modells folgt.

Fazit
Für reguläre realisierbare Deskriptormodelle sind alle Lösungen der semi-expliziten Struktur (2.33) genau die Lösungen der expliziten Struktur (2.34), falls die Funktionen $\mathbf{f}$, $\mathbf{g}$ und $\hat{\mathbf{f}}$ in diesen beiden Strukturen hinreichend glatt und die Anfangswerte gemäß Gl. (2.35) konsistent sind.

Beispiel 2.4 (Semi-explizites und explizites Modell: Äquivalenz der beiden Lösungen)
Das Beispiel soll verdeutlichen, wie die Bedingungen des Anhangs B.6 konkret zu verarbeiten sind, wenn Existenz, Eindeutigkeit und Äquivalenz der Lösungen einer DAE bzw. der zugehörigen ODE auf einer Mannigfaltigkeit zu beurteilen sind. Es geht dabei nicht nur um Berechnungen von Matrizen und Vektorfeldern, sondern auch um die Beurteilung der

---

[11]Es ist unerheblich, ob das Index-1-Modell als gegeben oder als vom *Modifizierten Shuffle-Algorithmus* geliefert anzusehen ist. Siehe dazu auch den Vermerk am Ende des Anhangs B.6.

Mächtigkeit von Mengen; hierbei ist es oftmals angebracht, nicht eine Menge $\mathcal{N}$ selbst, sondern ihr Komplement $\mathcal{N}^c$ darzustellen.

Gegeben sei in Anlehnung an [64] ein nichtlineares autonomes semi-explizites Deskriptormodell mit $\dim\{\mathbf{x}\} = n = 2$ und $\dim\{z\} = \dim\{g\} = p = 1$:

$$\dot{\mathbf{x}} = \mathbf{f}(\mathbf{x}, z) = \begin{bmatrix} -0{,}8x_1 + 10x_2 - 0{,}6x_1 z \\ -10x_2 + 1{,}6z \end{bmatrix} \tag{2.41}$$

$$0 = g(\mathbf{x}, z) = 0{,}8x_1 + 1{,}6z - 0{,}6x_1 z$$

Der Modifizierte Shuffle-Algorithmus (2.23)-(2.25) liefert einen Index $k = 1$ falls $x_1 \neq 8/3$ gilt und mit $\mathbf{w} = [x_1, x_2, z]^T = [w_1, w_2, w_3]^T$ das zugehörige explizite Modell:

$$\dot{\mathbf{w}} = \hat{\mathbf{f}}(\mathbf{w}) = \begin{bmatrix} -0{,}8w_1 + 10w_2 - 0{,}6w_1 w_3 \\ -10w_2 + 1{,}6w_3 \\ -\dfrac{(0{,}4 - 0{,}3w_3)(-0{,}4w_1 + 5w_2 - 0{,}3w_1 w_3)}{0{,}4 - 0{,}15w_1} \end{bmatrix} \tag{2.42}$$

Nun werden die Lösungen des semi-expliziten Modells (2.41) und des zugehörigen expliziten Modells (2.42) analysiert und es wird untersucht, wann beide Lösungen eindeutig, identisch und äquivalent sind:

Zunächst wird das semi-explizite Modell (2.41) auf die Struktur (2.38) – der Index u ist in diesem Beispiel obsolet – gebracht:

$$\mathbf{M}\dot{\mathbf{w}} = \begin{bmatrix} 1 & 0 & 0 \\ 0 & 1 & 0 \end{bmatrix} \dot{\mathbf{w}} = \mathbf{f}(\mathbf{w}) = \begin{bmatrix} -0{,}8w_1 + 10w_2 - 0{,}6w_1 w_3 \\ -10w_2 + 1{,}6w_3 \end{bmatrix} \tag{2.43}$$

$$0 = g(\mathbf{w}) = 0{,}8w_1 + 1{,}6w_3 - 0{,}6w_1 w_3$$

Im Sinne der Ausführungen im Anhang B.6 ist zuerst die Menge $\mathcal{S}$ zu bestimmen; sie umfasst diejenigen $\mathbf{w} \in R^3$, für die $0 = g(\mathbf{w})$ gilt (siehe Abb. 2.2). Nun ist die Menge $\mathcal{R}$ zu bestimmen; sie umfasst alle $\mathbf{w}$ aus $\mathcal{S}$, für die der Spaltenrang der JACOBI-Matrix

$$\frac{\partial g}{\partial \mathbf{w}} = \begin{bmatrix} 0{,}8 - 0{,}6w_3, & 0, & 1{,}6 - 0{,}6w_1 \end{bmatrix} \tag{2.44}$$

$p = 1$ ist, was hier für $w_1 \neq 8/3$ oder $w_3 \neq 4/3$ gilt (dies sei die Menge $\mathcal{D}$, von der in Abb. 2.2 ihr Komplement $\mathcal{D}^c$ eingezeichnet ist). Offensichtlich gilt für die zu bestimmende Schnittmenge $\mathcal{R} = \mathcal{S} \cap \mathcal{D} = \mathcal{S}$ und damit für die Schnittmenge $\mathcal{M} = \mathcal{R} \cap \mathcal{S} = \mathcal{S}$.

Die Überprüfung der Regularität der Matrix $\mathbf{N}$

$$\mathbf{N}(\mathbf{w}) = \begin{bmatrix} \dfrac{\partial g(\mathbf{w})}{\partial \mathbf{w}} \\ \mathbf{M}(\mathbf{w}) \end{bmatrix} = \begin{bmatrix} 0{,}8 - 0{,}6w_3 & 0 & 1{,}6 - 0{,}6w_1 \\ 1 & 0 & 0 \\ 0 & 1 & 0 \end{bmatrix}$$

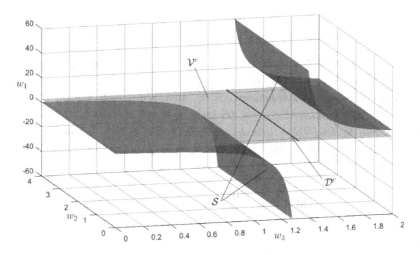

Abb. 2.2 Mengen im R^3 des Beispiels: $\mathcal{D}^c$, $\mathcal{V}^c \equiv$ Komplement zu $\mathcal{D}$ bzw. $\mathcal{V}$

zur Berechnung des Tangentialvektors **q** *gemäß Gl. (B.12) ergibt $w_1 \neq 8/3$; dies sei die Menge $\mathcal{V}$ (in Abb. 2.2 ist ihr Komplement $\mathcal{V}^c$ eingezeichnet) und offensichtlich gilt für die zu bestimmende Schnittmenge $\mathcal{S}_0 = \mathcal{S} \cap \mathcal{V} = \mathcal{S}$ und damit für die Schnittmenge $\mathcal{M}_0 = \mathcal{M} \cap \mathcal{S}_0 = \mathcal{S}$. Schließlich ist mit der Vorschrift (B.13) das Vektorfeld* **q**

$$\mathbf{q} = \dot{\mathbf{w}} = \hat{\mathbf{f}}(\mathbf{w}) = \big[\mathbf{N}(\mathbf{w})\big]^{-1} \begin{bmatrix} \mathbf{0} \\ \mathbf{f}(\mathbf{w}) \end{bmatrix} \quad \forall \mathbf{w} \in \mathcal{M}_0$$

beschrieben, dessen Lösungen genau die Lösungen des Modells (2.43) in $\mathcal{S}_0$ sind; man kann relativ leicht nachrechnen, dass das derart ermittelte $\hat{\mathbf{f}}$ identisch ist mit dem des expliziten Modells (2.42).

Das Ergebnis besagt, dass die Lösungen des expliziten Modells (2.42) für konsistente Anfangswerte $\mathbf{w}(0) \in \mathcal{M}_0$ genau die Lösungen des semi-expliziten Modells (2.41) sind – natürlich unter Beachtung der Glattheitsanforderungen aus den Anhängen B.5 und B.6. ◊

Beispiel 2.5 (Semi-explizites und explizites Modell des Gasmischanlage: Äquivalenz)
In einem späteren Kapitel wird auf die Gasmischanlage aus Abschn. 1.3.3 bzw. ihr mathematisches Modell (1.28) für den Entwurf einer zur Linearisierung und Entkopplung des E/A-Verhaltens geeigneten Rückführung zurückgegriffen. Der Entwurf wird mithilfe des zum semi-expliziten Modell

$$\dot{\mathbf{x}} = \mathbf{f}(\mathbf{u})$$
$$\mathbf{0} = \mathbf{g}(\mathbf{x}, \mathbf{z}) \tag{2.45}$$

gehörenden expliziten Modells

$$\dot{\mathbf{x}} = \mathbf{f}(\mathbf{u})$$
$$\dot{\mathbf{z}} = \hat{\mathbf{g}}(\mathbf{x}, \mathbf{z}) \qquad (2.46)$$

durchgeführt; darin wird $\hat{\mathbf{g}}(\mathbf{x}, \mathbf{z})$ *vom Modifizierten Shuffle-Algorithmus geliefert, aber hier wegen der Komplexität nicht angegeben.*

Der Zweck der folgenden Abhandlungen ist, Aussagen gemäß Anhang B.6 über die Lösungsmenge $\mathcal{S}_0$ *für das DAE-System des semi-expliziten Modells (2.45) und der Mannigfaltigkeit* $\mathcal{M}_0$ *für das ODE-System des expliziten Modells (2.46) zu machen.*

Folgt man den Ausführungen im Anhang B.6, dann ist zunächst das semi-explizite Modell umzuformulieren:

$$\mathbf{M}\,\dot{\mathbf{w}} = \begin{bmatrix} 1 & 0 & 0 & 0 \\ 0 & 1 & 0 & 0 \end{bmatrix} \dot{\mathbf{w}} = \mathbf{f}(\mathbf{u}) = \mathbf{f}_u(t)$$

$$\mathbf{0} = \mathbf{g}(\mathbf{w})$$

Darin ist $\mathbf{w} := [x_1, x_2, z_1, z_2]^T$. *Zu bestimmen ist die Menge* $\mathcal{S}$; *sie umfasst diejenigen* $\mathbf{w} \in R^4$, *für die* $\mathbf{0} = \mathbf{g}(\mathbf{w})$ *gilt. Die Abb. 2.3 und 2.4 zeigen die Teilmengen* $\mathcal{S}_1$ *und* $\mathcal{S}_2$ *zu den Teillösungen* $z_1 = z_1(x_1, x_2)$ *bzw.* $z_2 = z_2(x_1, x_2)$; *d. h. es gilt für die gesuchte Menge* $\mathcal{S} = \mathcal{S}_1 \cup \mathcal{S}_2$.

Die gemäß Anhang B.6 erforderliche Überprüfung des Ranges der J ACOBI-Matrix $\partial \mathbf{g}/\partial \mathbf{w}$ *und der Regularität der Matrix* $\widetilde{\mathbf{N}}$ *(in diesem Fall kann die Regularitätsprüfung aufgrund der Struktur der Matrix* $\widetilde{\mathbf{N}}$ *anhand der Matrix* $\mathbf{N}$ *durchgeführt werden)*

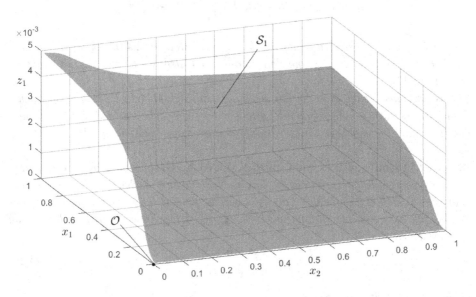

Abb. 2.3 Lösungsmenge $\mathcal{S}_1$: $z_1 = z_1(x_1, x_2)$

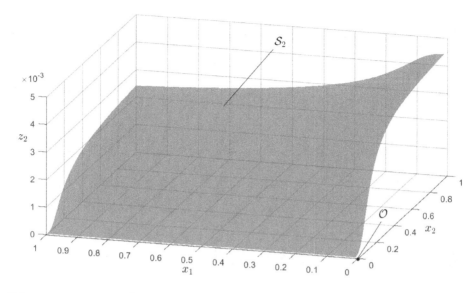

Abb. 2.4 Lösungsmenge $\mathcal{S}_2$: $z_2 = z_2(x_1, x_2)$

$$N(w) = \begin{bmatrix} \dfrac{\partial g(w)}{\partial w} \\ M(w) \end{bmatrix}$$

ergibt, dass $x = 0^{12}$ *und damit* $z = 0$ *(d. h.* $w = 0$*) auszuschließen ist. Letztlich ist die Mannigfaltigkeit* $\mathcal{M}_0$ *identisch mit der Lösungsmenge* $\mathcal{S}_0$ *– es gilt* $\mathcal{M}_0 = \mathcal{S}_0 = \mathcal{S}_1 \cup \mathcal{S}_2 \setminus \mathcal{O}$. *Das auf der Mannigfaltigkeit* $\mathcal{M}_0$ *definierte Vektorfeld* q

$$q = \left[N(w, t) \right]^{-1} \begin{bmatrix} -\dfrac{\partial g(w, t)}{\partial t} \\ f(w, t) \end{bmatrix}$$

ist identisch mit den rechten Seiten des explizitem Modells (2.46); somit ist die Lösung des semi-expliziten Modells (2.45) identisch mit der Lösung des expliziten Modells (2.46) sofern die Anfangswerte konsistent und die Glattheitsanforderungen erfüllt sind. ◇

---

[12]Im Vektor x sind die Öffnungsgrade der Ventile V_1 und V_2 gemäß Abb. 1.4 zusammengefasst; $x = 0$ bedeutet, dass beide Ventile geschlossen sind und daher die Volumenflüsse in der Trocken- und in der Feuchtgasleitung verschwinden ($z = 0$) – d. h. die Anlage ist nicht in Betrieb.

Linearisierung mittels Rückführung

3

3.1 Einführung

Die lineare Systemtheorie stellt mächtige Hilfsmittel zur Verfügung, um den Entwurf von Regeleinrichtungen auf der Grundlage linearer (und zeitvarianter) Modelle durchzuführen. Allerdings sind gerade diejenigen Übertragungssysteme, deren Modellbildung lineare mathematische Modelle zur Beschreibung der Übertragungseigenschaften liefert, Sonderfälle; im Allgemeinen sind mathematische Modelle nichtlinear. Dass die lineare Theorie trotzdem erfolgreich eingesetzt werden kann, liegt vorwiegend daran, dass in vielen Fällen eine funktionierende Regelung den Zustand des Systems in der Nähe eines vorgegebenen Betriebszustandes halten soll, gleichgültig, ob dieser konstant oder in zeitlich veränderlicher Form bekannt ist. In solchen Fällen können die nichtlinearen Modelle näherungsweise durch linearisierte Modelle ersetzt werden. Ist eine regelungstechnische Aufgabenstellung nicht in diesem Sinne formulierbar, so muss das nichtlineare dynamische Verhalten der Regelstrecke im Zuge der Regelkreissynthese berücksichtigt werden.

Zu diesem Zweck wurde für die Behandlung einer großen Klasse nichtlinearer Systemmodelle in der Zustandsdarstellung eine weitgehend geschlossene Theorie bereits entwickelt. Die Entwicklung der Theorie für nichtlineare Systemmodelle in Deskriptordarstellung ist hingegen noch im Fluss. In diesem Kapitel werden jene Teile dieser Theorie, die für die Lösung von praktischen Automatisierungsproblemen relevant erscheinen, dargestellt. Dabei wird der Schwerpunkt auf den Entwurf einer Rückführung zur exakten Linearisierung und Entkopplung des E/A-Verhaltens von zeitinvarianten Mehrgrößensystemen gelegt. Da ein nichtlineares Mehrgrößenmodell mit solch einer Rückführung auf ein Gesamtsystem mit entkoppelter Kanalstruktur und linearer Kanaldynamik führt, ist die anschließende Entwurfsaufgabe wesentlich vereinfacht; denn eine Regelung, die mehrere Ausgangsgrößen eines Systems gleichzeitig gezielt beeinflussen soll, ist konzeptuell einfach zu entwerfen, weil die Regelung jeder einzelnen Ausgangsgröße nicht die anderen Ausgangsgrößen beeinflusst und zudem der Entwurf auf Verfahren der linearen Regelungstheorie basiert. Darin

F. Gausch, *Nichtlineare Deskriptormodelle*,
https://doi.org/10.1007/978-3-658-31944-1_3

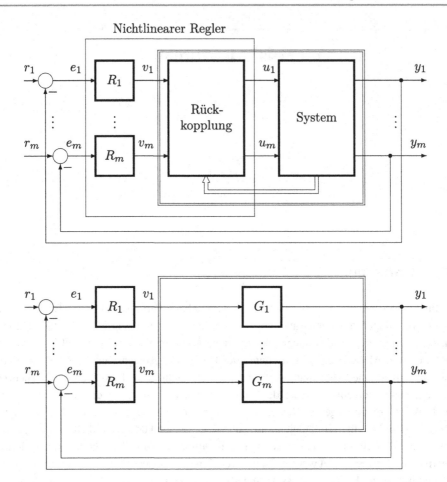

Abb. 3.1 Exemplarische Struktur zum Entwurf einer nichtlinearen Regelung

liegt für den Entwurfsingenieur der entscheidende Nutzen einer das E/A-Verhalten linearisierenden und entkoppelnden Rückführung (siehe Abb. 3.1).

Am Beginn ist also eine Rückkopplung[1] (oberer Teil der Abb. 3.1) so zu entwerfen,
dass zusammen mit dem Systemmodell ein Gesamtmodell mit linearer und entkoppelter
Kanaldynamik $G_1, \ldots, G_m$ entsteht (unterer Teil der Abb. 3.1); daraufhin sind geeignete
Regler $R_1, \ldots, R_m$ für die nunmehr entkoppelten Eingrößenregelkreise zu entwerfen, die
letztlich vereint mit der Rückführung den zu realisierenden nichtlinearen Regler ergeben
(wieder oberer Teil der Abb. 3.1).

---

[1]Im Falle von Zustandsmodellen werden die Zustandsvariablen und im Falle von Deskriptormodellen
die Deskriptorvariablen rückgekoppelt.

In den nachfolgenden Abschnitten wird die Linearisierung und Entkopplung des E/A-Verhaltens von nichtlinearen Modellen in Deskriptorform ausführlich behandelt.

Derjenige Leser, der mit der Grundidee des Entwurfs einer Rückführung zur Linearisierung und Entkopplung des E/A-Verhaltens von nichtlinearen Mehrgrößenmodellen nicht vertraut ist, sei auf den Überblick im Anhang C.1 verwiesen.

3.2 Grundlagen

Bei nichtlinearen Modellen in Zustandsform wird dieser Problemkreis seit mehr als drei Jahrzehnten mit breiter Aufmerksamkeit und großem Erfolg bearbeitet. Über das Linearisierungs- und Entkopplungsproblem hinaus wurden Methoden zur Untersuchung von Eigenschaften wie Erreichbarkeit, Beobachtbarkeit oder Stabilisierbarkeit und Verfahren zum Entwurf von Führungsregelungen, Störunterdrückungen, Beobachtern, optimalen Regelungen etc. nicht nur entwickelt, sondern auch in zunehmenden Maße in der nichtlinearen Regelungstechnik angewendet. Die Fortschritte sind in einer Fülle von Veröffentlichungen dokumentiert; als Sockel dieser Untersuchungen kann die Arbeit [31] angesehen werden. Eine vergleichbare Situation liegt mittlerweile auch bei der Untersuchung von Modellen in Deskriptorform vor, allerdings überwiegend für lineare Deskriptormodelle.

Verglichen mit der extensiven Behandlung des Linearisierungs- und Entkopplungsproblems bei nichtlinearen Modellen in Zustandsform, wird dasselbe Problem bei nichtlinearen Modellen in Deskriptorform in weit geringerem Maße untersucht – siehe z. B. die zum Teil nicht ausschließlich dem Linearisierungs- und Entkopplungsproblem gewidmeten Arbeiten [16, 52, 69–71] und die darin enthaltenen Verweise.

Erste auf das Thema dieses Kapitels, also auf das Linearisierungs- und Entkopplungsproblem bei nichtlinearen Modellen in Deskriptorform, gerichtete allgemeine Ansätze – d. h. abgesehen von speziellen Lösungen vornehmlich im Zusammenhang mit Bewegungsbeschränkungen von Manipulatoren – gehen wohl zurück auf die Arbeiten [12, 34, 83]. Die dort betrachteten mathematischen Modelle sind formal sehr eingeschränkt, weil etwa die Differentialgleichungen affin in den algebraischen Variablen sind und die algebraischen Gleichungen entweder nur von den differentiellen Variablen abhängen oder affin in den Eingangsgrößen und den algebraischen Variablen sind.

Die in diesem Kapitel betrachtete Modellklasse umfasst nichtlineare zeitinvariante Deskriptormodelle für Mehrgrößensysteme mit Differentialgleichungen, die affin in den Eingangsgrößen sind (Abschn. 3.4). Um die Besonderheiten, die bei der Linearisierung und Entkopplung in Deskriptormodellen auftreten, im Vergleich zu Modellen in Zustandsform transparent zu machen, werden zuvor im Abschn. 3.3 die für eine solche Gegenüberstellung wichtigen Zusammenhänge beim Entwurf in Zustandsform aus dem Anhang C.1 vorgezogen und knapp zusammengestellt.

3.3   Nichtlineare AI-Modelle (Index k=0)

In diesem Abschnitt werden die markanten Schritte zur Linearisierung und Entkopplung des E/A-Verhaltens von Zustandsmodellen aus dem Anhang C.1 zu Vergleichszwecken mit Blick auf Deskriptormodelle hervorgeholt. Insbesondere wird der mit Gl. (C.9) definierte Operator N inhaltlich nicht verändert, nur formal anders angeschrieben; die Schreibweise im Anhang C.1 ist der Übereinstimmung des Operators mit der LIE-Ableitung geschuldet, während sie hier seine Erweiterung für Deskriptormodelle ermöglicht.

Der Ausgangspunkt ist das nichtlineare Mehrgrößensystem mit dem Zustand $\mathbf{x} = [x_1, \ldots, x_n]^T$, der affin wirkenden Eingangsgröße $\mathbf{u} = [u_1, \ldots, u_m]^T$ und der Ausgangsgröße $\mathbf{y} = [y_1, \ldots, y_m]^T$ in der Zustandsdarstellung:

$$\dot{\mathbf{x}} = \mathbf{a}(\mathbf{x}) + \mathbf{B}(\mathbf{x})\,\mathbf{u}$$
$$\mathbf{y} = \mathbf{c}(\mathbf{x}) \tag{3.1}$$

Jeder Ausgangsgröße y_i ist ein relativer Grad r_i zugeordnet, der folgendermaßen definiert ist:

Definition 3.1 (Relativer Grad einer Ausgangsgröße)
Die Anzahl r_i der zeitlichen Ableitungen einer Ausgangsgröße y_i des Modells (3.1) *bis zum erstmaligen Auftreten von wenigstens einer der Eingangsgrößen in* $\mathbf{u}$ *heißt **relativer Grad** dieser Ausgangsgröße.* △

Mit Hilfe eines skalaren rekursiven Operators $N^\nu c$ und seiner Ableitung $(N^\nu c)'$ lassen sich die zeitlichen Ableitungen der Ausgangsgröße $\mathbf{y} = [y_1, \ldots, y_i, \ldots, y_m]^T$ formal kompakt anschreiben. Es gilt

$$N^\nu c := (N^{\nu-1}c)'\,\dot{\mathbf{x}} \quad \text{mit} \quad N^0 c = c, \tag{3.2}$$

wobei unter der Ableitung $(N^\nu c)'$ der Zeilenvektor mit den partiellen Ableitungen des skalaren Operators bezüglich der Zustandsgrößen x_1 bis x_n verstanden wird:

$$(N^\nu c)' := \frac{\partial}{\partial \mathbf{x}}(N^\nu c) \tag{3.3}$$

Damit kann man die zeitlichen Ableitungen der Ausgangsgröße y_i in der Form angeben:

$$\overset{(\nu)}{y_i} = N^\nu c_i \quad \nu = 0, \ldots, r_i - 1 \tag{3.4}$$

$$\overset{(r_i)}{y_i} = N^{r_i} c_i + (N^{r_i-1}c_i)'\,\mathbf{B}\,\mathbf{u} \tag{3.5}$$

Wichtiger Hinweis
Die Operatordefinition (3.2) unterscheidet sich wie eingangs erwähnt nur formal von seiner Definition (C.9) im Anhang C.1, was anhand der Ableitungen (C.7) der Ausgangsgröße zusammen mit der Definition (C.10) des relativen Grades offensichtlich ist. Diese unter-

schiedliche Schreibweise ist mit Bezug auf Zustandsmodelle erlaubt, weil das gestellte Ziel stets mit einer statischen Rückführung erreicht wird. Im nächsten Abschnitt wird sich zeigen, dass bei Deskriptormodellen unter Umständen eine dynamische Rückkopplung erforderlich ist; dann ist allerdings die obige Operatorschreibweise (3.2) zwingend.

Durch $(N^{r_i-1}c_i(\mathbf{x}))' \mathbf{B}(\mathbf{x}) \neq \mathbf{0}^T$ für $i = 1, \ldots, m$ in den Ableitungen (3.5) ist jenes Gebiet im Zustandsraum bestimmt, in dem die konstanten relativen Grade $r_1, \ldots, r_m$ existieren und das die Trajektorien des Systems nicht verlassen dürfen. Mit dem Einsatz der statischen Zustandsrückkopplung aus dem Anhang C.1.2

$$\mathbf{u}(\mathbf{x}, \mathbf{v}) = -\widehat{\mathbf{D}}^{-1}(\mathbf{x})[\widehat{\boldsymbol{\alpha}}(\mathbf{x}) + \widehat{\mathbf{c}}(\mathbf{x}) - \boldsymbol{\Lambda}\mathbf{v}] \tag{3.6}$$

mit

$$\widehat{\mathbf{D}} := \begin{bmatrix} \left(N^{r_1-1}c_1\right)' \mathbf{B} \\ \vdots \\ \left(N^{r_m-1}c_m\right)' \mathbf{B} \end{bmatrix}, \quad \boldsymbol{\Lambda} := \begin{bmatrix} \lambda_1 & & \mathbf{0} \\ & \ddots & \\ \mathbf{0} & & \lambda_m \end{bmatrix},$$

$$\widehat{\boldsymbol{\alpha}} := \begin{bmatrix} \sum_{k=0}^{r_1-1} \alpha_{1,k} N^k c_1 \\ \vdots \\ \sum_{k=0}^{r_m-1} \alpha_{m,k} N^k c_m \end{bmatrix}, \quad \widehat{\mathbf{c}} := \begin{bmatrix} N^{r_1} c_1 \\ \vdots \\ N^{r_m} c_m \end{bmatrix}$$

im Modell (3.1) entsteht unter der Voraussetzung der Regularität der Entkoppelmatrix $\widehat{\mathbf{D}}$ ein rückgekoppeltes Gesamtmodell (Abb. 3.1) mit linearer und entkoppelter E/A-Dynamik zwischen der externen Eingangsgröße $\mathbf{v} = [v_1, \ldots, v_i, \ldots, v_m]^T$ und der Ausgangsgröße $\mathbf{y}$.

Verschwinden die Anfangswerte aller Zeitverläufe (3.4), kann die Dynamik in jedem Kanal $i = 1, \ldots, m$ durch $y_i(s) = G_i(s)v_i(s)$ mit Hilfe der Übertragungsfunktion

$$G_i(s) = \frac{\lambda_i}{s^{r_i} + \alpha_{i,r_i-1}s^{r_i-1} + \ldots + \alpha_{i,1}s + \alpha_{i,0}}$$

beschrieben werden; darin sind die Koeffizienten der Zähler- und Nennerpolynome zur Vorgabe der Dynamik in den einzelnen Kanälen frei wählbar.

Die den einzelnen Ausgangsgrößen y_i zugeordneten relativen Grade r_i sind gegeben durch (siehe (3.4), (3.5) und (C.13)):

$$r_i := \min\left\{ j : \frac{\partial}{\partial \mathbf{x}} \left(N^{j-1}c_i\right) \mathbf{B} \neq \mathbf{0}^T; \quad j = 1, \ldots, n \right\} \tag{3.7}$$

Damit kann die Entkoppelmatrix $\widehat{\mathbf{D}} = [\mathbf{d}_1, \ldots, \mathbf{d}_m]^T$ keine Nullzeile enthalten; eine Singularität kann nur durch eine funktionelle Abhängigkeit ihrer Zeilenvektoren $\mathbf{d}_1^T$ bis $\mathbf{d}_m^T$

hervorgerufen werden, was ausgeschlossen ist, wenn alle m Ausgangsgrößen unabhängig voneinander von den m Eingangsgrößen beeinflusst werden können. Der mögliche Verlust der Wirkung bzw. unabhängigen Wirkung von Eingangsgrößen auf Ausgangsgrößen in statisch rückgekoppelten Deskriptorsystemen wird in kommenden Abschnitten besonders zu beachten sein.

3.4   Nichtlineare AI-Modelle (Index k>0)

Während im vorangegangenen Abschnitt die Entwurfsprozedur für Zustandsmodelle aus dem Anhang C.1 zusammengestellt wurde, wird nun mit der exakten Linearisierung und Entkopplung des E/A-Verhaltens von Deskriptormodellen ein neues Feld betreten. Die Herangehensweise wurde für semi-explizite AI-Deskriptormodelle in [21, 22, 49] eingehend untersucht.

Ausgangspunkt ist das semi-explizite Deskriptormodell

$$\dot{\mathbf{x}} = \mathbf{a}(\mathbf{x}, \mathbf{z}) + \mathbf{B}(\mathbf{x}, \mathbf{z})\,\mathbf{u}$$

$$\mathbf{0} = \mathbf{g}(\mathbf{x}, \mathbf{z}, \mathbf{u}) \tag{3.8}$$

$$\mathbf{y} = \mathbf{c}(\mathbf{x}, \mathbf{z})$$

mit den differentiellen und algebraischen Variablen $\mathbf{x} = [x_1, \ldots, x_n]^T$ bzw. $\mathbf{z} = [z_1, \ldots, z_p]^T$ und den Ein- und Ausgangsgrößen $\mathbf{u} = [u_1, \ldots, u_m]^T$ bzw. $\mathbf{y} = [y_1, \ldots, y_m]^T$; alle vektor- bzw. matrixwertigen Größen seien hinreichend glatt.

Wichtig für die weiteren Betrachtungen ist die Forderung nach **Regularität** und **Realisierbarkeit** des Deskriptormodells (siehe Definitionen (2.2) und (2.3) im Abschn. 2.2.2).

Gesucht ist eine nichtlineare Rückführung $\mathbf{u}$, die unter Verwendung der messbaren Variablen $\mathbf{x}$ und $\mathbf{z}$ angewandt auf das Modell (3.8) ein Gesamtmodell mit linearer Kanalstruktur zwischen der externen Eingangsgröße $\mathbf{v}$ und der Ausgangsgröße $\mathbf{y}$ ergibt. Es wird sich zeigen, dass je nach modell-inhärenten Eigenschaften eine **statische** Rückführung

$$\mathbf{u} = \mathbf{u}(\mathbf{x}, \mathbf{z}, \mathbf{v})$$

nicht immer existiert. In solch einem Fall entwirft man eine **dynamische** Rückführung

$$\dot{\mathbf{u}} = \dot{\mathbf{u}}(\mathbf{x}, \mathbf{z}, \mathbf{u}, \mathbf{v});$$

vergleiche Abb. 3.2.

Unabhängig davon, ob eine statische Rückkopplung ausreicht oder eine dynamische eingesetzt werden muss, erfordert das Berechnungsverfahren für eine solche Rückführung in Analogie zu den Ausführungen im Anhang C.1 zunächst die Bildung der zeitlichen Ableitung der Ausgangsgröße $\mathbf{y}$, um den Einfluss der Eingangsgröße $\mathbf{u}$ festzustellen. Bildet man die 1. Ableitung der Ausgangsgröße im Modell (3.8)

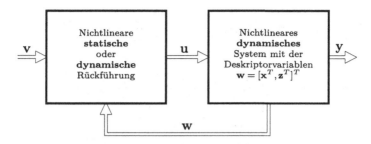

Abb. 3.2 Gesamtsystem mit einer statischen oder dynamischen Rückführung

$$\dot{\mathbf{y}} = \frac{\partial \mathbf{c}}{\partial \mathbf{x}}\dot{\mathbf{x}} + \frac{\partial \mathbf{c}}{\partial \mathbf{z}}\dot{\mathbf{z}},$$

wird deutlich, dass neben der Differentialgleichung für die differentielle Variable $\mathbf{x}$ auch diejenige für die algebraische Variable $\mathbf{z}$ benötigt wird. Es ist dabei unwesentlich, ob dies bei der ersten oder bei einer höheren Ableitung vonnöten sein wird; wesentlich ist der Hinweis (siehe Abschn. 2.2.3), dass der *Modifizierte Shuffle-Algorithmus* für reguläre und realisierbare semi-explizite Deskriptormodelle folgendes Ergebnis liefert – siehe Gl. (2.28):

$$\dot{\mathbf{z}} = -\left(\frac{\partial \mathbf{g}_{k-1}}{\partial \mathbf{z}}\right)^{-1}\left(\frac{\partial \mathbf{g}_{k-1}}{\partial \mathbf{x}}\left(\mathbf{a} + \mathbf{Bu}\right) + \frac{\partial \mathbf{g}_{k-1}}{\partial \mathbf{u}}\dot{\mathbf{u}}\right) \tag{3.9}$$

Die 1. Ableitung der Ausgangsgröße lautet dann

$$\dot{\mathbf{y}} = \frac{\partial \mathbf{c}}{\partial \mathbf{x}}(\mathbf{a} + \mathbf{Bu}) - \frac{\partial \mathbf{c}}{\partial \mathbf{z}}\left(\frac{\partial \mathbf{g}_{k-1}}{\partial \mathbf{z}}\right)^{-1}\left[\frac{\partial \mathbf{g}_{k-1}}{\partial \mathbf{x}}\left(\mathbf{a} + \mathbf{Bu}\right) + \frac{\partial \mathbf{g}_{k-1}}{\partial \mathbf{u}}\dot{\mathbf{u}}\right]$$

bzw. nach einer Faktorisierung, die die Abhängigkeiten von $\mathbf{u}$ und $\dot{\mathbf{u}}$ hervorhebt:

$$\begin{aligned}
\dot{\mathbf{y}} = &\left[\frac{\partial \mathbf{c}}{\partial \mathbf{x}} - \frac{\partial \mathbf{c}}{\partial \mathbf{z}}\left(\frac{\partial \mathbf{g}_{k-1}}{\partial \mathbf{z}}\right)^{-1}\frac{\partial \mathbf{g}_{k-1}}{\partial \mathbf{x}}\right]\mathbf{a} \\
&+ \left[\frac{\partial \mathbf{c}}{\partial \mathbf{x}} - \frac{\partial \mathbf{c}}{\partial \mathbf{z}}\left(\frac{\partial \mathbf{g}_{k-1}}{\partial \mathbf{z}}\right)^{-1}\frac{\partial \mathbf{g}_{k-1}}{\partial \mathbf{x}}\right]\mathbf{Bu} \\
&- \frac{\partial \mathbf{c}}{\partial \mathbf{z}}\left(\frac{\partial \mathbf{g}_{k-1}}{\partial \mathbf{z}}\right)^{-1}\frac{\partial \mathbf{g}_{k-1}}{\partial \mathbf{u}}\dot{\mathbf{u}}
\end{aligned} \tag{3.10}$$

Der Übersichtlichkeit wegen ist es angebracht, die Untersuchungen unter der Annahme fortzusetzen, dass es sich um ein Eingrößensystem handelt, so dass im Modell (3.8) $m = 1$ gilt und die Eingangsmatrix $\mathbf{B}$ zum Eingangsvektor $\mathbf{b}$ entartet; demzufolge ergibt sich

$$\dot{y} = \left[\frac{\partial c}{\partial \mathbf{x}} - \frac{\partial c}{\partial \mathbf{z}} \left(\frac{\partial \mathbf{g}_{k-1}}{\partial \mathbf{z}} \right)^{-1} \frac{\partial \mathbf{g}_{k-1}}{\partial \mathbf{x}} \right] \mathbf{a}$$

$$+ \left[\frac{\partial c}{\partial \mathbf{x}} - \frac{\partial c}{\partial \mathbf{z}} \left(\frac{\partial \mathbf{g}_{k-1}}{\partial \mathbf{z}} \right)^{-1} \frac{\partial \mathbf{g}_{k-1}}{\partial \mathbf{x}} \right] \mathbf{b} u \qquad (3.11)$$

$$+ \left[-\frac{\partial c}{\partial \mathbf{z}} \left(\frac{\partial \mathbf{g}_{k-1}}{\partial \mathbf{z}} \right)^{-1} \frac{\partial \mathbf{g}_{k-1}}{\partial \mathbf{u}} \right] \dot{u}$$

bzw.

$$\dot{y} =: \chi(\mathbf{x}, \mathbf{z}) + \phi(\mathbf{x}, \mathbf{z}) u + \psi(\mathbf{x}, \mathbf{z}) \dot{u}$$

mit offensichtlichen Abkürzungen χ, ϕ und ψ. Wenn die Funktionen ϕ und ψ nicht gleichzeitig verschwinden, kann die geforderte lineare Kanaldynamik $v \to y$ mit der Differentialgleichung (vgl. Dgl. (C.2))

$$\alpha_0 y + \dot{y} = \lambda v$$

erfasst werden, was zusammen mit obigem Ausdruck für $\dot{y}$ und der Ausgangsgleichung $y = c(\mathbf{x}, \mathbf{z})$ des Modells (3.8)

$$\alpha_0 c(\mathbf{x}, \mathbf{z}) + \chi(\mathbf{x}, \mathbf{z}) + \phi(\mathbf{x}, \mathbf{z}) u + \psi(\mathbf{x}, \mathbf{z}) \dot{u} = \lambda v$$

liefert. Für den Fall, dass $\psi = 0$ und $\phi \neq 0$ gilt (das ist eine modell-inhärente Eigenschaft, die i. A. nur in einem Teilgebiet von $[\mathbf{x}^T, \mathbf{z}^T] \in R^{n+p}$ gilt), ergibt sich die **statische** Rückkopplung

$$u = -\frac{\alpha_0 c(\mathbf{x}, \mathbf{z}) + \chi(\mathbf{x}, \mathbf{z})}{\phi(\mathbf{x}, \mathbf{z})} + \frac{\lambda}{\phi(\mathbf{x}, \mathbf{z})} v$$

und im Falle $\psi \neq 0$ (ebenso modell-inhärent bedingt) die **dynamische** Rückkopplung

$$\dot{u} = -\frac{\alpha_0 c(\mathbf{x}, \mathbf{z}) + \chi(\mathbf{x}, \mathbf{z})}{\psi(\mathbf{x}, \mathbf{z})} - \frac{\phi(\mathbf{x}, \mathbf{z})}{\psi(\mathbf{x}, \mathbf{z})} u + \frac{\lambda}{\psi(\mathbf{x}, \mathbf{z})} v$$

zur Erzeugung der geforderten linearen Kanaldynamik.

Bemerkung

Die eben ausgeführten Untersuchungen am schlichten Eingrößenfall sind von grundlegender Bedeutung, indem sie aufzeigen, dass die Frage, ob eine gewünschte E/A-Dynamik mit einer statischen oder mit einer dynamischen Rückführung konfiguriert werden kann, durch die Modellstruktur beantwortet wird. Bei Zustandsmodellen stellt sich die Frage nicht, weil eine statische Rückführung stets ausreichend ist.

Zur Konstruktion einer statischen Rückführung bei Zustandsmodellen war die Kenntnis des relativen Grades einer Ausgangsgröße entscheidend; mit ihm wurde ausgedrückt, auf die wievielte Ableitung der Ausgangsgröße die Eingangsgröße direkt durchgreift – bei Mehrgrößensystemen ist diejenige Ableitung der ins Auge gefassten Ausgangsgröße angesprochen, auf die wenigstens eine der Eingangsgrößen direkt durchgreift.

Bei Deskriptormodellen reicht i. A. der alleinige Blick auf die Eingangsgröße nicht mehr aus; es muss auch eine Wirkung der Ableitung der Eingangsgröße in Erwägung gezogen werden. Das bedeutet, dass der **relative Grad** nicht mehr zur Charakterisierung der Modelleigenschaften im Zusammenhang mit der Vorgabe einer Kanaldynamik bei Deskriptormodellen ausreicht. Aus diesem Grund wurde der Begriff **Ableitungsgrad** eingeführt (siehe [21, 22, 49]).

3.4.1 Ableitungsgrad

Bei semi-expliziten Deskriptormodellen kann ein Durchgriff von Eingangs- auf Ausgangsgrößen verschleiert (nicht unmittelbar ersichtlich bzw. kompensiert) sein; der Ableitungsgrad gibt in solch einem Fall die „wahren" Durchgriffsverhältnisse wieder. Ein einfaches Beispiel soll diesen Sachverhalt aufzeigen:

Beispiel 3.1 (Durchgriff in Deskriptormodellen)
In der Ausgangsgleichung des semi-expliziten Eingrößenmodells mit konstant angesetzten Vektoren $\mathbf{b}_1, \mathbf{c}^T, \mathbf{d}^T$

$$\dot{\mathbf{x}} = \mathbf{a}(\mathbf{x}, \mathbf{z}) + \mathbf{b}(\mathbf{x}, \mathbf{z})\, u$$

$$\mathbf{0} = \mathbf{g}(\mathbf{z}, u) = \mathbf{z} - \mathbf{b}_1 u$$

$$y = c(\mathbf{x}, \mathbf{z}) = \mathbf{c}^T \mathbf{x} + \mathbf{d}^T \mathbf{z}$$

gibt es keinen unmittelbar ersichtlichen Einfluss der Eingangsgröße, was aber nicht bedeutet, dass die Ausgangsgröße nicht sprungfähig ist; wird nämlich die algebraische Gleichung nach $\mathbf{z}$ aufgelöst und mit dem Ergebnis die Ausgangsgleichung umgeschrieben, erhält man

$$y = \mathbf{c}^T \mathbf{x} + \mathbf{d}^T \mathbf{b}_1 u$$

und erkennt, dass die Ausgangsgröße für $\mathbf{d}^T \mathbf{b}_1 \neq 0$ offensichtlich sprungfähig ist. $\Rightarrow \Diamond$

Der im Beispiel gezeigte Umstand wird durch den wie folgt definierten Ableitungsgrad erfasst.

Definition 3.2 (Ableitungsgrad einer Ausgangsgröße)
*Die Anzahl γ_i der zeitlichen Ableitungen einer Ausgangsgröße in $\mathbf{y} = [y_1, \ldots, y_m]^T$ des Modells (3.8) bis zur erstmaligen expliziten Abhängigkeit von wenigstens einer der Eingangsgrößen in $\mathbf{u} = [u_1, \ldots, u_m]^T$ bzw. einer der abgeleiteten Eingangsgrößen in $\dot{\mathbf{u}} = [\dot{u}_1, \ldots, \dot{u}_m]^T$ heißt **Ableitungsgrad** dieser Ausgangsgröße.* $\triangle$

Es werden nun die zeitlichen Ableitungen der Ausgangsgrößen des Modells (3.8) gebildet, um gemäß Def. 3.2 die Anzahl der Ableitungen bis zum Auftreten von wenigstens einer Einganggröße und/oder wenigstens einer abgeleiteten Eingangsgröße festzustellen; der 1. Schritt wurde mit der Ableitung (3.10) bzw. (3.11) bereits getätigt. Ist der 1. Schritt im obigen Sinne erfolglos, müssen weitere Ableitungen der gerade betrachteten Ausgangsgröße untersucht werden. Um ein solches Ableitungsprozedere überschaubar zu halten, wird die auftretende Rekursion mit dem in [21, 22, 49] vorgeschlagenen Operator $N^\nu c$ erfasst; dabei ist die Rekursionsvorschrift identisch mit derjenigen für Zustandsmodelle – Rekursion (3.2) :

$$N^\nu c := (N^{\nu-1}c)'\,\dot{\mathbf{x}} \quad \text{mit} \quad N^0 c = c \tag{3.12}$$

Dessen Ableitung $(N^\nu c)'$ (ein n-dimensionaler Zeilenvektor) ist aber durch

$$(N^\nu c)' := \frac{\partial}{\partial \mathbf{x}}(N^\nu c) - \frac{\partial}{\partial \mathbf{z}}(N^\nu c)\left(\frac{\partial \mathbf{g}_{k-1}}{\partial \mathbf{z}}\right)^{-1}\frac{\partial \mathbf{g}_{k-1}}{\partial \mathbf{x}} \tag{3.13}$$

gegeben. Mit dem rekursiven Operator (3.12) wird das Auftreten der Eingangsgrößen im Zuge des Ableitungsprozedere erfasst; das mögliche Auftreten der 1. Ableitung von Eingangsgrößen[2] beschreibt hingegen der folgende m-dimensionale Zeilenvektor:

$$(M^\nu c)' := \frac{\partial}{\partial \mathbf{u}}(N^\nu c) - \frac{\partial}{\partial \mathbf{z}}(N^\nu c)\left(\frac{\partial \mathbf{g}_{k-1}}{\partial \mathbf{z}}\right)^{-1}\frac{\partial \mathbf{g}_{k-1}}{\partial \mathbf{u}} \tag{3.14}$$

Die offensichtliche formale Ähnlichkeit bedeutet allerdings nicht, dass es sich um einen rekursiven Operator $(M^\nu c)'$ handelt – ihm liegt keine eigenständige Rekursion zugrunde.

Behauptung 3.1 (Beschreibung des E/A-Verhaltens)
Mit den Definitionen (3.12), (3.13), (3.14) *und der Abkürzung* [3]

$$\gamma_i := \min\left\{j : (N^{j-1}c_i)'\,\mathbf{B} \neq \mathbf{0}^T \vee (M^{j-1}c_i)' \neq \mathbf{0}^T; \quad j = 1, \ldots, n+1\right\} \tag{3.15}$$

können die zeitlichen Ableitungen der Ausgangsgrößen des semi-expliziten Deskriptormodells (3.8) *wie folgt verfasst werden:*

---

[2]Aufgrund der vorausgesetzten Realisierbarkeit sind höhere Ableitungen nicht möglich.

[3]Diese Abkürzung erlaubt eine formale Darstellung der Definition 3.2 des Ableitungsgrades einer Ausgangsgröße. In der Form (3.15) ist das Maximum der Laufvariablen j wie folgt begründet: Ein Vorgriff auf die Definition 3.4 des vektoriellen relativen Grades zeigt, dass $r_i \leq \tilde{n}$ und $r_i \geq \gamma_i - 1$ gilt; daraus folgt $\gamma_i \leq \tilde{n} + 1$ – dies sei das Zwischenergebnis (∗). Nun gilt nach Gl. (2.32) für die Anzahl der Freiheitsgrade $\tilde{n} = n + p - k_S$; beachtet man, dass per Def. (2.31) für den Summenindex $k_S = k_1 + \ldots + k_p$ und per Def. (2.24) für die Gleichungsindizes $k_i \geq 1$ gilt, so folgt $k_S - p \geq 0$ und damit für die Anzahl der Freiheitsgrade $\tilde{n} \leq n$ – die Berücksichtigung dieses Ergebnisses im Zwischenergebnis (∗) zeigt schließlich, dass γ_i nicht größer als $n + 1$ sein kann.

$$\overset{(v)}{y_i} = N^v c_i \tag{3.16a}$$

$$= (N^{v-1} c_i)' \dot{\mathbf{x}} \quad v = 1, \ldots, \gamma_i - 1 \quad \text{nur für } \gamma_i > 1$$

$$\overset{(\gamma_i)}{y_i} = N^{\gamma_i} c_i + (M^{\gamma_i - 1} c_i)' \dot{\mathbf{u}} = (N^{\gamma_i - 1} c_i)' \dot{\mathbf{x}} + (M^{\gamma_i - 1} c_i)' \dot{\mathbf{u}} \tag{3.16b}$$

$$= (N^{\gamma_i - 1} c_i)' \mathbf{a} + (N^{\gamma_i - 1} c_i)' \mathbf{B} \mathbf{u} + (M^{\gamma_i - 1} c_i)' \dot{\mathbf{u}}$$

$\Diamond$

Der Beweis der Behauptung 3.1 ist im Anhang C.2 zu finden.

Beispiel 3.1 – Fortsetzung
*Zunächst wird angenommen, dass die Ausgangsgröße y nicht sprungfähig ist, weil $\mathbf{d}^T \mathbf{b}_1 = 0$
gilt; die „errechnete" erste Ableitung $\dot{y}$ ist dann*

$$\dot{y} = \mathbf{c}^T \dot{\mathbf{x}} = \mathbf{c}^T \mathbf{a} + \mathbf{c}^T \mathbf{b} u$$

*und der Ableitungsgrad $\gamma = 1$, falls $\mathbf{c}^T \mathbf{b} \neq 0$ gilt. Will man dieses Ergebnis „formal" auf
der Grundlage der eingeführten Operatoren ermitteln, ist zuerst gemäß Bedingung (3.15)
der Ableitungsgrad zu bestimmen:*

$$j = 1: \quad (N^0 c)' = \frac{\partial c}{\partial \mathbf{x}} - \frac{\partial c}{\partial \mathbf{z}} \left(\frac{\partial \mathbf{g}}{\partial \mathbf{z}} \right)^{-1} \frac{\partial \mathbf{g}}{\partial \mathbf{x}} = \mathbf{c}^T - \mathbf{d}^T \mathbf{E} \, \mathbf{0}^T = \mathbf{c}^T$$

$$(M^0 c)' = \frac{\partial c}{\partial u} - \frac{\partial c}{\partial \mathbf{z}} \left(\frac{\partial \mathbf{g}}{\partial \mathbf{z}} \right)^{-1} \frac{\partial \mathbf{g}}{\partial u} = 0 - \mathbf{d}^T \mathbf{E} (-\mathbf{b}_1) = \mathbf{d}^T \mathbf{b}_1$$

*Da bereits $(N^0 c)' \mathbf{b} = \mathbf{c}^T \mathbf{b} \neq 0$ und $(M^0 c)' = \mathbf{d}^T \mathbf{b}_1 = 0$ angenommen wurde, gilt $\gamma = 1$
und gemäß Ableitung (3.16b) erhält man schließlich:*

$$\dot{y} = N^1 c = (N^0 c)' \dot{\mathbf{x}} = \mathbf{c}^T \dot{\mathbf{x}}$$

$$= \mathbf{c}^T \mathbf{a} + \mathbf{c}^T \mathbf{b} u$$

*Nun wird eine sprungfähige Ausgangsgröße y angenommen, indem $\mathbf{d}^T \mathbf{b}_1 \neq 0$ gilt; die
„errechnete" erste Ableitung $\dot{y}$ ist dann*

$$\dot{y} = \mathbf{c}^T \dot{\mathbf{x}} + \mathbf{d}^T \mathbf{b}_1 \dot{u} = \mathbf{c}^T \mathbf{a} + \mathbf{c}^T \mathbf{b} u + \mathbf{d}^T \mathbf{b}_1 \dot{u}$$

*und der Ableitungsgrad $\gamma = 1$, unabhängig vom Wert des Skalarproduktes $\mathbf{c}^T \mathbf{b}$. Dieses
Ergebnis ermittelt man auch „formal" auf der Grundlage der Operatoren:*

$$\dot{y} = (N^0 c)' (\mathbf{a} + \mathbf{b} u) + (M^0 c)' \dot{u}$$

$$= \mathbf{c}^T \mathbf{a} + \mathbf{c}^T \mathbf{b} u + \mathbf{d}^T \mathbf{b}_1 \dot{u}$$

Dabei wurde auf die Ableitung (3.16b) zurückgegriffen.

Bemerkung

Obige Ausführungen dienen nicht nur der Feststellung der Gleichheit des „händischen" mit dem „formalen" Verfahren, sondern auch der Erkenntnis, dass die gewählte Operatoren-schreibweise (3.12) für den Operator $N^\nu c$ als Faktor $\dot{\mathbf{x}}$ enthalten muss, um den Einfluss von $\mathbf{u}$ auf die letzte Ableitung in der Differentiationsprozedur adäquat zu erfassen.

Mit Gl. (3.15), (3.16) liegen die Ableitungen der Ausgangsgrößen in einer Form vor, die eine kompakte Ermittlung einer Rückführung zur Erzeugung einer linearen und ent-koppelten E/A-Dynamik ermöglichen. Es ist aber angebracht, zuvor noch formale Dinge anzusprechen; nämlich die Definition des vektoriellen Ableitungsgrades und die des vek-toriellen relativen Grades, weil damit bei der Herleitung verschiedener Entwurfsverfahren die Forderung nach der Regularität von Entkoppelmatrizen – wie z. B. die Forderung C.15) im Anhang C.1.2 – nicht mehr explizit erwähnt werden muss. Dazu ist es zweckmäßig, die skalare Schreibweise (3.15), (3.16) für die Ableitungen der Ausgangsgrößen durch eine kompakte Matrixschreibweise zu ersetzen; fasst man die γ_i-fachen Ableitungen aller Aus-gangsgrößen y_i ausgehend von der letzten Zeile (3.16b) vektoriell in folgender Weise

$$
\begin{bmatrix} \overset{(\gamma_1)}{y_1} \\ \vdots \\ \overset{(\gamma_m)}{y_m} \end{bmatrix} = \begin{bmatrix} \left(N^{\gamma_1-1}c_1\right)' \\ \vdots \\ \left(N^{\gamma_m-1}c_m\right)' \end{bmatrix} \mathbf{a} + \begin{bmatrix} \left(N^{\gamma_1-1}c_1\right)' \\ \vdots \\ \left(N^{\gamma_m-1}c_m\right)' \end{bmatrix} \mathbf{B}\mathbf{u} + \begin{bmatrix} \left(M^{\gamma_1-1}c_1\right)' \\ \vdots \\ \left(M^{\gamma_m-1}c_m\right)' \end{bmatrix} \dot{\mathbf{u}} \qquad (3.17)
$$

zusammen, dann gelangt man mit den Abkürzungen

$$
\overset{(\gamma)}{\mathbf{y}} := \begin{bmatrix} \overset{(\gamma_1)}{y_1} \\ \vdots \\ \overset{(\gamma_m)}{y_m} \end{bmatrix}, \qquad\qquad \widehat{\mathbf{c}} := \begin{bmatrix} \left(N^{\gamma_1-1}c_1\right)' \\ \vdots \\ \left(N^{\gamma_m-1}c_m\right)' \end{bmatrix} \mathbf{a},
$$

$$
\widehat{\mathbf{D}} := \begin{bmatrix} \left(N^{\gamma_1-1}c_1\right)' \\ \vdots \\ \left(N^{\gamma_m-1}c_m\right)' \end{bmatrix} \mathbf{B}, \qquad\qquad \widetilde{\mathbf{D}} := \begin{bmatrix} \left(M^{\gamma_1-1}c_1\right)' \\ \vdots \\ \left(M^{\gamma_m-1}c_m\right)' \end{bmatrix}
$$

zu einer komprimierten Fassung aller Ableitungen (3.16b):

$$
\overset{(\gamma)}{\mathbf{y}} = \widehat{\mathbf{c}} + \widehat{\mathbf{D}}\mathbf{u} + \widetilde{\mathbf{D}}\dot{\mathbf{u}} = \widehat{\mathbf{c}} + \left[\widehat{\mathbf{D}}, \widetilde{\mathbf{D}}\right] \begin{bmatrix} \mathbf{u} \\ \dot{\mathbf{u}} \end{bmatrix} \qquad (3.18)
$$

Darin ist

$$
\boldsymbol{\gamma} = \left[\gamma_1, \ldots, \gamma_m\right]^T \qquad (3.19)
$$

mit den konstanten[4] Elementen γ_1 bis γ_m der sogenannte vektorielle Ableitungsgrad, der im Folgenden definiert wird:

Definition 3.3 (Vektorieller Ableitungsgrad)
*Das nichtlineare Deskriptormodell (3.8) besitzt einen **vektoriellen Ableitungsgrad γ** (3.19) mit $\sum_{i=1}^{m} \gamma_i \leq \tilde{n} + m$ wenn*

(i) $\gamma_i := \min \left\{ j \colon (N^{j-1} c_i)'\, \mathbf{B} \neq \mathbf{0}^T \vee (M^{j-1} c_i)' \neq \mathbf{0}^T; \quad j = 1, \ldots, n+1 \right\}$
(ii) *und für die Matrizen $\widehat{\mathbf{D}}$ und $\widetilde{\mathbf{D}}$ in Gl. (3.18)* $r = \text{rang} \left\{ [\widehat{\mathbf{D}}, \widetilde{\mathbf{D}}] \right\} = m$

gilt[5].   △

Im Unterschied zum Ableitungsgrad γ_i gibt der relative Grad r_i gemäß Beziehung (3.7) bei einem expliziten Zustandsmodell mit minimaler Ordnung $\tilde{n}$ diejenige Ableitung der Ausgangsgröße y_i an, auf die die Eingangsgröße $\mathbf{u}$ durchgreift. Überträgt man diesen Begriff mit derselben Bedeutung auf Deskriptermodelle (auch wenn sich das hinter dem Deskriptormodell liegende dynamische System einer expliziten Zustandsdarstellung entzieht), so sind mit Blick auf den Ableitungsgrad γ_i zwei Möglichkeiten erkennbar:

1. Gilt in der Bestimmung (3.15) $(M^{\gamma_i-1} c_i)' \neq \mathbf{0}^T$, so ist die γ_i-fache Ableitung (3.16b) der Ausgangsgröße y_i von $\dot{\mathbf{u}}$ abhängig; damit greift die Eingangsgröße $\mathbf{u}$ wegen der vorausgesetzten Realisierbarkeit des Deskriptormodells (3.8) auf die $(\gamma_i - 1)$-fache Ableitung von y_i durch; das bedeutet: $r_i = \gamma_i - 1$.
2. Gilt in der Bestimmung (3.15) $(M^{\gamma_i-1} c_i)' = \mathbf{0}^T$, so greift die Eingangsgröße $\mathbf{u}$ auf die γ_i-fache Ableitung von y_i durch, vorausgesetzt, durch die algebraischen Gleichungen des Deskriptormodells wird weder dieser Durchgriff kompensiert noch eine funktionelle Abhängigkeit unter den Eingangsgrößen erzeugt; dann folgt: $r_i = \gamma_i$.

Da die algebraischen Variablen über die algebraischen Gleichungen nur implizit, aber ihre Ableitungen (3.9) explizit gegeben sind, kann eine eventuelle Kompensation indirekt erkannt werden, indem man die Ausgangsgröße y_i weiter ableitet mit dem Ziel, eine Abhängigkeit von $\dot{\mathbf{u}}$ festzustellen; denn trifft dies zu, kann in der voranliegenden Ableitung der Einfluss von $\mathbf{u}$ nicht kompensiert worden sein.

---

[4]Mit konstanten Elementen γ_1 bis γ_m wird ein Gebiet für die Deskriptorvariable $\mathbf{w} = [\mathbf{x}^T, \mathbf{z}^T]^T$ im R^{n+p} festgelegt.
[5]Es ist offensichtlich, dass hierin die Definition (3.15) der einzelnen Ableitungsgrade enthalten ist, beide Definitionen aber nicht äquivalent sind.

Nach diesen Überlegungen kann der relative Grad r_i für Deskriptormodelle formal über[6]

$$r_i := \min \left\{ j : (M^j c_i)' \neq \mathbf{0}^T ; \quad j = 0, 1, \ldots \right\}$$

definiert werden, vorausgesetzt, dass die Ausgangsgrößen so gewählt wurden, dass ihr vektorieller relativer Grad mit konstanten Elementen r_1 bis r_m existiert:

$$\mathbf{r} = [r_1, \ldots, r_m]^T \tag{3.20}$$

Definition 3.4 (Vektorieller relativer Grad)
*Das nichtlineare Deskriptormodell (3.8) besitzt einen **vektoriellen relativen Grad** (3.20) mit $\sum_{i=1}^{m} r_i \leq \tilde{n}$ wenn*

(i) $r_i := \min \left\{ j : (M^j c_i)' \neq \mathbf{0}^T ; \quad j = \gamma_i - 1, \gamma_i \right\}$
(ii) *und für die Matrix $\widehat{\mathbf{D}}$ in Gl. (3.18) $\hat{r} = \mathrm{rang}\left\{ \widehat{\mathbf{D}} \right\} = m$*

gilt.   △

3.4.2   Konstruktion von Rückführungen

Die Aufgabe dieses Abschnitts besteht darin, für ein dynamisches System mit dem semiexpliziten Deskriptormodell (3.8) eine Rückführung zu konstruieren, die dem rückgekoppelten Gesamtsystem eine lineare und entkoppelte E/A-Dynamik aufprägt (siehe Abb. 3.1).

Um sich zu vergegenwärtigen, welche Berechnungsschritte zur Konstruktion einer derartigen Rückführung zu machen sind, rufe man sich den Grundgedanken einer solchen Vorgehensweise in Erinnerung; nach den Ausführungen im Anhang C.1 ist dazu in 3 grundsätzlichen Schritten vorzugehen, weshalb von der **rudimentären 3-Schritt-Prozedur** gesprochen wird:

1. Bildung der Ableitungen jeder Ausgangsgröße bis ein Einfluss der Eingangsgrößen festzustellen ist – bei Deskriptormodellen ist der Blick sowohl auf Eingangsgrößen als auch auf deren Ableitungen zu richten (s. Gl. (3.16b)),
2. Forderung einer linearen und entkoppelten E/A-Dynamik des Gesamtmodells über den Ansatz von linearen und entkoppelten Differentialgleichungen derjenigen Ordnung, die der im Schritt 1 festgestellten höchsten Ableitung entspricht,

---

[6]Übereinstimmend mit den Ausführungen zu den obigen Punkten 1. und 2. kann die Laufvariable j nur die Werte $j = \gamma_i - 1$ und $j = \gamma_i$ annehmen; über die genannten Punkte hinaus kann formal gesehen auch der Fall $j > \gamma_i$ – also $r_i > \gamma_i$ – eintreten; in [49] wird ausführlich dargelegt, dass damit der Verlust der Realisierbarkeit im rückgekoppelten System einhergeht. Deshalb wurde dieser Fall in Def. 3.4 aus dem Formalismus genommen; außerdem setzt die hierin gewählte Form die Kenntnis von γ_i bereits voraus.

3. Einsetzen der Ableitungen aus Schritt 1 in die Dfferentialgleichungen aus Schritt 2 und Auflösen nach der erforderlichen Rückführung.

Es ist beachtenswert, dass die rudimentäre 3-Schritt-Prozedur in jedem konkreten Falle angewendet werden kann; unter Umständen entstehen im dritten Schritt Probleme, wenn ein explizites Auflösen nicht möglich ist. Beschränkt man sich auf Modelle mit eingangs-affinen Differentialgleichungen, existiert dieses Problem nicht, ferner kann die Gesamtprozedur mit Hilfe eines rekursiven Operators kompakt dargestellt werden.

Schritt 1 wurde für AI-Modelle (3.8) bereits ausgeführt; die jeweils höchsten Ableitungen sind mit Gl. (3.18) kompakt zusammengefasst, so dass nun gemäß Schritt 2 mit den Differentialgleichungen

$$\alpha_{i,0} y_i + \alpha_{i,1} \dot{y}_i + \cdots + \alpha_{i,\gamma_i-1} \overset{(\gamma_i-1)}{y_i} + \overset{(\gamma_i)}{y_i} \overset{!}{=} \lambda_i v_i \qquad i = 1, \ldots, m \qquad (3.21)$$

eine lineare und entkoppelte Kanaldynamik im rückgekoppelten Gesamtsystem zu fordern ist; hierin sind λ_i, $\alpha_{i,\nu}$ mit $i = 1, \ldots, m$ und $\nu = 0, \ldots, \gamma_i - 1$ frei wählbare Konstanten zur gezielten Vorgabe der Dynamik. Zur Vorbereitung einer kompakten Darstellung des Ansatzes werden die m Differentialgleichungen (3.21) in Matrixschreibweise zusammengefasst:

$$
\begin{bmatrix} \overset{(\gamma_1)}{y_1} \\ \vdots \\ \overset{(\gamma_m)}{y_m} \end{bmatrix} = - \begin{bmatrix} \sum_{\nu=0}^{\gamma_1-1} \alpha_{1,\nu} N^\nu c_1 \\ \vdots \\ \sum_{\nu=0}^{\gamma_m-1} \alpha_{m,\nu} N^k c_m \end{bmatrix} + \begin{bmatrix} \lambda_1 & & \mathbf{0} \\ & \ddots & \\ \mathbf{0} & & \lambda_m \end{bmatrix} \begin{bmatrix} v_1 \\ \vdots \\ v_m \end{bmatrix}
$$

Dieser Ansatz ist mit offensichtlichen Abkürzungen (vgl. Umfeld der Gl. (3.6) und (3.17)) kompakt als

$$\overset{(\gamma)}{\mathbf{y}} \overset{!}{=} -\widehat{\boldsymbol{\alpha}} + \boldsymbol{\Lambda} \mathbf{v} \qquad (3.22)$$

darstellbar.

Das Zusammenführen der Ergebnisse aus den Schritten 1 und 2 liefert somit im Schritt 3 die Gleichung:

$$\overset{(\gamma)}{\mathbf{y}} = \widehat{\mathbf{c}} + \widehat{\mathbf{D}} \mathbf{u} + \widetilde{\mathbf{D}} \dot{\mathbf{u}} \overset{!}{=} -\widehat{\boldsymbol{\alpha}} + \boldsymbol{\Lambda} \mathbf{v} \qquad (3.23)$$

Sie ist durch Verknüpfen des Ansatzes (3.22) mit den Ableitungen (3.18) entstanden; die Auflösung dieser Gleichung mit Blick auf $\mathbf{u}$ bzw. $\dot{\mathbf{u}}$ liefert die gesuchte Rückführung, die dem rückgekoppelten Gesamtsystem die geforderte lineare und entkoppelte E/A-Dynamik (3.22) aufprägt. Obige Gl. (3.23) ist somit die entscheidende Entwurfsgleichung für die Konstruktion einer Rückführung; die Auflösung dieser Gleichung nach $\mathbf{u}$ bzw. $\dot{\mathbf{u}}$ wird geprägt vom Rang $\hat{r}$ der statischen Entkoppelmatrix $\widehat{\mathbf{D}}$ und vom Rang $\tilde{r}$ der dynamischen Entkoppelmatrix $\widetilde{\mathbf{D}}$ – also von

$$\hat{r} = \mathrm{rang}\{\widehat{\mathbf{D}}\} \quad \text{und} \quad \tilde{r} = \mathrm{rang}\{\widetilde{\mathbf{D}}\},$$

die beide im Bereich $[0, m]$ liegen. In [78] sind alle möglichen Kombinationen der Ränge $\hat{r}$, $\tilde{r}$ mit Bezug zur Existenz der Rückführung tabellarisch erfasst. Auch diejenigen Fälle sind enthalten, für die aus algebraischen Gründen keine Lösung für das Linearisierungs- und Entkopplungsproblem existiert. Nachfolgend seien nur die Fälle herausgestellt, für die eine Rückführung wenigstens prinzipiell (abgesehen von Problemen , die im Kontext noch erörtert werden) existiert; die zugrunde liegenden Rangkombinationen liefern dann im Ergebnis

- eine **dynamische** Rückkopplung,
  wenn der vektorielle Ableitungsgrad $\boldsymbol{\gamma}$ mit $\tilde{r} = m$ existiert oder
- eine sogenannte **dynamisch erweiterte** Rückkopplung,
  wenn der vektorielle Ableitungsgrad $\boldsymbol{\gamma}$ mit $0 < \tilde{r} < m$ existiert oder
- eine **statische** Rückkopplung,
  wenn der vektorielle Ableitungsgrad $\boldsymbol{\gamma}$ mit $\tilde{r} = 0$ existiert[7].

3.4.2.1 Dynamische Rückführung
Existiert der vektorielle Ableitungsgrad (Def. 3.3) mit $\tilde{r} = m$, kann die Entwurfsgleichung (3.23) eindeutig nach $\dot{\mathbf{u}}$

$$\dot{\mathbf{u}} = \widetilde{\mathbf{D}}^{-1}[\boldsymbol{\Lambda}\mathbf{v} - \widehat{\mathbf{c}} - \widehat{\mathbf{D}}\mathbf{u} - \widehat{\boldsymbol{\alpha}}] \tag{3.24}$$

bzw. mit ausgewiesener Abhängigkeit von den Argumenten

$$\dot{\mathbf{u}}(\mathbf{x}, \mathbf{z}, \mathbf{u}, \mathbf{v}) = \widetilde{\mathbf{D}}^{-1}(\mathbf{x}, \mathbf{z}, \mathbf{u})[\boldsymbol{\Lambda}\mathbf{v} - \widehat{\mathbf{c}}(\mathbf{x}, \mathbf{z}, \mathbf{u}) - \widehat{\mathbf{D}}(\mathbf{x}, \mathbf{z}, \mathbf{u})\mathbf{u} - \widehat{\boldsymbol{\alpha}}(\mathbf{x}, \mathbf{z}, \mathbf{u})]$$

aufgelöst werden; die Dgl. (3.24) beschreibt die dynamische Rückkopplung der Deskriptorvariablen $\mathbf{w} = [\mathbf{x}^T, \mathbf{z}^T]^T$. Anhand der Abb. 3.3 erkennt man, dass die algebraische Gleichung des Prozessmodells zusammen mit dem statischen Teil der Rückführung keine algebraischen Schleifen im Gesamtsystem erzeugen können; und zwar wegen der Integrierer zwischen den beiden Blöcken. Das Gesamtsystem besitzt die mit den Dgln. (3.21) geforderte Kanaldynamik und es gilt zwischen den relativen Graden und den Ableitungsgraden der Zusammenhang

$$r_i = \gamma_i - 1, \quad i = 1, \ldots, m.$$

Bemerkung
In einem Gesamtsystem mit statischer Rückkopplung existieren die Integrierer zwischen den beiden Blöcken nicht, wodurch u. U. das Auftreten algebraischer Schleifen ermöglicht wird.

---

[7]Eventuell treten hier die oben angesprochenen Probleme auf.

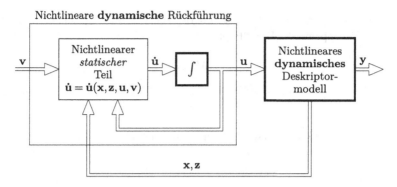

Abb. 3.3 Nichtlineares Deskriptormodell mit dynamischer Rückkopplung

3.4.2.2 Dynamisch erweiterte Rückführung

Existiert der vektorielle Ableitungsgrad (Def. 3.3) mit $0 < \tilde{r} < m$, kann die Entwurfsgleichung (3.23) nach m Größen aus den beiden m-dimensionalen Vektoren $\mathbf{u}$ und $\dot{\mathbf{u}}$ aufgelöst werden. Das bedeutet im allgemeinen Fall jedoch nicht, dass diese Lösung in eine explizit statische und in eine explizit dynamische Teillösung zerfällt und die Rückführung als verkoppeltes System beider Teile realisierbar ist. Indes besitzen spezielle Fälle eine solche Lösung. Im Folgenden wird das Problem im allgemeinen Fall betrachtet:

Dieser Fall ist dadurch charakterisiert, dass die dynamische Entkoppelmatrix $\tilde{\mathbf{D}} \neq \mathbf{0}$ ist, aber Null-Zeilen enthält und deswegen einen Rang $\tilde{r} < m$ aufweist; solch eine Null-Zeile möge den Index μ haben, womit die Ableitungen der Ausgangsgrößen gemäß (3.17) bzw. (3.18) folgende Form haben:

$$
\begin{bmatrix}
\overset{(\gamma_1)}{y_1} \\
\vdots \\
\overset{(r_\mu)}{y_\mu} \\
\vdots \\
\overset{(\gamma_m)}{y_m}
\end{bmatrix}
=
\begin{bmatrix}
\left(N^{\gamma_1-1}c_1\right)' \\
\vdots \\
\left(N^{r_\mu-1}c_\mu\right)' \\
\vdots \\
\left(N^{\gamma_m-1}c_m\right)'
\end{bmatrix}
\mathbf{a}
+
\begin{bmatrix}
\left(N^{\gamma_1-1}c_1\right)' \\
\vdots \\
\left(N^{r_\mu-1}c_\mu\right)' \\
\vdots \\
\left(N^{\gamma_m-1}c_m\right)'
\end{bmatrix}
\mathbf{Bu}
+
\begin{bmatrix}
\left(M^{\gamma_1-1}c_1\right)' \\
\vdots \\
\left(M^{r_\mu-1}c_\mu\right)' = \mathbf{0}^T \\
\vdots \\
\left(M^{\gamma_m-1}c_m\right)'
\end{bmatrix}
\dot{\mathbf{u}}
\quad (3.25)
$$

Darin ist hervorgehoben, dass die r_μ-fache Ableitung der Ausgangsgröße y_μ von $\mathbf{u}$ aber nicht von $\dot{\mathbf{u}}$ abhängt, weswegen für diese Ausgangsgröße

$$
r_\mu = \gamma_\mu
$$

gilt. Es kann also weder eine statische noch eine dynamische und i. A. auch keine Rückkopplung mit statischen und dynamischen Anteilen angegeben werden. Um eine dynamische Rückführung zu ermitteln, müssen die betroffenen Ausgangsgrößen (für die in Gl. (3.25) stellvertretend der Index μ eingesetzt wurde) weiter nach der Zeit abgeleitet werden, bis eine Abhängigkeit von $\dot{\mathbf{u}}$ erkennbar wird; setzt man die Existenz der relativen Grade r_μ

voraus, ist dies die $(r_\mu + 1)$-te Ableitung von y_μ. Auf diesem Wege gelangt man zu einer dynamischen Entkoppelmatrix $\tilde{\mathbf{D}}$ der Form

$$\tilde{\mathbf{D}} = \begin{bmatrix} (M^{r_1}c_1)' \\ \vdots \\ (M^{r_m}c_m)' \end{bmatrix} \tag{3.26}$$

worin für die relativen Grade und die Ableitungsgrade der Zusammenhang

$$r_i = \gamma_i - 1, \quad i = 1, \ldots, m$$

gilt. Damit ist das weitere Vorgehen gemäß Unterabschnitt 3.4.2.1 vorbereitet. Das folgende einfach strukturierte Beispiel 3.2 demonstriert diese Vorgehensweise.

Beispiel 3.2 (Dynamisch erweiterte Rückführung)
Gegeben sei das semi-explizite Deskriptormodell mit $n = 5$ differentiellen und $p = 2$ algebraischen Variablen sowie $m = 3$ Ein- und Ausgangsgrößen:

$$\dot{x}_1 = u_1 + u_2$$
$$\dot{x}_2 = z_1$$
$$\dot{x}_3 = x_2$$
$$\dot{x}_4 = z_2$$
$$\dot{x}_5 = x_4$$
$$0 = z_1 - x_1 - u_2 - u_3$$
$$0 = z_2 - x_2 - u_1 - u_3$$
$$y_1 = x_1$$
$$y_2 = x_3$$
$$y_3 = x_5$$

Einfache Rechenschritte liefern für die Ableitungen der Ausgangsgrößen y_i und ihre zuge-hörigen Ableitungsgrade γ_i mit $i = 1, 2, 3$:

$$\dot{y}_1 = u_1 + u_2 \qquad\qquad \longrightarrow \gamma_1 = 1$$
$$\overset{(3)}{y}_2 = u_1 + u_2 + \dot{u}_2 + \dot{u}_3 \qquad \longrightarrow \gamma_2 = 3$$
$$\overset{(3)}{y}_3 = z_1 + \dot{u}_1 + \dot{u}_3 \qquad\qquad \longrightarrow \gamma_3 = 3$$

Mit der freien Wahl der Entwurfsparameter $\widehat{\boldsymbol{\alpha}} = \mathbf{0}$ und $\boldsymbol{\Lambda} = \mathbf{E}$ lautet die Entwurfsgleichung gemäß (3.23)

$$\overset{(\gamma)}{\mathbf{y}} = \widehat{\mathbf{c}} + \widehat{\mathbf{D}}\mathbf{u} + \widetilde{\mathbf{D}}\dot{\mathbf{u}} \overset{!}{=} \mathbf{v} = \begin{bmatrix} 0 \\ 0 \\ z_1 \end{bmatrix} + \begin{bmatrix} 1\;1\;0 \\ 1\;1\;0 \\ 0\;0\;0 \end{bmatrix} \mathbf{u} + \begin{bmatrix} 0\;0\;0 \\ 0\;1\;1 \\ 1\;0\;1 \end{bmatrix} \dot{\mathbf{u}}$$

und man erkennt, dass

$$\hat{r} = \mathrm{rang}\{\widehat{\mathbf{D}}\} = 1, \; \tilde{r} = \mathrm{rang}\{\widetilde{\mathbf{D}}\} = 2 \; \text{und} \; r = \mathrm{rang}\{[\widehat{\mathbf{D}}, \widetilde{\mathbf{D}}]\} = 3$$

ist. Eine Überprüfung der Lösungsmöglichkeiten zeigt, dass die zu ermittelnde Rückführung nicht als verkoppeltes System mit einem statischen und einen dynamischen Teil realisierbar ist, so dass eine dynamisch erweiterte Rückführung erforderlich ist. Zu ihrer Bestimmung ist die Ausgangsgröße y_1 ein weiteres Mal abzuleiten – dies folgt aus dem Kontext der Gl. (3.25), wonach die Nullzeile der Matrix $\widetilde{\mathbf{D}}$ den Index $\mu = 1$ hat und somit die Ausgangsgröße $y_\mu = y_1$ weiter behandelt werden muss:

$$\ddot{y}_1 = \dot{u}_1 + \dot{u}_2 \quad \longrightarrow \quad \gamma_1 = 2$$

Die damit entstandene Entwurfsgleichung

$$\mathbf{v} = \begin{bmatrix} 0 \\ 0 \\ 1 \end{bmatrix} z_1 + \begin{bmatrix} 0\;0\;0 \\ 1\;1\;0 \\ 0\;0\;0 \end{bmatrix} \mathbf{u} + \begin{bmatrix} 1\;1\;0 \\ 0\;1\;1 \\ 1\;0\;1 \end{bmatrix} \dot{\mathbf{u}}$$

für die dynamisch erweiterte Rückführung kann nun eindeutig nach $\dot{\mathbf{u}} = \dot{\mathbf{u}}(z_1, \mathbf{u}, \mathbf{v})$ aufgelöst werden:

$$\dot{\mathbf{u}} = \frac{1}{2} \begin{bmatrix} -1 \\ 1 \\ -1 \end{bmatrix} z_1 + \frac{1}{2} \begin{bmatrix} 1\;\;\;1\;\;0 \\ -1\;-1\;0 \\ -1\;-1\;0 \end{bmatrix} \mathbf{u} + \frac{1}{2} \begin{bmatrix} 1\;-1\;\;\;1 \\ 1\;\;\;1\;-1 \\ -1\;\;\;1\;\;\;1 \end{bmatrix} \mathbf{v}$$

Bemerkung:
Für die relativen Grade gilt $r_i = \gamma_i - 1$, d. h. $r_1 = 1, r_2 = 2, r_3 = 2$ und ihre Summe $r = 5 = \tilde{n} = n$; die Anzahl der Freiheitsgrade $\tilde{n}$ ist identisch mit der der differentiellen Variablen, weil das Modell den Index $k = 1$ besitzt und die algebraischen Gleichungen somit keine Einschränkungen in den Bewegungsmöglichkeiten darstellen – die differentiellen Variablen sind Zustandsvariablen in diesem Beispiel. Schließlich gilt wegen der $m = 3$ Integrierer in der Rückkopplung für die dynamische Ordnung des Gesamtsystems $n_G = \tilde{n} + m = 8$ und das E/A-Verhalten wird durch

$$\mathbf{y}(s) = \begin{bmatrix} \dfrac{1}{s^2} & 0 & 0 \\ 0 & \dfrac{1}{s^3} & 0 \\ 0 & 0 & \dfrac{1}{s^3} \end{bmatrix} \mathbf{v}(s)$$

beschrieben.

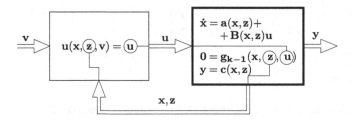

Abb. 3.4 Nichtlineares Deskriptormodell mit statischer Rückkopplung

3.4.2.3 Statische Rückführung

Existiert der vektorielle Ableitungsgrad (Def. 3.3) mit $\tilde{r} = 0$, kann die Entwurfsgleichung (3.23) eindeutig nach $\mathbf{u}$ aufgelöst werden:

$$\mathbf{u}(\mathbf{x}, \mathbf{z}, \mathbf{v}) = \widehat{\mathbf{D}}^{-1}(\mathbf{x}, \mathbf{z})[\mathbf{\Lambda}\mathbf{v} - \widehat{\mathbf{c}}(\mathbf{x}, \mathbf{z}) - \widehat{\mathbf{\alpha}}(\mathbf{x}, \mathbf{z})] \tag{3.27}$$

Obige Gleichung beschreibt dann die statische Rückkopplung der Deskriptorvariablen $\mathbf{w} = [\mathbf{x}^T, \mathbf{z}^T]^T$; hierbei ist vorausgesetzt worden, dass die rechte Seite der Gl. (3.27) unabhängig von der Eingangsgröße $\mathbf{u}$ ist, also mit den Abkürzungen zu Gl. (3.18)

$$\frac{\partial}{\partial \mathbf{u}} \left(N^{\gamma_i - 1} c_i \right)^{\prime T} = \mathbf{0} \tag{3.28}$$

gilt[8], denn andernfalls kann durch eine weitere Ableitung der Ausgangsgröße y_i eine Einordnung in den Dynamikfall nach Abschn. 3.4.2.2 erreicht werden. Für nichtlineare AI-Modelle in Zustandsform ist die Regularität der Entkoppelmatrix $\widehat{\mathbf{D}}$ notwendig und hinreichend für die Existenz einer statischen Zustandsrückführung zur Linearisierung und Entkopplung des E/A-Verhaltens im Gesamtsystem [32]. Hingegen kann der Einsatz einer statischen Rückkopplung in einem AI-Modell in Deskriptorform kritisch sein, weil u. U. die statische Rückkopplung in Verbindung mit den algebraischen Gleichungen des semi-expliziten Deskriptormodells algebraische Schleifen im Gesamtsystem erzeugt – siehe Abb. 3.4, die den Weg für die mögliche Ausbildung einer algebraischen Schleife zeigt.

Gegebenenfalls ist dann ein zufriedenstellender Betrieb des geschlossenen Kreises nicht mehr gewährleistet [49, 50]. Das Entstehen von algebraischen Schleifen und ihre Auswirkungen auf die Dynamik des geschlossenen Kreises wird in der folgenden Passage analysiert.

Algebraische Schleifen und Summenindex

Algebraische Schleifen können in einem rückgekoppelten Gesamtsystem nach Abb. 3.4 ausschließlich über die algebraischen Gleichungen der statischen Rückführung zusammen mit

---

[8]Die Bedingung (3.28) bedeutet i. A. nicht, dass die algebraische Gleichung im Modell (3.8) unabhängig von $\mathbf{u}$ sein muss.

denen des Deskriptormodells gebildet werden; die Differentialgleichungen des Deskriptor-modells spielen dabei naturgemäß keine Rolle.

Wenn das gegebene reguläre und realisierbare Deskriptormodell (3.8) ein höher indizier-tes DAE-System ($k > 1$) ist, hat an seiner Stelle der *Modifizierte Shuffle-Algorithmus* im Zuge der Index-Berechnung das Index-1-DAE-System

$$\dot{\mathbf{x}} = \mathbf{a}(\mathbf{x}, \mathbf{z}) + \mathbf{B}(\mathbf{x}, \mathbf{z})\,\mathbf{u} \tag{3.29a}$$

$$\mathbf{0} = \mathbf{g}_{k-1}(\mathbf{x}, \mathbf{z}, \mathbf{u}) \tag{3.29b}$$

mit regulärer JACOBI-Matrix

$$\mathrm{rang}\left\{\frac{\partial \mathbf{g}_{k-1}}{\partial \mathbf{z}}\right\} = p \tag{3.30}$$

geliefert (vgl. Gl. (2.27), (2.28)); ist hingegen das Modell (3.8) vom Index $k = 1$, dann ist die gegebene algebraische Gleichung für Gl. (3.29b) zu setzen: $\mathbf{0} = \mathbf{g}_0(\mathbf{x}, \mathbf{z}, \mathbf{u}) = \mathbf{g}(\mathbf{x}, \mathbf{z}, \mathbf{u})$.

Davon ausgehend wird nun der Index des rückgekoppelten Gesamtsystems untersucht, *ohne* die statische Rückkopplung im Detail zu berechnen. Für den hier verfolgten Zweck reicht es, den statischen Teil des Kreises durch Einsetzen einer statischen Rückkopplung

$$\mathbf{u} = \mathbf{u}(\mathbf{x}, \mathbf{z}, \mathbf{v}) \tag{3.31}$$

in die algebraische Gl. (3.29b) formal zu schließen; dies führt auf die algebraische Gleichung

$$\mathbf{0} = \mathbf{g}_{k-1}(\mathbf{x}, \mathbf{z}, \mathbf{u}(\mathbf{x}, \mathbf{z}, \mathbf{v})) =: \hat{\mathbf{g}}(\mathbf{x}, \mathbf{z}, \mathbf{v}) \tag{3.32}$$

im Deskriptormodell des Gesamtsystems. Von besonderer Bedeutung ist nun die Möglichkeit einer Kompensation innerhalb der algebraischen Variablen, so dass die JACOBI-Matrix von $\hat{\mathbf{g}}$ bezüglich $\mathbf{z}$ nicht mehr regulär ist, also im rückgekoppelten Gesamtsystem

$$\det\left(\frac{\partial \hat{\mathbf{g}}}{\partial \mathbf{z}}\right) = \det\left(\frac{\partial \mathbf{g}_{k-1}}{\partial \mathbf{z}} + \frac{\partial \mathbf{g}_{k-1}}{\partial \mathbf{u}}\frac{\partial \mathbf{u}}{\partial \mathbf{z}}\right) = 0 \tag{3.33}$$

gilt. Dann wäre durch die Rückkopplung der Index k_i wenigstens einer algebraischen Glei-chung g_{i,k_i-1} mit $i \in \{1, \ldots, m\}$ erhöht worden – wegen der Beziehung (2.22) muss sich damit nicht unbedingt auch der Index k des Gesamtsystems erhöht haben, wohingegen sich aber gemäß Beziehung (2.31) der Summenindex k_S im statisch rückgekoppelten System erhöht hat.

Eine Indexerniedrigung würde in den Ableitungen (2.23) eine Abhängigkeit von $\mathbf{u}$ bereits in einer r-fachen Ableitung einer i-ten algebraischen Gleichung – also in $g_{i,r}$ – mit $r < k_i - 1$ erfordern, was wegen der vorausgesetzten Realisierbarkeit des Deskriptormodells (3.8) nicht möglich ist.

Somit kann bei realisierbaren Modellen (3.8) durch statische Rückkopplung nur eine *Indexerhöhung* auftreten, und zwar dann, wenn rückgeführte algebraische Variablen über die algebraischen Gleichungen des Prozessmodells mit Eingangsgrößen verknüpft sind [50];

man erkennt die Notwendigkeit dieser Art von Variablenverknüpfung anhand der Determinante (3.33), weil mit einer verschwindenden Matrix

$$\frac{\partial \mathbf{g}_{k-1}}{\partial \mathbf{u}} \frac{\partial \mathbf{u}}{\partial \mathbf{z}} \tag{3.34}$$

die Jacobimatrix (3.30) nicht singulär werden kann.

Folgerung 3.1 (Statische Rückkopplung mit Indexerhöhung)
Notwendige Bedingung dafür, dass eine statische Rückführung in wenigstens einer algebraischen Gleichung g_{i,k_i-1} mit $i \in \{1, \ldots, m\}$ des (regulären und realisierbaren) DAE-Systems (3.29) eine Index-Erhöhung verursacht, ist das Nicht-Verschwinden der Matrix (3.34) – also:

$$\det\left(\frac{\partial \hat{\mathbf{g}}}{\partial \mathbf{z}}\right) = \mathbf{0} \quad \overset{(3.30)}{\Longrightarrow} \quad \frac{\partial \mathbf{g}_{k-1}}{\partial \mathbf{u}} \frac{\partial \mathbf{u}}{\partial \mathbf{z}} \neq \mathbf{0}$$

$\lozenge$

Eine *statische* Rückkopplung, die eine Indexerhöhung hervorruft, ist nicht praktikabel, weil damit der Verlust der Realisierbarkeit (bei endlicher Indexerhöhung) oder der Regularität (wenn der Index nicht existiert) im Gesamtsystem verbunden ist; bei endlicher Indexerhöhung kann unter Umständen mit einer *dynamischen* Rückkopplung und bei Verlust der Regularität mit der Wahl anderer Ausgangsgrößen Abhilfe geschaffen werden [50].

Behauptung 3.2 (Statische Rückkopplung ohne Indexerhöhung)
Wenn die Matrix in Gl. (3.33) regulär ist, wenn also

$$\operatorname{rang}\left\{\frac{\partial \mathbf{g}_{k-1}}{\partial \mathbf{z}} + \frac{\partial \mathbf{g}_{k-1}}{\partial \mathbf{u}} \frac{\partial \mathbf{u}}{\partial \mathbf{z}}\right\} = p$$

gilt, dann ist das Gesamtsystem mit dem Deskriptormodell (3.29) und der statischen Rückführung (3.31) regulär und realisierbar. $\lozenge$

Beweis der Behauptung 3.2
Gemäß den Definitionen 2.2 und 2.3 heißt ein semi-explizites Deskriptormodell regulär und realisierbar, wenn das zugehörige explizite Deskriptormodell mit höchstens der ersten Ableitung der Eingangsgröße existiert. Bei der Ermittlung des expliziten Deskriptormodells des Gesamtsystems muss die algebraische Gl. (3.32) dieses Systems noch einmal abgeleitet werden:

$$\mathbf{0} = \dot{\mathbf{g}}_{k-1} = \left(\frac{\partial \mathbf{g}_{k-1}}{\partial \mathbf{x}} + \frac{\partial \mathbf{g}_{k-1}}{\partial \mathbf{u}} \frac{\partial \mathbf{u}}{\partial \mathbf{x}}\right)\dot{\mathbf{x}} + \left(\frac{\partial \mathbf{g}_{k-1}}{\partial \mathbf{z}} + \frac{\partial \mathbf{g}_{k-1}}{\partial \mathbf{u}} \frac{\partial \mathbf{u}}{\partial \mathbf{z}}\right)\dot{\mathbf{z}} + \frac{\partial \mathbf{g}_{k-1}}{\partial \mathbf{u}} \frac{\partial \mathbf{u}}{\partial \mathbf{v}}\dot{\mathbf{v}}$$

Ist die Bedingung der Behauptung 3.2 erfüllt, kann aus obiger Gleichung zusammen mit der Dgl. (3.29a) das folgende explizite Modell

$$\dot{x} = a + B\,u(x, z, v)$$

$$\dot{z} = -\left(\frac{\partial g_{k-1}}{\partial z} + \frac{\partial g_{k-1}}{\partial u}\frac{\partial u}{\partial z}\right)^{-1} \cdot$$

$$\cdot \left[\left(\frac{\partial g_{k-1}}{\partial x} + \frac{\partial g_{k-1}}{\partial u}\frac{\partial u}{\partial x}\right)(a + Bu(x, z, v)) + \frac{\partial g_{k-1}}{\partial u}\frac{\partial u}{\partial v}\dot{v}\right]$$

des Gesamtsystems angegeben werden[9]. $\square$

Folgerung 3.2 (Realisierbares Gesamtsystem und Summenindex)

Ist das realisierbare Deskriptormodell (3.8) mit einer statischen Rückführung als Gesamtsystem realisierbar, dann ist in keiner der algebraischen Gleichungen des Modells eine Index-Erhöhung aufgetreten; der *Summenindex* k_S (2.31) ist dann invariant gegenüber einer statischen Rückkopplung. $\lozenge$

Scheitern der statischen Rückkopplung

Offenkundig greifen die Behauptung 3.2 und die Folgerung und 3.2 erst nach Beendigung des Entwurfs für eine statische Rückführung; erstrebenswert ist eine Bedingung, die zu Beginn des Prozedere überprüft werden kann; die folgende Untersuchung des Problems ergibt eine hinreichende Bedingung für mögliche Realisierungskonflikte bereits im ersten Schritt der Entwurfsprozedur, also im Zuge der Bildung der Ableitungen der Ausgangsgrößen.

Formal gesehen ist die statische Rückkopplung (3.27) die eindeutige Lösung der Gl. (3.23) bei regulärer Matrix $\widehat{D}$ und verschwindender Matrix $\widetilde{D}$; was diese statische Einrichtung vereint mit dem algebraischen – also statischen – Teil des Prozessmodells mit sich bringt, wird in Ergänzung zu den vorangegangen Betrachtungen ebenfalls erkennbar, wenn die algebraischen Gleichungen bereits in die Entwurfsgleichung einfließen. Es sei $z = z(x, u)$ die Lösung der algebraischen Gleichungen des DAE-Systems (3.8), die nun in die Entwurfsgleichung (3.23) einzubinden ist; es ergibt sich damit eine implizite Gleichung

$$\widehat{c}(x, z(x, u)) + \widehat{D}(x, z(x, u))u = -\widehat{\alpha}(x, z(x, u)) + \Lambda v \tag{3.35}$$

für u, für die die Existenz einer eindeutigen Lösung erst überprüft werden muss. Existiert eine Lösung der Gl. (3.35) (vgl. Anhang B.1), dann erzeugt die Rückkopplung (3.27) ein Gesamtsystem mit der gewünschten linearen und entkoppelten Kanaldynamik. Andernfalls misslingt dies; hierfür gilt folgende hinreichende Bedingung:

Behauptung 3.3 (Scheitern einer statischen Rückkopplung)

Die implizite Entwurfsgleichung (3.35) zur Ermittlung einer statischen Rückführung besitzt keine eindeutige Lösung u, *wenn die Matrix*

---

[9]Nach dem Theorem über implizit gegebene Funktionen (siehe Anhang B.1) stellt die Behauptung 3.2 eine hinreichende Bedingung für die Realisierbarkeit des Gesamtsystems mit einer statischen Rückkopplung dar, sofern die restlichen Voraussetzungen des Theorems erfüllt sind.

$$(\mathbf{M}^{\gamma}\mathbf{c})' := \begin{bmatrix} (M^{\gamma_1}c_1)' \\ \vdots \\ (M^{\gamma_m}c_m)' \end{bmatrix} \qquad\qquad (3.36)$$

singulär ist.   ◇

Ein Beweis der Behauptung 3.3 ist im Anhang (C.3) zu finden. Aus der Beweisführung folgt, dass Behauptung 3.3 eine hinreichende Bedingung für die Nichtrealisierbarkeit des Gesamtmodells mit einer statischen Rückkopplung ist[10].

Die Entwurfsparameter $\lambda_i, \alpha_{i,\nu}$, $i = 1, \ldots, m$, $\nu = 0, \ldots, \gamma_{i-1}$, mit denen die Kanaldynamiken beliebig eingestellt werden können, stecken in den Größen $\widehat{\alpha}$ und Λ; die gemäß Behauptung 3.3 zu überprüfende Matrix $(\mathbf{M}^{\gamma}\mathbf{c})'$ ist aber davon unberührt. Ob nun eine für die gewünschte Kanaldynamik erforderliche statische Rückkopplung implementierbar ist, hängt demnach von der Modellstruktur – auch wenn diese an Modellparameter gebunden ist – und nicht von den Entwurfsparametern ab.

Abschließende Bemerkungen zum Entwurf von Rückkopplungen

- Es ist naheliegend, die Entwurfsprozedur für eine erweiterte dynamische Rückkopplung aus Unterabschnitt 3.4.2.2 auch in einer Ausgangslage einzusetzen, die oben im Unterabschnitt 3.4.2.3 im Rahmen der statischen Rückkopplung weiterverfolgt wurde. Die dort erörterten Realisierungsprobleme treten dann offensichtlich nicht auf. Zu beachten ist dabei nur, dass dieser Entwurfsvorgang in einem Gesamtsystem mündet, dessen dynamische Ordnung höher als notwendig ist. Erwähnenswert ist das, weil das Gesamtsystem i. A. ja als Streckenmodell für einen nachfolgenden Regelkreisentwurf dient und in diesem Zusammenhang gewisse Vorstellungen über die „Schnelligkeit" von zeitlichen Vorgängen (insbesondere bei vorhandenen Stellgrößenbeschränkungen) umso schwerer erfüllbar sind, je höher die dynamische Ordnung des Regelkreises ist.

- Ist das Linearisierungs- und Entkopplungsproblem mit keinem der vorgestellten Entwurfsverfahren lösbar, bietet sich zu guter Letzt eine andere Wahl einer oder mehrerer Ausgangsgrößen an.

Beispiel 3.3 (Realisierung einer statischen Rückführung)
Das Beispiel hat den Zweck, die Folge einer von einer statischen Rückführung verursachten algebraischen Schleife zu demonstrieren. So ist das Gesamtsystem mit einer statischen Rückführung nicht realisierbar und eine dynamisch erweiterte Rückführung nicht konstruierbar,

---

[10]Im Kap. 5 wird eine notwendige und hinreichende Bedingung für die sogenannte interne Realisierbarkeit von verkoppelten Deskriptor-Modellen hergeleitet; bricht man die dort verwendete Struktur von verkoppelten Deskriptor-Modellen herunter auf die hier vorliegende Struktur eines rückgekoppelten Deskriptor-Modells, kann auch die Notwendigkeit der Behauptung 3.3 gezeigt werden (siehe Abschn. 5.2.3).

so dass erst die Wahl einer anderen Ausgangsgröße eine Lösung des Linearisierungspro-
blems bringen kann. Das Problem wird über 4 Zugänge erörtert.

Offensichtlich besitzt das semi-explizite Deskriptormodell mit nicht spezifizierten aber
glatten Funktionen f_1, f_2 und g_1

$$\dot{x}_1 = f_1(x_1, x_2) + \alpha z + u$$
$$\dot{x}_2 = f_2(x_1, x_2) + bu$$
$$0 = g = g_1(x_1, x_2) + z + \beta u$$
$$y = x_1$$

den differentiellen Index $k = 1$ (Gleichungsindex, DAE-Index und Summenindex sind hier
identisch) und ist realisierbar.

- *Wegen der geringen Komplexität des Beispiels seien die folgenden Berechnungen nicht*
  auf die Operatorenschreibweise gestützt, sondern auf der Grundlage der rudimentären 3-
  Schritt-Prozedur (s. Abschn. 3.4.2) „händisch" ausgeführt; so ergibt die erste Ableitung
  der Ausgangsgröße

$$\dot{y} = f_1 + \alpha z + u \qquad \longrightarrow \gamma = 1$$

mit der Forderung nach einer linearen Kanaldynamik in rein integrierender Form

$$\dot{y} = v$$

die statische Rückführung (3.27)

$$u = v - \alpha z - f_1$$

und letztlich das Deskriptormodell des Gesamtsystems:

$$\dot{x}_1 = v$$
$$\dot{x}_2 = f_2(x_1, x_2) + b(v - \alpha z - f_1)$$
$$0 = g_1 + (1 - \alpha\beta)z + \beta(v - f_1)$$
$$y = x_1$$

Falls nun für die Modellparameter $\alpha\beta = 1$ gilt, fällt die Variable z aus der algebraischen
Gleichung des Gesamtsystems heraus, so dass zu ihrer Ermittlung eine Differentiation
der algebraischen Gleichung erforderlich ist:

$$0 = \dot{g}_1 + \beta(\dot{v} - \dot{f}_1) \qquad \longrightarrow k > 1$$

Der geschlossene Kreis ist wegen dieser Index-Erhöhung $k > 1$ nicht mehr realisier-
bar; dies erkennt man daran, dass die aus obiger Gleichung resultierende algebraische

Variable[11] $z = z(x_1, x_2, z, v, \dot{v})$ wegen der Abhängigkeit von $\dot{v}$ nicht mehr realisierbar ist (vgl. Definition 1.2).

- *Dieses Ergebnis steht im Einklang mit der Behauptung 3.2, nach der das Gesamtsystem regulär und realisierbar ist, wenn*

$$\frac{\partial g_0}{\partial z} + \frac{\partial g_0}{\partial u}\frac{\partial u}{\partial z} = \frac{\partial g}{\partial z} + \frac{\partial g}{\partial u}\frac{\partial u}{\partial z} = 1 - \alpha\beta \neq 0$$

gilt.

- *Die Entwurfsgleichung (3.27) lautet in diesem Beispiel $u = v - \alpha z - f_1$ und die implizite Entwurfsgleichung (3.35), nämlich $f_1 - \alpha g_1 + (1 - \alpha\beta)u = v$, besitzt keine Lösung für u wenn $1 - \alpha\beta = 0$ gilt, was im Einklang mit der Behauptung 3.3 steht, weil*

$$(\mathbf{M}^{\gamma}\mathbf{c})' = (M^1 y)' = 1 - \alpha\beta$$

gilt.

- *Eine dynamisch erweiterte Rückführung führt auch nicht zum Ziel, weil die Entkoppelmatrix (3.26) in Form des Skalars $(M^1 y)' = 1 - \alpha\beta$ für $\alpha\beta = 1$ ebenfalls verschwindet. Eine Lösung mit einer statischen Rückkopplung kann erst über die Wahl einer anderen Ausgangsgröße, z. B. $y = x_2$ erzielt werden.* ◇

3.4.3 Linearisierung und Entkopplung am Beispiel der Gasmischanlage

Im Abschn. 1.3.3 wurde eine Anlage zur Mischung von trockenem und feuchtem Wasserstoffgas zur Bereitstellung eines Mischgases in vorgebbarer Menge und Feuchte modelliert; die wesentlichen dynamischen Eigenschaften der Anlage wurden mit dem Deskriptormodell (1.28) beschrieben. Mit Hilfe der Systemgrößen

$$\mathbf{x}^T := [x_1, x_2]^T, \ \mathbf{z}^T := [z_1, z_2]^T, \ \mathbf{u}^T := [u_1, u_2]^T \ \text{und} \ \mathbf{y}^T := [y_1, y_2]^T$$

lautet es:

$$\dot{\mathbf{x}} = \frac{1}{T}\mathbf{u} \tag{3.37a}$$

$$\mathbf{0} = \mathbf{g}(\mathbf{x}, \mathbf{z}) = \begin{bmatrix} g_1 \\ g_2 \end{bmatrix} = \begin{bmatrix} c_{R1}z_1^2 + c_V\psi(x_1)z_1^q + c_R(z_1 + z_2)^2 - \Delta p \\ c_{R2}z_2^2 + c_V\psi(x_2)z_2^q + c_R(z_1 + z_2)^2 - \Delta p \end{bmatrix} \tag{3.37b}$$

$$\mathbf{y} = \mathbf{c}(\mathbf{z}) = \begin{bmatrix} c_1 \\ c_2 \end{bmatrix} = \begin{bmatrix} \dfrac{f_1 z_1 + f_2 z_2}{z_1 + z_2} \\ z_1 + z_2 \end{bmatrix} \tag{3.37c}$$

---

[11]Für die Existenz des Ausdrucks muss $\partial g_1/\partial x_2 \neq \beta \partial f_1/\partial x_2$ gelten, was nach umfangreichen Rechnungen folgt.

Die Aufgabe besteht darin, Folgeregelungen für die beiden Regelgrößen y_1 (Feuchte des Mischgases) und y_2 (Menge des Mischgases) so zu entwerfen, dass die Anlage im gesamten Betriebsbereich der Ventilöffnungsgrade $0 \leq x_1, x_2 \leq 1$ ein gewünschtes Sollverhalten aufweist. Hierfür ist es zweckmäßig, das E/A-Verhalten der Anlage auf der Basis des Deskriptormodells (3.37) erst zu entkoppeln und zu linearisieren, um darauf aufbauend einen linearen Regler zu entwerfen. In diesem Abschnitt wird aber nicht auf die Lösung der regelungstechnischen Aufgabe eingegangen; vielmehr ist das Hauptaugenmerk dem Linearisierungs- und Entkopplungsproblem gewidmet.

Es geht also um die Konstruktion einer Rückführung mit zwei *externen* Eingangsgrößen v_1 und v_2 (zusammengefasst im Vektor $\mathbf{v} = [v_1, v_2]^T$), so dass sich zwischen ihnen und den beiden Regelgrößen y_1 und y_2 eine (mit nominellen Parametern) lineare und entkoppelte E/A-Dynamik einstellt:

$$\mathbf{y}(s) = \begin{bmatrix} G_1(s) & 0 \\ 0 & G_2(s) \end{bmatrix} \mathbf{v}(s) \tag{3.38}$$

Was ist zu tun?
Die Ermittlung einer geeigneten Rückführung folgt dem Konstruktionsschema des Abschn. 3.4.2; betrachtet man die konkreten Rechenschritte der rudimentären 3-Schritt-Prozedur, wird rasch deutlich, dass der Einsatz eines Computer-Algebra-Systems zur rekursiven Bildung der Operatoren $N^\nu c$ und $M^\nu c$ unerlässlich ist. Ein Blick auf die Vorschriften (3.12), (3.13) und (3.14) zur Berechnung der genannten Operatoren zeigt indessen, dass im Vorfeld die algebraische Gleichung $\mathbf{0} = \mathbf{g}_{k-1}(\mathbf{x}, \mathbf{z})$ mit regulärer JACOBI-Matrix bezüglich $\mathbf{z}$ zu ermitteln ist – diese Aufgabe wird für reguläre und realisierbare Deskriptormodelle vom *Modifizierten Shuffle-Algorithmus* gemäß Abschn. 2.2.3 gelöst.

Es folgt nun eine Zusammenfassung des Berechnungsganges, aufgeteilt in drei durch gekennzeichnete Aufgabenbereiche:
Modifizierter Shuffle-Algorithmus,
Schritt 1 und
Schritte 2 plus 3 der rudimentären 3-Schrittprozedur.

• Bestimmung der Gleichungsindizes k_1 und k_2 nach Definition 2.4 und des Indexes k nach Definition 2.1 mit dem *Modifizierten Shuffle-Algorithmus*:
Mit Unterstützung eines Computer-Algebra-Programmes ist ohne großen Aufwand ersichtlich, dass die Bedingungen der Gl. (2.24) zur Bestimmung der Gleichungsindizes bereits für den Startwert $j = 1$ erfüllt sind, sofern $z_1 \neq 0$ und $z_2 \neq 0$ gilt (**1. Bedingung:** beide Ventile sind geöffnet) – das bedeutet für die Indizes $k_1 = k_2 = k = 1$ und für die algebraische Gleichung

$$\mathbf{0} = \mathbf{g}_{k-1}(\mathbf{x}, \mathbf{z}, \mathbf{u}) = \mathbf{g}_0(\mathbf{x}, \mathbf{z}, \mathbf{u}) = \mathbf{g}(\mathbf{x}, \mathbf{z}).$$

Die gegebene algebraische Gl. (3.37b) besitzt eine reguläre JACOBI-Matrix $\partial \mathbf{g}/\partial \mathbf{z}$; das DAE-System enthält keine weitere Gleichung, die die „Bewegungsmöglichkeit" einschränken könnte, sodass in Gl. (2.30) $\tilde{\mathbf{g}} = \mathbf{g}$ gilt – ein Kennzeichen von Index-1-Modellen.

- Bestimmung der Ableitungen der Ausgangsgrößen und der zugehörigen Ableitungsgrade:
  Es sind die Ableitungen beider Ausgangsgrößen zu bilden, um deren allgemeine Struktur (3.18) für die konkrete Aufgabe zu spezifizieren. Dazu ist das Ableitungsprozedere (3.16) unter Beachtung der Definition (3.15) für die Ableitungsgrade zu durchlaufen; zu diesem Zweck werden die Operatorausdrücke

$$
\begin{array}{lll}
N^0 c_1 & N^0 c_2 & \dots \text{Gl. (3.12)} \\
(N^0 c_1)' & (N^0 c_2)' & \dots \text{Gl. (3.13)} \\
(M^0 c_1)' & (M^0 c_2)' & \dots \text{Gl. (3.14)}
\end{array}
$$

benötigt; sie sind in der angegebenen Reihenfolge zu berechnen. Zur Überprüfung der Einsatztauglichkeit des Entwurfs gemäß Gl. (3.36) empfiehlt es sich, bereits an dieser Stelle die Berechnungsreihe für die Operatorenausdrücke

$$
\begin{array}{lll}
N^1 c_1 & N^1 c_2 & \dots \text{Gl. (3.12)} \\
(N^1 c_1)' & (N^1 c_2)' & \dots \text{Gl. (3.13)} \\
(M^1 c_1)' & (M^1 c_2)' & \dots \text{Gl. (3.14)}
\end{array}
$$

fortzusetzen.

Mit Unterstützung eines Computer-Algebra-Programmes ist auch hier ohne großen Aufwand feststellbar, dass die Bedingungen der Gl. (3.15) zur Ermittlung der Ableitungsgrade bereits für den Startwert $j = 1$ mit

$$
(N^0 c_i)' \, \mathbf{B} \neq \mathbf{0}^T \quad \text{und} \quad (M^0 c_i)' = \mathbf{0}^T \quad \text{für} \quad i = 1, 2
$$

erfüllt sind, falls neben der 1. Bedingung auch $f_1 \neq f_2$ gilt (**2. Bedingung:** Feucht- und Trockengas haben unterschiedlichen Feuchtegehalt) – das bedeutet für die Ableitungsgrade $\gamma_1 = \gamma_2 = 1$ und für die ersten Ableitungen der beiden Ausgangsgrößen

$$
\dot{y}_i = (N^0 c_i)' \, \frac{1}{T} \, \mathbf{u} \quad \text{für} \quad i = 1, 2.
$$

- Konstruktion der Rückführung:
  Ein Vergleich des Ableitungsergebnisses mit der allgemeinen Struktur (3.18) zeigt, dass sich hier für $\hat{\mathbf{c}} = \mathbf{0}$ und für $\widetilde{\mathbf{D}} = \mathbf{0}$ ergibt und die statische Entkoppelmatrix

$$
\widehat{\mathbf{D}} = \frac{1}{T} \begin{bmatrix} (N^0 c_1)' \\ (N^0 c_2)' \end{bmatrix}
$$

lautet; sie ist unter den beiden obigen Bedingungen regulär, d. h. es gilt $\hat{r} = \text{rang}\{\widehat{\mathbf{D}}\} = m = 2$. Demzufolge existiert der vektorielle Ableitungsgrad nach Def. 3.3 und mit $\tilde{r} = 0$

ist der Einstieg in den Abschn. 3.4.2.3 zur Berechnung einer statischen Rückführung geebnet.

Mit der Wahl der Entwurfsparameter $\widehat{\boldsymbol{\alpha}} = \boldsymbol{0}$ und $\boldsymbol{\Lambda} = \mathbf{E}$ wird eine „rein" integrierende Dynamik in beiden entkoppelten Kanälen gefordert (in der E/A-Beschreibung (3.38) ist $G_1(s) = G_2(s) = 1/s$); dazu liefert die Entwurfsgleichung (3.27) die folgende statische Rückführung (Abb. 3.5):

$$
\mathbf{u}(\mathbf{x}, \mathbf{z}, \mathbf{v}) = \widehat{\mathbf{D}}^{-1}(\mathbf{x}, \mathbf{z}) \, \mathbf{v} = \begin{bmatrix} \rho_1 & -\varrho_1 \\ -\rho_2 & -\varrho_2 \end{bmatrix} \begin{bmatrix} v_1 \\ v_2 \end{bmatrix}
$$

$$
\text{mit} \quad \rho_i = T \frac{(z_1 + z_2)(c_V q z_i^q \psi(x_i) + 2c_{Ri} z_i^2)}{c_V(f_2 - f_1) z_i^{q+1} \psi'(x_i)}, \tag{3.39}
$$

$$
\varrho_i = T \frac{2c_R(z_1 + z_2)^2 + c_V q z_i^q \psi(x_i) + 2c_{Ri} z_i^2}{c_V(z_1 + z_2) z_i^q \psi'(x_i)}
$$

$$
\text{und} \quad \psi'(x_i) = \partial \psi(x_i)/\partial x_i
$$

Die Matrix (3.36)

$$
(\mathbf{M}^\nu \mathbf{c})' := \begin{bmatrix} (M^1 c_1)' \\ (M^1 c_2)' \end{bmatrix}
$$

ist unter den beiden obigen Bedingungen regulär; wäre sie singulär, würde gemäß Behauptung 3.3 die Zustandsrückführung (3.39) nicht existieren; unter solchen Umständen könnte die algebraische Variable $\mathbf{z}$ die Wirkung der Eingangsgröße $\mathbf{u}$ auf den Prozess kompensieren.

Kommentar zur Realisierung
Eine Realisierung der statischen Rückführung (3.39) verlangt die Kenntnis der Werte von $\mathbf{x}$ und $\mathbf{z}$. Die Ventil-Öffnungsgrade x_1, x_2 werden in der Anlage potentiometrisch gemessen,

Abb. 3.5 Struktur der Rückführung

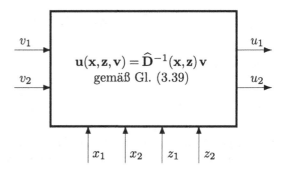

die algebraischen Variablen z_1, z_2, das sind die Volumenflüsse Q_1, Q_2 durch die Ventile, werden in der Anlage nicht gemessen[12].

Eine Möglichkeit auf messtechnisch nicht erfasste Größen zugreifen zu können, ist ihre Schätzung mit Hilfe eines Beobachters. Der Entwurf von Beobachtern auf der Grundlage von mathematischen Modellen in Zustandsform gehört zu den Standardaufgaben der Regelungstechnik; nicht jedoch der Beobachterentwurf für Deskriptormodelle. In [78] wurde eine Methode für den Beobachterentwurf für nichtlineare eingangsaffine Deskriptormodelle in semi-expliziter Form entwickelt; diese Methode wird hier Gegenstand des Kap. 4 sein.

---

[12] Stünden solche Messwerte zur Verfügung, könnten sie für den Betrieb von zwei getrennten Mengenregelkreisen eingesetzt werden, wenn hierfür die Sollwerte $Q_{1,s}$, $Q_{2,s}$ aus den Knotengleichungen (1.23) bei vorgegebenen Referenzwerten Q_r, f_r für die Menge und Feuchte des Mischgases ermittelt werden. Unter solchen Umständen wäre eine Linearisierungs- und Entkopplungseinrichtung nicht erforderlich.

Beobachter für Deskriptormodelle

Im vorangegangenen Kapitel wurde herausgearbeitet, dass durch eine geeignet konstruierte Rückführung das E/A-Verhalten von Mehrgrößenmodellen in Deskriptorform (bei nominellen Parametern exakt) linearisiert und entkoppelt werden kann. Unabhängig davon, ob es sich um eine dynamische Rückführung (3.24) oder um eine statische Rückführung (3.27) handelt, ist zu ihrer Realisierung (ob als Gerät oder als Algorithmus ist unerheblich) i. A. die Kenntnis der Deskriptorvariablen erforderlich – das heißt, diese müssen als Messgrößen vorliegen. Bei vielen Anwendungen stößt man dabei aber auf gewisse Restriktionen, weil der Einbau einer Messeinrichtung als zu kostspielig, zu umständlich oder einfach als nicht opportun angesehen wird; abgesehen von Einzelanwendungen ist also davon auszugehen, dass nicht alle benötigten Deskriptorvariablen einer Messung zugänglich sind.

Dieser Umstand führt sogleich auf die Frage, wie aus den gemessenen Deskriptorvariablen alle benötigten Deskriptorvariablen rekonstruiert bzw. geschätzt werden können. Die Lösung dieses Problems gehört für lineare Modelle in Zustandsform zu den Standardverfahren der Regelungstechnik, für nichtlineare Modelle in Zustandsform ist die Lösung bereits weit verbreitet auf einem hohen systemtheoretischen Niveau während es für nichtlineare Deskriptormodelle erste Ansätze für die Klasse der eingangsaffinen semi-expliziten Modelle gibt [78]. Die folgenden Abschnitte sind der Aufarbeitung dieser Ansätze gewidmet.

Kernstück des Entwurfes ist eine Beobachterstruktur auf der Basis eines LUENBERGER-Beobachters, dessen Parametrierung ein lineares Prozessmodell erfordert. Ein derartiges Modell wird über den Entwurf einer geeigneten Rückführung mit den Methoden aus dem Kapitel 3 bereitgestellt; es ist ein rückgekoppeltes Gesamtsystem mit linearer und entkoppelter E/A-Dynamik (vgl. Abb. 3.1). Diese Beschreibung im Frequenzbereich ist aber für den Beobachterentwurf ungeeignet, zweckdienlicher ist ein Modell im Zeitbereich. Die Erstellung eines geeigneten Modells im Zeitbereich durch eine Variablen-Transformation (konkret ist es die Transformation in die BYRNES-ISIDORI-Normalform) offenbart eine **erste Schwierigkeit,** weil sie bei Deskriptormodellen immer auf ein mathematisches Modell mit nichtbeobachtbarer interner Dynamik (unter gewissen Bedingungen auch als Nulldynamik bezeichnet) führt; sie ist nämlich verknüpft mit der Frage nach der Existenz der Lösung von partiellen Differentialgleichungen. Zusätzlich hängt der Erfolg des Beobachterentwurfs von der asymptotischen Stabilität der Ruhelage der Nulldynamik ab.

Es wird sich zeigen, dass ein erfolgreich entworfener Beobachter in der Normalform eine Fehlerdynamik besitzt, die neben dem linearen Anteil, dem über die LUENBERGER-Verstärkung asymptotische Stabilität aufgeprägt wird, auch noch einen nichtlinearen Anteil besitzt, der allerdings verschwindet, wenn der Schätzfehler nach Null strebt. Hier ist mit Methoden aus der nichtlinearen Systemtheorie zu untersuchen, unter welchen Bedingungen die Fehlerdynamik eine asymptotisch stabile Ruhelage besitzt, bzw. die Fehlerkonvergenz vom linearen Anteil dominiert wird.

Für die Konvertierung der Beobachterstruktur von der Normalform in die ursprüngliche semi-explizite Deskriptorform benötigt man allerdings zur Umrechnung der Beobachterverstärkung die vollständige Transformation in die BYRNES-ISIDORI-Normalform, die, wie schon erwähnt, die Lösung von partiellen Differentialgleichungen erfordert. In diesem Zusammenhang wird noch gezeigt, dass die Verstärkung auch ermittelt werden kann mit einer reduzierten Transformation, welche die Lösung der partiellen Differentialgleichungen nicht erfordert.

Ein wesentlicher Aspekt ist in der bislang besprochenen Beobachterentwicklung noch nicht berücksichtigt: die Fehlerdynamik wird durch nicht erfüllte Zwangsbedingungen, also durch Abweichungen in den algebraischen Gleichungen, nicht beeinflusst; die Beobachtertrajektorie muss gewissermaßen noch auf die von den Zwangsbedingungen aufgespannte Mannigfaltigkeit gezwungen werden – dies ist die **zweite Schwierigkeit** beim Entwurf von Beobachtern für Deskriptormodelle. Sie erfordert eine weitere Korrektur im Beobachteransatz zur gezielten Beeinflussung des Schätzfehlers um die Einhaltung der Zwangsbedingungen zu gewährleisten.

Nach dieser Einleitung wird die konkrete Entwicklung der Beobachterstruktur für nichtlineare, eingangs-affine, reguläre und realisierbare Deskriptormodelle in drei Schwierigkeitskategorien angegangen:

- Eingrößenmodelle mit einem Index $k = 1$
- Eingrößenmodelle mit einem Index $k > 1$
- Mehrgrößenmodelle mit einem Index $k \geq 1$

4.1 SISO-Beobachter – Index k=1

Ein Zustandsbeobachter ist eine gerätetechnisch oder algorithmisch realisierte Einrichtung, die anhand eines Zustandsmodelles eines dynamischen Prozesses bei vorgegebenen (oder gemessenen) Eingangsgrößen und gemessenen Ausgangsgrößen die Zustandsgrößen des Prozesses schätzt; werden alle Zustandsgrößen geschätzt, spricht man von einem *vollständigen* Beobachter, andernfalls von einem *reduzierten* Beobachter, der nur diejenigen Zustandsgrößen schätzt, die nicht aus den Messgrößen ermittelt werden können. In jedem

Fall geht der klassische Beobachterentwurf davon aus, dass die zu schätzenden Größen differentielle Variablen des Prozessmodells sind.

Diese Vorbemerkung macht deutlich, dass bei der Schätzung von Deskriptorvariablen $\mathbf{w} = [\mathbf{x}^T, \mathbf{z}^T]^T$ das semi-explizite Deskriptor-Modell

$$\dot{\mathbf{x}} = \mathbf{a}(\mathbf{x}, \mathbf{z}) + \mathbf{b}(\mathbf{x}, \mathbf{z})\, u$$

$$\mathbf{0} = \mathbf{g}(\mathbf{x}, \mathbf{z}, u) \tag{4.1}$$

$$y = c(\mathbf{x}, \mathbf{z})$$

keine Grundlage für einen Beobachterentwurf sein kann; man muss auf das zugehörige explizite Modell aufbauen:

$$\dot{\mathbf{x}} = \mathbf{a} + \mathbf{b}\, u \tag{4.2}$$

$$\dot{\mathbf{z}} = -\left(\frac{\partial \mathbf{g}}{\partial \mathbf{z}}\right)^{-1} \left(\frac{\partial \mathbf{g}}{\partial \mathbf{x}}\, (\mathbf{a} + \mathbf{b}\, u) + \frac{\partial \mathbf{g}}{\partial u}\, \dot{u}\right)$$

$$y = c$$

Einschränkung der Modellklasse für den Beobachterentwurf

Die Formulierung des expliziten Modells (4.2) geht von einem regulären realisierbaren semi-expliziten Modell (4.1) aus – siehe dazu die Ausführungen im Abschn. 2.2. Das explizite Modell wird für den Beobachterentwurf zunächst mittels einer geeigneten Rückführung eingangs-ausgangs-linearisiert und anschließend in eine Form vergleichbar mit einem Zustandsmodell (zur Erinnerung: die Deskriptorvariablen sind i. A. keine Zustandsvariablen) gebracht; da das gewählte Entwurfsverfahren ein Auftreten der Ableitung $\dot{u}$ im Entwurfsmodell ausschließt, wird die weiterhin eingesetzte Modellklasse auf explizite Modelle ohne Einfluss von $\dot{u}$, also auf algebraische Gleichungen der Form $\mathbf{0} = \mathbf{g}(\mathbf{x}, \mathbf{z})$, eingeschränkt:

$$\dot{\mathbf{w}} = \begin{bmatrix} \dot{\mathbf{x}} \\ \dot{\mathbf{z}} \end{bmatrix} = \begin{bmatrix} \mathbf{a} + \mathbf{b}\, u \\ -\left(\frac{\partial \mathbf{g}}{\partial \mathbf{z}}\right)^{-1} \frac{\partial \mathbf{g}}{\partial \mathbf{x}}\, (\mathbf{a} + \mathbf{b}\, u) \end{bmatrix} = \widetilde{\mathbf{a}}(\mathbf{w}) + \widetilde{\mathbf{b}}(\mathbf{w})\, u$$

$$y = c(\mathbf{w}) \tag{4.3}$$

Konsequenterweise wird darüber hinaus die Modellklasse auf solche semi-explizite Modelle (4.1) eingeschränkt, deren E/A-Verhalten mit einer im Gesamtsystem realisierbaren statischen Rückführung

$$u = u(\mathbf{w}, v) = [(N^{\gamma-1})'\, \mathbf{b}]^{-1} \left(-(N^{\gamma-1})'\, \mathbf{a} - \sum_{\nu=0}^{\gamma-1} \alpha_\nu N^\nu c + \lambda v\right) =:$$

$$=: \widetilde{\alpha}(\mathbf{w}) + \widetilde{\beta}(\mathbf{w}) v \tag{4.4}$$

linearisiert werden kann – siehe dazu die Ausführungen im Abschn. 3.4.2.

Damit ist sichergestellt, dass das statisch rückgekoppelte Gesamtsystem eine lineare Dynamik im Kanal $v \to y$ besitzt, die im Frequenzbereich bei verschwindenden Anfangswerten durch die Übertragungsfunktion $G(s)$

$$y(s) = G(s)v(s) = \frac{\lambda}{s^{\gamma} + \alpha_{\gamma-1}s^{\gamma-1} + \ldots + \alpha_1 s + \alpha_0} v(s)$$

beschrieben werden kann; darin ist γ der zur Ausgangsgröße y gehörende Ableitungsgrad und $\lambda, \alpha_0, \ldots, \alpha_{\gamma-1}$ sind frei wählbare Konstanten[1].

4.1.1 Variablentransformation

Im expliziten Deskriptormodell (4.3) gilt $\dim\{\mathbf{w}\} = \hat{n} = n + p$ und $\gamma \leq \tilde{n} = n$; letzteres folgt aus Gl. (2.32) unter Beachtung, dass für Index-1-Modelle der Summenindex $k_S = p$ ist. Somit ist die dynamische Ordnung γ im linearisierten E/A-Verhalten stets kleiner als die dynamische Ordnung $\hat{n}$ des Gesamtsystems, so dass im Gesamtsystem neben der **Kanaldynamik** noch eine sogenannte **interne Dynamik** existiert.

Eine mögliche Darstellung der Struktur des Gesamtsystems zeigt Abb. 4.1; sie ist entstanden aus der Regelungsnormalform zur Übertragungsfunktion $G(s)$ der Kanaldynamik und bildet die Grundlage für den Übergang in die BYRNES-ISIDORI-Normalform [8, 9] zur Beschreibung der Dynamik des Gesamtsystems im Zeitbereich[2], die wiederum Ausgangspunkt für den Beobachter-Ansatz ist.

Aus dem Strukturbild 4.1 lassen sich als erstes die Differentialgleichungen

$$\begin{aligned}
\dot{\xi}_1 &= \xi_2 \\
\dot{\xi}_2 &= \xi_3 \\
&\vdots \\
\dot{\xi}_\gamma &= -\alpha_0 \xi_1 - \alpha_1 \xi_2 - \ldots - \alpha_{\gamma-1}\xi_\gamma + \lambda v \\
y &= \xi_1
\end{aligned} \tag{4.5}$$

zur Beschreibung der Kanaldynamik herauslesen. Des weiteren kann man unter Beachtung der Ableitungen (3.16a) der Ausgangsgröße y und den daraus folgenden Zuordnungen

$$\xi_\nu = N^{\nu-1}c(\mathbf{w}) \qquad \nu = 1, \ldots, \gamma \tag{4.6}$$

---

[1] Die oben erörterte Einschränkung der Modellklasse ergibt zusammen mit den Ausführungen des Abschn. 3.4.1, dass $\gamma = r$ gilt.

[2] Es ist unerheblich, dass hier im Unterschied zu den zitierten Originalarbeiten die Transformation in die Normalform für das Gesamtsystem und nicht für das gegebene explizite Modell betrachtet wird.

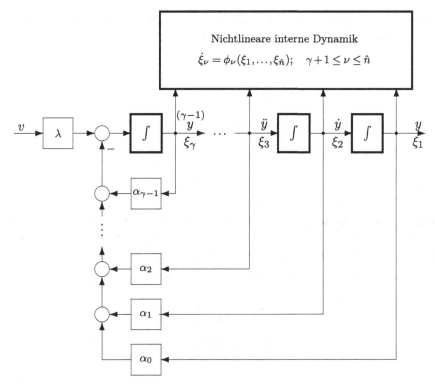

Abb. 4.1 Struktur der Kanaldynamik mit nichtlinearer interner Dynamik

einen ersten Teil der Transformation

$$\boldsymbol{\xi} = \boldsymbol{\varphi}(\mathbf{w}) = \begin{bmatrix} \varphi_1(\mathbf{w}) \\ \vdots \\ \varphi_\gamma(\mathbf{w}) \\ \varphi_{\gamma+1}(\mathbf{w}) \\ \vdots \\ \varphi_{\hat{n}}(\mathbf{w}) \end{bmatrix}$$

der Deskriptorvariablen $\mathbf{w}$ in die transformierten Variablen $\boldsymbol{\xi} = [\xi_1, \ldots, \xi_{\hat{n}}]^T$ entnehmen.

Für den noch ausstehenden zweiten Teil der Transformation

$$\xi_\nu = \varphi_\nu(\mathbf{w}) \qquad \nu = \gamma + 1, \ldots, \hat{n} \tag{4.7}$$

existieren immer Funktionen $\varphi_\nu(\mathbf{w})$, so dass $\boldsymbol{\xi} = \boldsymbol{\varphi}(\mathbf{w})$ ein zumindest lokaler Diffeomorphismus ist; das bedeutet, dass $\boldsymbol{\varphi}(\mathbf{w})$ invertierbar ist – es existiert also ein $\boldsymbol{\varphi}^{-1}(\boldsymbol{\xi})$ mit

$\varphi^{-1}(\varphi(\mathbf{w})) = \mathbf{w}$ – und dass sowohl $\varphi(\mathbf{w})$ als auch $\varphi^{-1}(\boldsymbol{\xi})$ glatte Abbildungen sind[3]. Zusammengefasst lautet die Transformation (der Diffeomorphismus):

$$\boldsymbol{\xi} = \varphi(\mathbf{w}) = \begin{bmatrix} N^0 c(\mathbf{w}) \\ \vdots \\ N^{\gamma-1} c(\mathbf{w}) \\ \varphi_{\gamma+1}(\mathbf{w}) \\ \vdots \\ \varphi_{\hat{n}}(\mathbf{w}) \end{bmatrix} \tag{4.8}$$

Zur Vervollständigung des mathematischen Modells in den transformierten Variablen $\boldsymbol{\xi}$ (bislang gibt es nur das Modell (4.5) der Kanaldynamik) sind die Transformationen (4.7) nach der Zeit abzuleiten – die Ableitungen werden nur der formalen Vollständigkeit wegen ausgeführt, denn die daraus folgenden Beziehungen (4.10)(4.11) brauchen nicht für den Beobachterentwurf ausgewertet zu werden (s. Anhang C.4):

$$\dot{\xi}_\nu = \frac{\partial \varphi_\nu}{\partial \mathbf{w}} \dot{\mathbf{w}} = \frac{\partial \varphi_\nu}{\partial \mathbf{w}} \widetilde{\mathbf{a}}(\mathbf{w}) + \frac{\partial \varphi_\nu}{\partial \mathbf{w}} \widetilde{\mathbf{b}}(\mathbf{w}) u$$

$$= \frac{\partial \varphi_\nu}{\partial \mathbf{w}} \left(\widetilde{\mathbf{a}}(\mathbf{w}) + \widetilde{\mathbf{b}}(\mathbf{w}) \widetilde{\alpha}(\mathbf{w}) \right) + \frac{\partial \varphi_\nu}{\partial \mathbf{w}} \widetilde{\mathbf{b}}(\mathbf{w}) \widetilde{\beta}(\mathbf{w}) v$$

$$\nu = \gamma + 1, \ldots, \hat{n}$$

Obige Differentialgleichungen werden zur besseren Lesbarkeit der Struktur zusätzlich ohne Argument angeschrieben:

$$\dot{\xi}_\nu = \frac{\partial \varphi_\nu}{\partial \mathbf{w}} \left(\widetilde{\mathbf{a}} + \widetilde{\mathbf{b}} \widetilde{\alpha} \right) + \frac{\partial \varphi_\nu}{\partial \mathbf{w}} \widetilde{\mathbf{b}} \widetilde{\beta} v \qquad \nu = \gamma + 1, \ldots, \hat{n} \tag{4.9}$$

Der Literatur [31] ist zu entnehmen, dass die Funktionen $\varphi_\nu(\mathbf{w})$, $\nu = \gamma + 1, \ldots, \hat{n}$ immer so gewählt werden können, dass

$$\frac{\partial \varphi_\nu}{\partial \mathbf{w}} \widetilde{\mathbf{b}}(\mathbf{w}) \widetilde{\beta}(\mathbf{w}) = 0 \qquad \nu = \gamma + 1, \ldots, \hat{n} \tag{4.10}$$

gilt; es ist also prinzipiell immer möglich, den zweiten Teil des mathematischen Modells in den transformierten Variablen $\boldsymbol{\xi}$ unabhängig von der externen Eingangsgröße v zu gestalten. Es sei aber darauf hingewiesen, dass damit die Bestimmung der Transformation (4.8) an die

---

[3]Der Beweis ist in der Literatur zur exakten Linearisierung von Zustandsmodellen nachzulesen (z. B. [31] oder Anhang C.4); in diesem Zusammenhang wird darauf hingewiesen, dass für die Belange eines Beobachterentwurfs das explizite Deskriptormodell (4.3) wie ein Zustandsmodell behandelt werden kann, weil für den Betrieb des Beobachters die Anfangswerte nicht zwingend konsistent vorgegeben werden müssen.

mitunter problematische Lösung[4] der partiellen Differentialgleichungen (4.10) gebunden ist [33]. Mit der Abkürzung

$$\left. \frac{\partial \varphi_\nu}{\partial \mathbf{w}} \left(\widetilde{\mathbf{a}}(\mathbf{w}) + \widetilde{\mathbf{b}}(\mathbf{w}) \widetilde{\alpha}(\mathbf{w}) \right) \right|_{\mathbf{w} = \boldsymbol{\varphi}^{-1}(\boldsymbol{\xi})} =: \phi_\nu(\boldsymbol{\xi}) \qquad \nu = \gamma + 1, \ldots, \hat{n} \qquad (4.11)$$

lauten die Differentialgleichungen, die die nichtlineare interne Dynamik (siehe Abb. 4.1) beschreiben:

$$\dot{\xi}_\nu = \phi_\nu(\boldsymbol{\xi}) \qquad \nu = \gamma + 1, \ldots, \hat{n} \qquad (4.12)$$

Beide Modellteile (4.5) und (4.12) zusammengenommen bilden die gesuchte Normalform des rückgekoppelten Gesamtsystems.

4.1.2   Interne Dynamik und Nulldynamik

Die Normalform spaltet das mathematische Modell des Gesamtsystems (explizites Modell (4.3) und statische Rückführung (4.4)) in zwei Anteile auf, und es ist für ihren weiteren Gebrauch vorteilhaft, beide Teile auch symbolisch auseinander zu halten: der erste Teil der transformierten Variablen, die die lineare **Kanaldynamik** beschreiben, wird im Vektor $\boldsymbol{\zeta} = [\xi_1, \ldots, \xi_\gamma]^T$ und der zweite Teil, der die **interne Dynamik** beschreibt, im Vektor $\boldsymbol{\eta} = [\xi_{\gamma+1}, \ldots, \xi_{\hat{n}}]^T$ zusammengefasst; damit kann die Normalform kompakt angeschrieben werden:

$$\dot{\boldsymbol{\zeta}} = \mathbf{A}\boldsymbol{\zeta} + \mathbf{b}\, \upsilon \qquad (4.13a)$$

$$\dot{\boldsymbol{\eta}} = \boldsymbol{\phi}(\boldsymbol{\zeta}, \boldsymbol{\eta}) \qquad (4.13b)$$

$$y = \mathbf{c}^T \boldsymbol{\zeta} \qquad (4.13c)$$

mit[5]

$$\mathbf{A} = \begin{bmatrix} 0 & 1 & 0 & \ldots & 0 \\ 0 & 0 & 1 & \ldots & 0 \\ \vdots & & & \ddots & \vdots \\ 0 & 0 & 0 & \ldots & 1 \\ -\alpha_0 & -\alpha_1 & -\alpha_2 & \ldots & -\alpha_{\gamma-1} \end{bmatrix}, \ \mathbf{b} = \begin{bmatrix} 0 \\ 0 \\ \vdots \\ 0 \\ \lambda \end{bmatrix}, \ \mathbf{c} = \begin{bmatrix} 1 \\ 0 \\ \vdots \\ 0 \\ 0 \end{bmatrix}, \ \boldsymbol{\phi} = \begin{bmatrix} \phi_{\gamma+1} \\ \phi_{\gamma+2} \\ \vdots \\ \phi_{\hat{n}-1} \\ \phi_{\hat{n}} \end{bmatrix}$$

---

[4]Sollte die Konstruktion dieser Lösungen scheitern, dann hängt die interne Dynamik von υ ab (siehe Gl. (4.9)). Dies führt auf eine Normalform, in der nicht nur die Kanaldynamik sondern auch die interne Dynamik von der externen Einganggröße abhängt.

[5]Damit liegt die Dynamikmatrix der Kanaldynamik in Begleitform vor.

Anhand der Normalform (4.13) ist erkennbar, dass die interne Dynamik (4.13b) nicht beobachtbar ist, denn η hat keinen direkten Einfluss auf den Ausgang (4.13c) und auch keinen indirekten, weil η in der Kanaldynamik (4.13a) nicht aufscheint.

Offensichtlich ist die Einsatztauglichkeit des rückgekoppelten Gesamtsystems (ob im Betrieb oder als Grundlage für den Beobachterentwurf ist unerheblich) entscheidend mit dem Stabilitätsverhalten der internen Dynamik verknüpft; zu dessen Beurteilung wird die sogenannte **Nulldynamik** herangezogen. Sie ist die spezielle interne Dynamik, die sich ausprägt, wenn sie von der Kanaldynamik nicht beeinflusst wird – wenn also mit Blick auf Abb. 4.1 die interne Dynamik völlig frei ist, d. h. $\xi_1(t) = \xi_2(t) = \cdots = \xi_\gamma(t) = v(t) \equiv 0$ für alle Zeiten t gilt. Wird dies in die Dgl. (4.13b) der internen Dynamik eingesetzt, verbleibt

$$\dot{\eta} = \phi(\mathbf{0}, \eta) \tag{4.14}$$

als mathematisches Modell der Nulldynamik. Der Stabilitätscharakter ihrer Ruhelage(n) η_R mit

$$\mathbf{0} = \phi(\mathbf{0}, \eta_R)$$

ist entscheidend für die Einsetzbarkeit des rückgekoppelten Gesamtsystems. Im Allgemeinen besitzt die nichtlineare Nulldynamik (4.14) mehrere Ruhelagen und man wird fordern müssen, dass die für den Einsatz des Gesamtsystems maßgebliche Ruhelage asymptotisch stabil ist[6]. Aus der Theorie nichtlinearer Systeme sind etliche Methoden bekannt, eine Ruhelage auf die Eigenschaft der asymptotischen Stabilität zu überprüfen [1, 26, 82].

4.1.3 Beobachter-Ansatz

Dieser Abschnitt beginnt mit einem Ansatz für einen LUENBERGER-Beobachter für das explizite Modell (4.3) mit der statischen Rückführung (4.4) – links in Abb. 4.2 – anhand der BYRNES-ISIDORI-Normalform (4.13) – rechts in Abb. 4.2; es wird dabei vorausgesetzt, dass die zu beachtende Nulldynamik eine asymptotisch stabile Ruhelage besitzt. Ansätze für solche Normalform-Beobachter finden sich z. B. in [54, 84].

Der „zu entwerfende Beobachter" in Abb. 4.2 wird allerdings von der Prozesseingangsgröße u und nicht von der externen Eingangsgröße v getrieben; deswegen ist es angebracht, für den Beobachterentwurf auf die BYRNES- ISIDORI-Normalform des nicht rückgekoppelten Prozessmodells zurückzugreifen. Zu diesem Zweck ist die Eingangstransformation (4.4) $v \to u$ zu invertieren

$$v = \frac{u - \widetilde{\alpha}(\mathbf{w})}{\widetilde{\beta}(\mathbf{w})} = \frac{u - \widetilde{\alpha}(\varphi^{-1}(\xi))}{\widetilde{\beta}(\varphi^{-1}(\xi))} =: \alpha(\xi) + \beta(\xi)u \tag{4.15}$$

---

[6]Eine Ruhelage der Nulldynamik ist in der Variablen ξ durch $\xi_R = [\zeta_R^T, \eta_R^T]^T = [\mathbf{0}^T, \eta_R^T]^T = \varphi(\mathbf{w}_R)$ gegeben; zu ihr gehört mit $\mathbf{w}_R = \varphi^{-1}(\xi_R)$ eindeutig eine Ruhelage in der ursprünglichen Variablen $\mathbf{w}$.

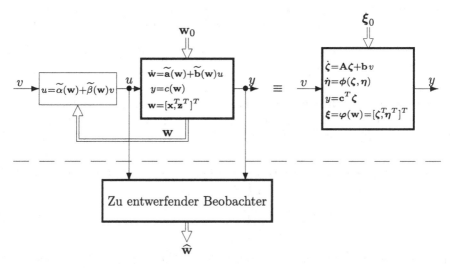

Abb. 4.2 Rückgekoppeltes explizites Modell mit zugehöriger BYRNES- ISIDORI-Normalform und Anbindung des noch zu entwerfenden Beobachters an das Prozessmodell

und in die Normalform (4.13) einzusetzen; das transformierte Prozessmodell für den Beobachterentwurf lautet dann:

$$\dot{\zeta} = \mathbf{A}\zeta + \mathbf{b}\left(\alpha(\zeta, \eta) + \beta(\zeta, \eta)u\right) \tag{4.16a}$$

$$\dot{\eta} = \boldsymbol{\phi}(\zeta, \eta) \tag{4.16b}$$

$$y = \mathbf{c}^T \zeta \tag{4.16c}$$

Für das Paar $(\mathbf{A}, \mathbf{b})$ ergibt sich im Zuge dieser Umformung:

$$\mathbf{A} = \begin{bmatrix} 0\ 1\ 0 \ldots 0 \\ \vdots \quad \ddots \quad \vdots \\ 0\ 0\ 0 \ldots 1 \\ 0\ 0\ 0 \ldots 0 \end{bmatrix}, \quad \mathbf{b} = \begin{bmatrix} 0 \\ \vdots \\ 0 \\ 1 \end{bmatrix} \tag{4.17}$$

Für den „zu entwerfenden Beobachter" in Abb. 4.2 wird von einen LUENBERGER-Ansatz mit konstanter Beobachterverstärkung $\mathbf{k} = [k_1, \ldots, k_\gamma]^T$ für das beobachtbare Teilsystem (4.16a), (4.16c) ausgegangen[7]:

---

[7]Es sei darauf hingewiesen, dass hier eine inkonsistente Verwendung von Symbolen vorliegt: die Verstärkungsfaktoren k_i sind nicht mit den Gleichungsindizes zu verwechseln.

$$\dot{\hat{\zeta}} = \mathbf{A}\hat{\zeta} + \mathbf{b}\left(\alpha(\hat{\zeta},\hat{\eta}) + \beta(\hat{\zeta},\hat{\eta})u\right) + \mathbf{k}(y - \hat{y}) \tag{4.18a}$$

$$\dot{\hat{\eta}} = \boldsymbol{\phi}(\hat{\zeta},\hat{\eta}) \tag{4.18b}$$

$$\hat{y} = \mathbf{c}^T\hat{\zeta} \tag{4.18c}$$

Im Beobachteransatz (4.18) sind mit $\hat{\zeta}$, $\hat{\eta}$ und $\hat{y}$ die Schätzwerte der transformierten Variablen ζ, η bzw. der Ausgangsgröße y erfasst. Der Beobachterfehler $\mathbf{e} := \hat{\zeta} - \zeta$ genügt dann der nichtlinearen Differentialgleichung

$$\dot{\mathbf{e}} = \begin{bmatrix} (\mathbf{A} - \mathbf{kc}^T)\mathbf{e}_\zeta + \mathbf{b}\left(\alpha(\hat{\zeta},\hat{\eta}) + \beta(\hat{\zeta},\hat{\eta})u - \alpha(\zeta,\eta) - \beta(\zeta,\eta)u\right) \\ \boldsymbol{\phi}(\hat{\zeta},\hat{\eta}) - \boldsymbol{\phi}(\zeta,\eta) \end{bmatrix}$$

$$\text{mit}\quad \mathbf{e} = \begin{bmatrix} \mathbf{e}_\zeta \\ \mathbf{e}_\eta \end{bmatrix} = \begin{bmatrix} \hat{\zeta} - \zeta \\ \hat{\eta} - \eta \end{bmatrix} \tag{4.19}$$

Offensichtlich ist $\mathbf{e} = \mathbf{0} =: \mathbf{e}_R$ eine Ruhelage der Fehlerdynamik. Auch wenn die Beobachterverstärkung $\mathbf{k}$ so gewählt wird, dass $(\mathbf{A} - \mathbf{kc}^T)$ eine HURWITZ-Matrix wird, ist die Ruhelage i. A. nicht asymptotisch stabil, weil die Fehlerdynamik von nichtlinearen Anteilen beeinflusst wird, die zudem von der Eingangsgröße u abhängen. Um in den nachfolgenden Abschnitten den Stabilitätscharakter dieser Ruhelage mit Hilfe der LJAPUNOV-Theorie bestimmen zu können, wird selbstverständlich angenommen, dass die rechte Seite der Dgl. (4.19) den Bedingungen des Anhangs B.5 für die Existenz einer eindeutigen Lösung genügt.

4.1.4 Modifizierter Beobachter

Der bislang entwickelte Beobachter (4.18) hat mit Einbindung der inversen Eingangstransformation (4.15) eine Struktur gemäß Abb. 4.3. In dieser Form wird noch die (vollständige) Variablentransformation (4.8), d. h. $\xi = \boldsymbol{\varphi}(\mathbf{w})$, benötigt. Wünschenswert ist eine reduzierte Transformation ohne die Funktionen (4.7), d. h. $\xi_\nu = \varphi_\nu(\mathbf{w})$ mit $\nu = \gamma + 1, \ldots, \hat{n}$, weil sie unter Umständen nur mit hohem Aufwand zu ermitteln sind.

Zunächst ist es aber zweckmäßig, die vollständige Transformation anzuwenden, um damit den Beobachter aus der ξ-Darstellung in die $\mathbf{w}$-Darstellung zu bringen; dazu wird die zeitliche Ableitung

$$\dot{\xi} = \frac{\partial\boldsymbol{\varphi}}{\partial\mathbf{w}}\dot{\mathbf{w}} =: \mathbf{Q}(\mathbf{w})\dot{\mathbf{w}} \tag{4.20}$$

benötigt – hierin ist $\mathbf{Q}$ die JACOBI-Matrix der Transformation auf die Normalform[8] (4.13).

---

[8] Angewandt auf lineare Zustandsmodelle der Ordnung n mit einer Graddifferenz n in der Übertragungsfunktion ergäbe diese Berechnungsvorschrift die KALMAN-Beobachtbarkeitsmatrix.

Variablentransformation im Beobachter

Aus dem dynamischen Teil des Beobachters in der Abb. 4.3

$$\dot{\hat{\boldsymbol{\xi}}} = \begin{bmatrix} \mathbf{A}\hat{\boldsymbol{\zeta}} + \mathbf{b}\,\hat{v} \\ \boldsymbol{\phi}(\hat{\boldsymbol{\zeta}}, \hat{\boldsymbol{\eta}}) \end{bmatrix} + \begin{bmatrix} \mathbf{k} \\ \mathbf{0} \end{bmatrix} (y - \hat{y}) =: \mathbf{f}(\hat{\boldsymbol{\xi}}, \hat{v}) + \mathbf{k}_0(y - \hat{y})$$

folgt mit dem Analogon zu Gl. (4.20) in den Schätzvariablen $\dot{\hat{\boldsymbol{\xi}}} = \mathbf{Q}(\hat{\mathbf{w}})\dot{\hat{\mathbf{w}}}$:

$$\dot{\hat{\mathbf{w}}} = \mathbf{Q}^{-1}(\hat{\mathbf{w}})\,\mathbf{f}(\boldsymbol{\varphi}^{-1}(\hat{\mathbf{w}}), \hat{v}) + \mathbf{Q}^{-1}(\hat{\mathbf{w}})\,\mathbf{k}_0(y - \hat{y}) \qquad (4.21)$$

Aus dem dynamischen Teil des Prozesses rechts in der Abb. 4.2

$$\dot{\boldsymbol{\xi}} = \begin{bmatrix} \mathbf{A}\boldsymbol{\zeta} + \mathbf{b}\,v \\ \boldsymbol{\phi}(\boldsymbol{\zeta}, \eta) \end{bmatrix} = \mathbf{f}(\boldsymbol{\xi}, v)$$

folgt mit Gl. (4.20) und dem expliziten Modell (4.3) die Beziehung

$$\mathbf{Q}^{-1}(\mathbf{w})\,\mathbf{f}(\boldsymbol{\varphi}^{-1}(\mathbf{w}), v) = \tilde{\mathbf{a}}(\mathbf{w}) + \tilde{\mathbf{b}}(\mathbf{w})\,u\,,$$

die mit Schätzwerten die Form

$$\mathbf{Q}^{-1}(\hat{\mathbf{w}})\,\mathbf{f}(\boldsymbol{\varphi}^{-1}(\hat{\mathbf{w}}), \hat{v}) = \tilde{\mathbf{a}}(\hat{\mathbf{w}}) + \tilde{\mathbf{b}}(\hat{\mathbf{w}})\,u$$

annimmt; lässt man den letztgenannten Zusammenhang in den ersten Teil der rechten Seite der Gl. (4.21) einfließen, lautet der **Beobachter** in den ursprünglichen Koordinaten:

$$\dot{\hat{\mathbf{w}}} = \tilde{\mathbf{a}}(\hat{\mathbf{w}}) + \tilde{\mathbf{b}}(\hat{\mathbf{w}})\,u + \mathbf{Q}^{-1}(\hat{\mathbf{w}})\,\mathbf{k}_0(y - c(\hat{\mathbf{w}})) \qquad (4.22)$$

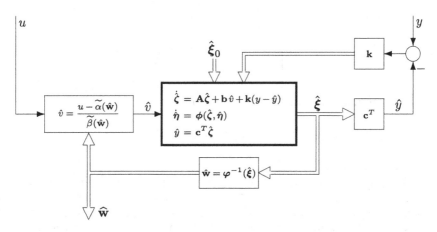

Abb. 4.3 Bislang entwickelte Struktur des zu entwerfenden Beobachters in Abb. 4.2

Man erkennt, dass die Beobachterstruktur sich aus einer Kopie des expliziten Prozessmodells 4.3 erweitert mit einer Korrektur, deren Verstärkungsfaktor im Unterschied zum klassischen Beobachter von den Schätzwerten abhängt.

Modifizierte Berechnung der Verstärkung

Die Verstärkung im Beobachter[9] (4.22)

$$\mathbf{k}_H := \mathbf{Q}^{-1}(\widehat{\mathbf{w}})\, \mathbf{k}_0 = \mathbf{Q}^{-1}(\widehat{\mathbf{w}}) \begin{bmatrix} \mathbf{k} \\ \mathbf{0} \end{bmatrix}$$

ist nicht mehr konstant, sondern abhängig vom Schätzwertverlauf. Wenig ermutigend ist ihre Berechnung, denn die Matrix $\mathbf{Q}$, ist die JACOBI-Matrix der vollständigen Transformation (4.8), zu deren Bestimmung die partiellen Dgln. (4.10) zu integrieren sind; das ist i. A. eine anspruchsvolle und i. B. nicht lösbare Aufgabe. Deswegen wird nun eine alternative Berechnungsvorschrift der Beobachterverstärkung $\mathbf{k}_H$ angegeben, bei der diese Aufgabe nicht mehr gelöst werden muss. Zu diesem Zweck wird die Matrix $\mathbf{Q}$ in zwei Teile aufgespaltet; der erste Teil, die Matrix $\mathbf{Q}_R$, wird von den Gradienten der bekannten Transformationsfunktionen (4.6) und der zweite Teil, die Matrix $\mathbf{R}$, von den Gradienten der Funktionen (4.7) gebildet; es wird sich zeigen, dass die Matrix $\mathbf{R}$ unter gewissen Voraussetzungen, die noch erläutert werden, nicht berechnet werden muss:

$$\mathbf{Q}(\widehat{\mathbf{w}}) = \begin{bmatrix} \dfrac{\partial}{\partial \widehat{\mathbf{w}}} N^0 c(\widehat{\mathbf{w}}) \\ \vdots \\ \dfrac{\partial}{\partial \widehat{\mathbf{w}}} N^{\gamma-1} c(\widehat{\mathbf{w}}) \\ \dfrac{\partial}{\partial \widehat{\mathbf{w}}} \varphi_{\gamma+1}(\widehat{\mathbf{w}}) \\ \vdots \\ \dfrac{\partial}{\partial \widehat{\mathbf{w}}} \varphi_{\hat{n}}(\widehat{\mathbf{w}}) \end{bmatrix} =: \begin{bmatrix} \mathbf{Q}_R(\widehat{\mathbf{w}}) \\ \mathbf{R}(\widehat{\mathbf{w}}) \end{bmatrix} \tag{4.23}$$

$\mathbf{Q}_R$ ist die sogenannte reduzierte Beobachtbarkeitsmatrix

---

[9]In der einschlägigen Literatur über nichtlineare Zustandsmodelle (z. B. [11, 67]) wird diese Beobachterstuktur oft mit *High-Gain*-Beobachter bezeichnet. Ohne den Ausdruck „High-Gain" zu gebrauchen, finden sich z. B. in [53, 60, 74] Entwurfsvorschläge, in denen, grob gesprochen, die Beobachterverstärkungen so hoch gewählt wurden, wie gewisse Bedingungen an die asymptotische Stabilität der Ruhelage der Fehlerdynamik zuließen; ein Überblick zur Entwicklungsgeschichte findet sich in [35]. Dieser eben angesprochene Zugang ist aber für die hier vorgestellte Entwurfsmethodik nicht zutreffend.

$$\mathbf{Q}_R(\widehat{\mathbf{w}}) = \begin{bmatrix} \dfrac{\partial}{\partial \widehat{\mathbf{w}}} N^0 c(\widehat{\mathbf{w}}) \\ \vdots \\ \dfrac{\partial}{\partial \widehat{\mathbf{w}}} N^{\gamma-1} c(\widehat{\mathbf{w}}) \end{bmatrix} \tag{4.24}$$

mit der Dimension $(\gamma \times \hat{n})$. Damit ist noch nichts gewonnen, weil die Beobachterverstärkung $\mathbf{k}_H$

$$\mathbf{k}_H = \begin{bmatrix} \mathbf{Q}_R(\widehat{\mathbf{w}}) \\ \mathbf{R}(\widehat{\mathbf{w}}) \end{bmatrix}^{-1} \begin{bmatrix} \mathbf{k} \\ \mathbf{0} \end{bmatrix}$$

von der nicht bestimmten Matrix $\mathbf{R}$ abhängt. Dies kann aber mit dem Ansatz[10]

$$\mathbf{k}_{HR} = \mathbf{Q}_R^+(\widehat{\mathbf{w}})\mathbf{k} \tag{4.25}$$

vermieden werden, in dem $\mathbf{Q}_R^+(\widehat{\mathbf{w}})$ die MOORE-PENROSE-Inverse bzw. die Pseudoinverse der Matrix $\mathbf{Q}_R$ ist und durch

$$\mathbf{Q}_R^+(\widehat{\mathbf{w}}) = \mathbf{Q}_R^T(\widehat{\mathbf{w}}) \left[\mathbf{Q}_R(\widehat{\mathbf{w}}) \, \mathbf{Q}_R^T(\widehat{\mathbf{w}}) \right]^{-1} \tag{4.26}$$

gegeben ist. Der Beobachter (4.22) zusammen mit der reduzierten Verstärkung (4.25) ergibt den **modifizierten Beobachter:**

$$\dot{\widehat{\mathbf{w}}} = \widetilde{\mathbf{a}}(\widehat{\mathbf{w}}) + \widetilde{\mathbf{b}}(\widehat{\mathbf{w}}) \, u + \mathbf{k}_{HR}(\widehat{\mathbf{w}}) \, (y - c(\widehat{\mathbf{w}})) \tag{4.27}$$

Zusammenfassung
Der bisher eingeschlagene Weg für den Entwurf eines Beobachters werde kurz erfasst: Im ersten Schritt des Enwurfsprozederes wurde von einem LUENBERGER-Beobachter mit konstanter Beobachterverstärkung für den exakt linearisierten Teil des rückgekoppelten Gesamtsystems (4.13) in den transformierten Variablen ausgegangen; der Beobachter wird aber (s. Abb. 4.2) von der Prozess-Eingangsgröße u und nicht von der externen Eingangsgröße v getrieben, so dass im zweiten Schritt die Eingangs-Transformation $v \to u$ invertiert wurde – dies lieferte den Beobachter (4.18) in den transformierten Variablen. Im dritten Schritt wurde auch die Variablentransformation $\mathbf{w} \to \xi$ invertiert, was auf die Beobachterstruktur (4.22) in den Deskriptorvariablen führte; hierin ist allerdings die Beobachterverstärkung vom Beobachterzustand abhängig. Schließlich wurde die Berechnung der Beobachterverstärkung modifiziert, um sie ohne vollständige Kenntnis der Matrix $\mathbf{Q}$ ermitteln zu können; das Ergebnis ist der modifizierte Beobachter (4.27).

Beispiel 4.1 (Beobachterentwurf für ein Index-1-Modell)
Das Beispiel ist einfach gehalten, damit vieles unmittelbar be- bzw. gerechnet werden kann, dennoch sei hier der formale Weg konzis demonstriert.

---

[10]Die Herleitung mit den zugehörigen weiteren Voraussetzungen finden sich im Anhang C.4.

*Es sei ein Beobachter zur Schätzung der Deskriptorvariablen des regulären und reali-
sierbaren semi-expliziten Deskriptormodells*

$$\dot{\mathbf{x}} = \mathbf{a}(\mathbf{x}, z) + \mathbf{b}\, u = \begin{bmatrix} x_2(z+1) \\ \sin x_1 \end{bmatrix} + \begin{bmatrix} 0 \\ 1 \end{bmatrix} u$$

$$0 = g(z) \qquad\qquad = z - 1 \qquad\qquad\qquad\qquad (4.28)$$

$$y = c(\mathbf{x}) \qquad\qquad = x_1$$

zu entwerfen.

- *Berechnung des expliziten Modells nach Abschn. (2.2.3):*

  (i) *Gleichungsindex gemäß Berechnungsvorschrift (2.24):*

$$j = 1: \quad \frac{\partial g_0}{\partial z} = \frac{\partial g}{\partial z} = 1 \neq 0 \quad \longrightarrow \quad k = 1$$

  (ii) *Differentialgleichung für die algebraische Variable z aus Gl. (2.28):*

$$\dot{z} = -\left(\frac{\partial g}{\partial z}\right)^{-1} \left(\frac{\partial g}{\partial \mathbf{x}}\, \dot{\mathbf{x}} + \frac{\partial g}{\partial u}\, \dot{u}\right) = 0$$

  (iii) *Explizites Modell der Form (4.3) mit* $\mathbf{w} = [w_1, w_2, w_3]^T = [x_1, x_2, z]^T$:

$$\dot{\mathbf{w}} = \begin{bmatrix} w_2(w_3 + 1) \\ \sin w_1 \\ 0 \end{bmatrix} + \begin{bmatrix} 0 \\ 1 \\ 0 \end{bmatrix} u = \widetilde{\mathbf{a}}(\mathbf{w}) + \widetilde{\mathbf{b}}(\mathbf{w})\, u$$

$$y = w_1 = c(\mathbf{w}) \qquad\qquad\qquad\qquad\qquad (4.29)$$

- *Berechnung des Ableitungsgrades* γ *nach Schema (3.15) mit den Operatoren (3.13) und
  (3.14):*

$$j = 1: \quad (N^0 c)'\, \mathbf{b} = \left[\frac{\partial c}{\partial \mathbf{x}} - \frac{\partial c}{\partial z} \left(\frac{\partial g}{\partial z}\right)^{-1} \frac{\partial g}{\partial \mathbf{x}}\right] \mathbf{b} = [1,\, 0] \begin{bmatrix} 0 \\ 1 \end{bmatrix} = 0$$

$$(M^0 c)' = \left[\frac{\partial c}{\partial u} - \frac{\partial c}{\partial z} \left(\frac{\partial g}{\partial z}\right)^{-1} \frac{\partial g}{\partial u}\right] = 0$$

$$N^1 c = (N^0 c)'\, \dot{\mathbf{x}} = x_2(z+1)$$

$$j = 2: \quad (N^1 c)'\, \mathbf{b} = \left[\frac{\partial N^1 c}{\partial \mathbf{x}} - \frac{\partial N^1 c}{\partial z} \left(\frac{\partial g}{\partial z}\right)^{-1} \frac{\partial g}{\partial \mathbf{x}}\right] \mathbf{b} = [0,\, z+1] \begin{bmatrix} 0 \\ 1 \end{bmatrix}$$

$$= z + 1$$

$$(M^1 c)' = \left[\frac{\partial N^1 c}{\partial u} - \frac{\partial N^1 c}{\partial z} \left(\frac{\partial g}{\partial z} \right)^{-1} \frac{\partial g}{\partial u} \right] = 0$$

Für den Ableitungsgrad ergibt sich $\gamma = 2$ und wegen $(M^1 c)' = 0$ kann das E/A-Verhalten mit einer statischen Rückführung linearisiert werden; mit der Forderung für die Kanalübertragungsfunktion $G(s)$

$$G(s) = \frac{200}{(s+10)^2} \tag{4.30}$$

d. h. $\alpha_0 = 100$, $\alpha_1 = 20$ und $\lambda = 200$ lautet die Rückführung gemäß Gl. (4.4):

$$u = -\sin w_1 - \frac{100 w_1}{w_3 + 1} - 20 w_2 + \frac{200}{w_3 + 1} v \tag{4.31}$$

Man überzeugt sich leicht, dass diese Rückführung im geschlossenen Kreis realisierbar ist, d. h. sie bildet keine algebraischen Schleifen.

- *Berechnung der reduzierten Beobachtbarkeitsmatrix und der Beobachterverstärkung: Zunächst erhält man für die reduzierte Beobachtbarkeitsmatrix (4.24)*

$$\mathbf{Q}_R(\widehat{\mathbf{w}}) = \begin{bmatrix} \dfrac{\partial}{\partial \widehat{\mathbf{w}}} N^0 c(\widehat{\mathbf{w}}) \\[2mm] \dfrac{\partial}{\partial \widehat{\mathbf{w}}} N^1 c(\widehat{\mathbf{w}}) \end{bmatrix} = \begin{bmatrix} \dfrac{\partial \widehat{w}_1}{\partial \widehat{\mathbf{w}}} \\[2mm] \dfrac{\partial \widehat{w}_2(\widehat{w}_3 + 1)}{\partial \widehat{\mathbf{w}}} \end{bmatrix} = \begin{bmatrix} 1 & 0 & 0 \\ 0 & \widehat{w}_3 + 1 & \widehat{w}_2 \end{bmatrix}$$

und daraus mit ihrer Pseudo-Inversen $\mathbf{Q}_R^+$ (4.26)

$$\mathbf{Q}_R^+(\widehat{\mathbf{w}}) = \begin{bmatrix} 1 & 0 \\[3mm] 0 & \dfrac{\widehat{w}_3 + 1}{(\widehat{w}_3 + 1)^2 + \widehat{w}_2^2} \\[4mm] 0 & \dfrac{\widehat{w}_2}{(\widehat{w}_3 + 1)^2 + \widehat{w}_2^2} \end{bmatrix}$$

und dem Korrekturvektor $\mathbf{k} = [k_1, k_2]^T$ die Beobachterverstärkung:

$$\mathbf{k}_{HR}(\widehat{\mathbf{w}}) = \mathbf{Q}_R^+(\widehat{\mathbf{w}}) \mathbf{k} = \begin{bmatrix} k_1 \\[3mm] k_2 \dfrac{\widehat{w}_3 + 1}{(\widehat{w}_3 + 1)^2 + \widehat{w}_2^2} \\[4mm] k_2 \dfrac{\widehat{w}_2}{(\widehat{w}_3 + 1)^2 + \widehat{w}_2^2} \end{bmatrix} \tag{4.32}$$

Hierbei wird vorausgesetzt, dass die von den Zeilenvektoren der Matrix $\mathbf{Q}_R$ – sie seien mit $\mathbf{q}_1^T$ und $\mathbf{q}_2^T$ bezeichnet – aufgespannte Distribution $\mathbf{D} = span[\mathbf{q}_1, \mathbf{q}_2]$ involutiv ist;

die zur Überprüfung dieser Eigenschaft (s. Anhang C.4) berechnete LIE-*Klammer dieser beiden Vektoren*

$$\llbracket \mathbf{q}_1, \mathbf{q}_2 \rrbracket = \frac{\partial \mathbf{q}_2}{\partial \widehat{\mathbf{w}}} \mathbf{q}_1 - \frac{\partial \mathbf{q}_1}{\partial \widehat{\mathbf{w}}} \mathbf{q}_2 = \mathbf{0} \in \mathbf{D}$$

liegt in der Distribution, die deswegen involutiv ist.

- *Wahl der* LUENBERGER-*Verstärkung* **k** *und Simulation:*
Die Matrix $(\mathbf{A} - \mathbf{k}\mathbf{c}^T)$, *die den linearen Anteil der Fehlerdynamik (4.19) beschreibt, ist mit der Matrix* **A** *aus der Normalform (4.17), dem Vektor* $\mathbf{c}^T$ *aus der Normalform (4.13) und der Verstärkung* **k** *zu berechnen. Die Vorgabe beider Eigenwerte bei* $\sigma = -20$ *liefert für die Verstärkung* $\mathbf{k} = [40, 400]^T$.
Damit lautet der modifizierte Beobachter gemäß Struktur (4.27) folgendermaßen:

$$\dot{\widehat{\mathbf{w}}} = \begin{bmatrix} \widehat{w}_2(\widehat{w}_3 + 1) \\ \sin \widehat{w}_1 \\ 0 \end{bmatrix} + \begin{bmatrix} 0 \\ 1 \\ 0 \end{bmatrix} u + \begin{bmatrix} 40 \\ 400 \dfrac{\widehat{w}_3 + 1}{(\widehat{w}_3 + 1)^2 + \widehat{w}_2^2} \\ 400 \dfrac{\widehat{w}_2}{(\widehat{w}_3 + 1)^2 + \widehat{w}_2^2} \end{bmatrix} (y - \widehat{w}_1)$$

Abb. 4.4 zeigt ein Ergebnis eines Simulationslaufes bei sprungförmiger externer Eingangsgröße $v(t)$ *und Anfangswerten* $\mathbf{w}_0 = [1, 1, 1]^T$ *bzw.* $\widehat{\mathbf{w}}_0 = \mathbf{0}$ *in der Struktur aus Abb. 4.2 links, die Rückführung wird also mit nominellen Variablen betrieben. Zu sehen sind die Deskriptorvariable* **w** *und der zugehörige Schätzwert* $\widehat{\mathbf{w}}$; *deutlich erkennbar ist ein stationärer Schätzfehler in der Deskriptorvariablen* w_3, *der ursprünglichen algebraischen Variablen* z. *Maßnahmen, die dem Entstehen eines solchen Fehlers entgegenwirken, werden im kommenden Abschn. 4.1.5 erarbeitet.*

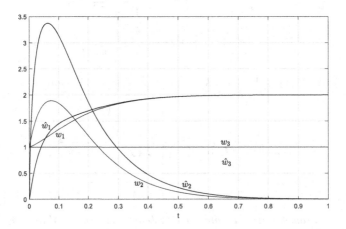

Abb. 4.4 Deskriptorvariable $\widehat{\mathbf{w}}$ und zugehöriger Schätzwert **w**

Nachdem die Aufgabe, die dem Beispiel vorangestellt war, gelöst ist, sei abschließend noch ein Blick auf die Variablentransormation (4.8) und auf die zugehörige JACOBI-Matrix (4.23) geworfen, obwohl beide Ausdrücke für den Entwurf des Beobachters nicht benötigt wurden. Es wird eine Variablen-Transformation ermittelt, deren Inverse leicht berechnet werden kann und die eine Normalform erzeugt, aus der die Eigenschaften der Nulldynamik ersichtlich sind.

- *Diffeomorphismus, JACOBI-Matrix und Nulldynamik:*

  (i) *In der Variablen-Transformation (4.8)*

$$\boldsymbol{\xi} = \boldsymbol{\varphi}(\mathbf{w}) = \begin{bmatrix} w_1 \\ w_2(w_3 + 1) \\ \varphi_3(\mathbf{w}) \end{bmatrix}$$

ist noch die Funktion $\varphi_3(\mathbf{w})$ zu bestimmen, die zur Umsetzung der Unabhängigkeit von der Eingangsgröße der partiellen Dgl. (4.10)

$$\frac{\partial \varphi_3}{\partial \mathbf{w}} \, \widetilde{\mathbf{b}}(\mathbf{w}) \, \widetilde{\beta}(\mathbf{w}) = 0 \quad \longrightarrow \quad \frac{\partial \varphi_3}{\partial w_2} = 0$$

genügen muss; die Wahl $\varphi_3(\mathbf{w}) = w_3$ genügt offensichtlich dieser partiellen Dgl. und führt auf die Transformation $\boldsymbol{\xi} = \boldsymbol{\varphi}(\mathbf{w})$

$$\boldsymbol{\xi} = \boldsymbol{\varphi}(\mathbf{w}) = \begin{bmatrix} w_1 \\ w_2(w_3 + 1) \\ w_3 \end{bmatrix}, \tag{4.33}$$

deren JACOBI-Matrix $\mathbf{Q}$

$$\mathbf{Q}(\mathbf{w}) = \begin{bmatrix} 1 & 0 & 0 \\ 0 & w_3 + 1 & w_2 \\ 0 & 0 & 1 \end{bmatrix}$$

regulär ist, so ferne $w_3 \neq -1$ gilt (beachte: $w_3 = z = 1$). Berechnet man die Verstärkung des Beobachters (4.22) mit obiger Matrix $\mathbf{Q}$, so erhält man mit

$$\mathbf{k}_H = \mathbf{Q}^{-1}(\widehat{\mathbf{w}}) \, \mathbf{k}_0 = \mathbf{Q}^{-1}(\widehat{\mathbf{w}}) \begin{bmatrix} \mathbf{k} \\ 0 \end{bmatrix} = \begin{bmatrix} k_1 \\ k_2 \\ \frac{}{\widehat{w}_3 + 1} \\ 0 \end{bmatrix} \tag{4.34}$$

ein Ergebnis, das nicht mit der modifizierten Berechnung (4.32) der Beobachter-verstärkung $\mathbf{k}_{HR}$ übereinstimmt. Dieser Umstand ist der Tatsache geschuldet, dass bei der Lösung von partiellen Differentialgleichungen gewisse Freiheiten bestehen. Ersetzt man in der Simulation bei sonst unveränderter Umgebung die Verstärkung (4.32) durch die Verstärkung (4.34), führt dies im vorliegenden Fall auf Ergebnisse, die sich von denen der Abb. 4.4 deutlich unterscheiden; insbesondere ist der stationäre Schätzfehler betragsmäßig größer.

Zu der eben ermittelten Variablen-Transformation (4.33) kann die inverse Transformation leicht angegeben werden:

$$\mathbf{w} = \boldsymbol{\varphi}^{-1}(\boldsymbol{\xi}) = \begin{bmatrix} \xi_1 \\ \xi_2 \\ \xi_3 + 1 \\ \xi_3 \end{bmatrix}$$

Die Transformation (4.33) ist für $\xi_3 \neq -1$, d. h. für $w_3 \neq -1$ ein Diffeomorphismus. Nach einigen Zwischenrechnungen findet man mithilfe der Transformation und ihrer Inversen für das rückgekoppelte Gesamtsystem (4.29),(4.31) in den transformierten Variablen:

$$\dot{\xi}_1 = \xi_2$$
$$\dot{\xi}_2 = -100\xi_1 - 20\xi_2 + 200v$$
$$\dot{\eta} = 0$$

Man erkennt die geforderte lineare Kanaldynamik und die – i. A. nichtlineare – interne Dynamik, bzw. die Nulldynamik $\dot{\eta} = 0$, die im Sinne von LJAPUNOV *nicht asymptotisch stabil, sondern „nur" stabil ist.*

(ii) *Um ausgehend von der reduzierten Beobachtbarkeitsmatrix $\mathbf{Q}_R$*

$$\mathbf{Q}_R(\mathbf{w}) = \begin{bmatrix} 1 & 0 & 0 \\ 0 & w_3 + 1 & w_2 \end{bmatrix}$$

die vollständige JACOBI-*Matrix* $\mathbf{Q}$

$$\mathbf{Q}(\mathbf{w}) = \begin{bmatrix} \mathbf{Q}_R(\mathbf{w}) \\ \varphi_3(\mathbf{w}) \end{bmatrix}$$

aufzubauen, sind zur Bestimmung von $\varphi_3(\mathbf{w})$ gemäß Anhang C.4 die partiellen Dgln.

$$\frac{\partial \varphi_3(\mathbf{w})}{\partial \mathbf{w}} \big[\rho_1(\mathbf{w}), \, \rho_2(\mathbf{w}) \big] = \mathbf{0} \implies \frac{\partial \varphi_3}{\partial w_1} = 0 \land w_2 \frac{\partial \varphi_3}{\partial w_3} + (w_3 + 1)\frac{\partial \varphi_3}{\partial w_2} = 0$$

zu lösen; die Wahl $\varphi_3(\mathbf{w}) = (w_3^2 - w_2^2 + 2w_3)/2$ genügt obigen partiellen Dgln. und erzeugt eine Matrix $\mathbf{Q}$

$$\mathbf{Q}(\mathbf{w}) = \begin{bmatrix} 1 & 0 & 0 \\ 0 & w_3 + 1 & w_2 \\ 0 & -w_2 & w_3 + 1 \end{bmatrix},$$

die bei der Berechnung der Verstärkung des Beobachters (4.22) ein Ergebnis liefert, das mit der modifizierten Berechnung (4.32) der Beobachterverstärkung $\mathbf{k}_{HR}$ übereinstimmt:

$$\mathbf{k}_H = \mathbf{Q}^{-1}(\widehat{\mathbf{w}}) \begin{bmatrix} \mathbf{k} \\ 0 \end{bmatrix} \equiv \mathbf{Q}_R^+(\widehat{\mathbf{w}})\, \mathbf{k} = \mathbf{k}_{HR}$$

Die in diesem Abschnitt konstruierte Variablen-Transformation

$$\boldsymbol{\xi} = \boldsymbol{\varphi}(\mathbf{w}) = \begin{bmatrix} w_1 \\ w_2(w_3 + 1) \\ \dfrac{1}{2}(w_3^2 - w_2^2 + 2w_3) \end{bmatrix}$$

ist per Konstruktion (siehe Anhand C.4) ein Diffeomorphismus (die Gerade in R^3 mit $w_3 = -1 \wedge w_2 = 0$ ist ausgenommen, denn dort ist ihre JACOBI-Matrix $\mathbf{Q}$ singulär); die Umkehrabbildung konnte in diesem Beispiel auch mit Hilfe von Computer-Algebra-Systemen nicht explizit bestimmt werden.

(iii) *In der Abb. 4.4 ist ein nicht zu tolerierender stationärer Fehler $w_3 - \hat{w}_3$ zu erkennen; das ist eine Folge der nichterfüllten Zwangsbedingung und ist auf eine noch unzulängliche Beobachterstruktur zurückzuführen. Der Entwurf einer zusätzlichen Korrektur im Beobachter unter Berücksichtigung von Zwangsbedingungen ist Gegenstand des folgenden Abschnitts.* ⇒ ◊

4.1.5 Deskriptor-Beobachter

Für den Betrieb des (modifizierten) Beobachters (4.27) sind Anfangswerte $\widehat{\mathbf{w}}(0) = \widehat{\mathbf{w}}_0$ vorzugeben. Da der Beobachter aber eingesetzt wird, weil nicht alle Deskriptorvariablen einer Messung zugänglich sind, startet der Beobachter i. A. mit Anfangswerten, die sich von denen des zu beobachtenden Prozesses unterscheiden. Daraus folgt, dass i. A. die Beobachtertrajektorie nicht auf der von den Zwangsbedingungen aufgespannten Lösungsmannigfaltigkeit bleibt[11]. Um die Beobachtertrajektorie auf die Lösungsmannigfaltigkeit zu bringen bzw. sie auch auf ihr zu halten, bedarf es einer zusätzlichen Korrektur in der Beobachterstruktur.

Das grundlegende Problem ist verwandt mit dem Stabilisierungsproblem im Zusammenhang mit der numerischen Lösung von differential-algebraischen Gleichungssystemen; hierzu existieren etliche Lösungsansätze. Ein interessanter Ansatz unter Benutzung orthogonaler Projektionen eines Vektorfeldes ist in [59] beschrieben. Darauf aufbauend wurde in [78] eine zusätzliche Korrektur in der Beobachterstruktur entworfen. Zum besseren Verständnis werden zunächst wichtige Zusammenhänge dieses Projektionsverfahrens angegeben.

Orthogonale Projektion eines Vektorfeldes
Sei dim$\{\mathbf{x}\} = n$ und $\mathbf{0} = \mathbf{g}(\mathbf{x})$ beschreibe eine p-dimensionale $(0 < p < n)$ hinreichend glatte (Unter-)Mannigfaltigkeit $\mathcal{M}$ im R^n; alle Tangenten in einem festen Punkt $\mathbf{x}$ dieser

---

[11] Selbst dann, wenn konsistente Anfangswerte $\widehat{\mathbf{w}}_0$ gemäß Abschn. 2.2.4 vorgegeben wurden, muss mit diesem Phänomen gerechnet werden.

Mannigfaltigkeit $\mathcal{M}$ erzeugen den Tangentialraum $\mathcal{T}\mathcal{M}$ in diesem Punkt. Die Lösung der Differentialgleichung $\dot{\mathbf{x}} = \mathbf{f}(\mathbf{x})$ mit hinreichend glattem Vektorfeld $\mathbf{f}$ liegt i. A. nicht in $\mathcal{M}$ – um dies zu erreichen, muss das Vektorfeld $\mathbf{f}$ in jedem Punkt $\mathbf{x}$ auf den zugehörigen Tangentialraum $\mathcal{T}\mathcal{M}$ projiziert werden.

Eine Möglichkeit besteht darin, die *orthogonale Projektion* zu ermitteln, d. h., $\mathbf{f}$ wird folgendermaßen dargestellt (vgl. Abb. 4.5):

$$\mathbf{f} = \mathbf{f}_p + \mathbf{f}_\perp = \mathbf{f}_p + \left[\frac{\partial \mathbf{g}}{\partial \mathbf{x}} \right]^T \mathbf{v}$$

Darin ist $\mathbf{f}_p$ die Projektion dieses Vektorfeldes auf den Tangentialraum $\mathcal{T}\mathcal{M}$ im Punkte $\mathbf{x}$ und $\mathbf{f}_\perp$ orthogonal dazu. Dies wird mit dem obigen Ansatz erreicht, worin der Vektor $\mathbf{v}$ noch zu bestimmen ist; mit $\partial \mathbf{g}/\partial \mathbf{x} =: \mathbf{g}'(\mathbf{x})$ wird der Tangentialraum $\mathcal{T}\mathcal{M} = N(\mathbf{g}')$ als *Nullraum* von $\mathbf{g}'$ dargestellt.

Multipliziert man zur Bestimmung des Vektors $\mathbf{v}$ obige Zerlegung von links mit der Matrix $\mathbf{g}'$ und beachtet, dass $\mathbf{g}'\mathbf{f}_p = \mathbf{0}$ gilt und die Matrix $\mathbf{g}'$ vollen Rang p besitzt, $\mathbf{g}'\mathbf{g}'^T$ also invertierbar ist, erhält man für den Vektor $\mathbf{v}$:

$$\frac{\partial \mathbf{g}}{\partial \mathbf{x}} \mathbf{f} = \frac{\partial \mathbf{g}}{\partial \mathbf{x}} \left[\frac{\partial \mathbf{g}}{\partial \mathbf{x}} \right]^T \mathbf{v} \implies \mathbf{v} = \left(\frac{\partial \mathbf{g}}{\partial \mathbf{x}} \left[\frac{\partial \mathbf{g}}{\partial \mathbf{x}} \right]^T \right)^{-1} \frac{\partial \mathbf{g}}{\partial \mathbf{x}} \mathbf{f}$$

Infolgedessen gilt für die orthogonale Projektion $\mathbf{f}_p$ des Vektors $\mathbf{f}$ auf $\mathcal{T}\mathcal{M}$:

$$\mathbf{f}_p = \left\{ \mathbf{E} - \left[\frac{\partial \mathbf{g}}{\partial \mathbf{x}} \right]^T \left(\frac{\partial \mathbf{g}}{\partial \mathbf{x}} \left[\frac{\partial \mathbf{g}}{\partial \mathbf{x}} \right]^T \right)^{-1} \frac{\partial \mathbf{g}}{\partial \mathbf{x}} \right\} \mathbf{f}$$

Die modifizierte Differentialgleichung mit Berücksichtigung der Zwangsbedingung $\mathbf{0} = \mathbf{g}(\mathbf{x})$ lautet nun $\dot{\mathbf{x}} = \mathbf{f}_p = \mathbf{f} - \mathbf{f}_\perp$:

$$\dot{\mathbf{x}} = \mathbf{f}(\mathbf{x}) - \Delta\mathbf{P}_\mathcal{M}(\mathbf{x})\,\mathbf{f}(\mathbf{x}) \tag{4.35}$$

Darin wird mit der Matrix

$$\Delta\mathbf{P}_\mathcal{M}(\mathbf{x}) := \left[\frac{\partial \mathbf{g}}{\partial \mathbf{x}} \right]^T \left(\frac{\partial \mathbf{g}}{\partial \mathbf{x}} \left[\frac{\partial \mathbf{g}}{\partial \mathbf{x}} \right]^T \right)^{-1} \frac{\partial \mathbf{g}}{\partial \mathbf{x}} \tag{4.36}$$

die erforderliche Korrektur des Vektorfeldes $\mathbf{f}$ ausgedrückt; das damit korrigierte Vektorfeld der Dgl. (4.35) liegt dann in der Mannigfaltigkeit $\mathcal{M}$.

Beispiel 4.2 (Beispiel zur orthogonalen Projektion)

Die Abb. 4.5 zeigt die Ergebnisse einer orthogonalen Projektion in einem einfachen Beispiel, in dem $n = 2$ und $p = 1$ gilt und

Abb. 4.5 Einfaches Beispiel
zur Projektion eines
Vektorfeldes

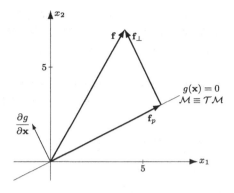

$$\dot{\mathbf{x}} = \mathbf{f}(x_1, x_2)$$
$$0 = g(x_1, x_2) = 2x_2 - x_1$$

der ausgewählte Punkt $\mathbf{x} = \mathbf{0}$ *und der Vektor* $\mathbf{f}(\mathbf{0}) = [4, 7]^T$ *sei; wegen der Linearität der Zwangsbedingung* $2x_2 = x_1$ *fallen Mannigfaltigkeit* $\mathcal{M}$ *und Tangentialraum* $\mathcal{TM}$ *zusammen. Obige Rechenschritte führen in diesem Beispiel auf die Ergebnisse:*

$$g' = [-1, 2]$$
$$v = 2$$
$$\mathbf{f}_p = [6, 3]^T$$

$\Diamond$

Beobachter mit erweiterter Korrektur

Für den zusätzlichen Korrekturterm im Beobachter wird in [78] vorgeschlagen, die erforderliche Korrektur mit der *Korrekturmatrix* (4.36) zur Projektion aller zu erfüllenden algebraischen Bedingungen durchzuführen. Zudem wird dort vorgeschlagen, nicht die Zwangsbedingungen unmittelbar sondern eine Linearkombination der Bedingungen zu korrigieren; diese wird gebildet über eine Gewichtsmatrix $\mathbf{M}$, die man als zusätzlichen Freiheitsgrad beim Beobachterentwurf ansehen kann[12].

Im Ergebnis besitzt der **Deskriptorbeobachter** für SISO-Modelle mit einem Index $k = 1$ folgende Struktur:

$$\hat{\dot{\mathbf{w}}} = \widetilde{\mathbf{a}}(\widehat{\mathbf{w}}) + \widetilde{\mathbf{b}}(\widehat{\mathbf{w}})\, u - \mathbf{\Delta P}_{\mathcal{M}}(\widehat{\mathbf{w}})\, \mathbf{M}\, \mathbf{g}(\widehat{\mathbf{w}}) + \mathbf{k}_{HR}(\widehat{\mathbf{w}})\,(y - c(\widehat{\mathbf{w}})) \qquad (4.37)$$

Entstanden ist diese Struktur aus dem modifizierten Beobachter (4.27) mit dem zusätzlichen Korrekturterm bestehend aus der $(\hat{n} \times \hat{n})$-dimensionalen Korrekturmatrix $\mathbf{\Delta P}_{\mathcal{M}}$, der $(\hat{n} \times p)$-dimensionalen Matrix $\mathbf{M}$ als Entwurfsparameter und dem $(p \times 1)$-dimensionalen Vektor mit den Zwangsbedingungen. Zu deuten ist die Struktur des zusätzlichen Terms auf folgende

---

[12] An dieser Stelle sei bemerkt, dass die Frage nach der Stabilität der Fehlerdynamik im allgemeinen Fall noch nicht beantwortet ist.

Weise: In Analogie zum LUENBERGER-Ansatz bietet sich zunächst der Term $\mathbf{M}\,\mathbf{g}(\widehat{\mathbf{w}})$ an; er ist grundsätzlich geeignet, die Beobachter-Dynamik so zu beeinflussen dass für die Zwangsbedingungen $\mathbf{g}(\widehat{\mathbf{w}}) \Rightarrow \mathbf{0}$ gilt. Die Erweiterung dieses Terms (abgesehen vom Vorzeichen) auf $\Delta\mathbf{P}_{\mathcal{M}}(\widehat{\mathbf{w}})\,\mathbf{M}\,\mathbf{g}(\widehat{\mathbf{w}})$ bewirkt, dass die Beobachter-Dynamik nicht vom gesamten Fehler in den Zwangsbedingungen, sondern von seinem orthogonalen Anteil getrieben wird – der Fehleranteil, der auf der Lösungsmannigfaltigkeit liegt, wird gewissermaßen „vernachlässigt".

Beispiel 4.1 – Erste Fortsetzung
Der Deskriptorbeobachter (4.37) lautet in diesem Beispiel:

$$
\dot{\widehat{\mathbf{w}}} =
\begin{bmatrix} \widehat{w}_2(\widehat{w}_3 + 1) \\ \sin \widehat{w}_1 \\ 0 \end{bmatrix}
+ \begin{bmatrix} 0 \\ 1 \\ 0 \end{bmatrix} u
- \begin{bmatrix} 0 \\ 0 \\ m_3 \end{bmatrix} (\widehat{w}_3 - 1)
+ \begin{bmatrix} k_1 \dfrac{\widehat{w}_3 + 1}{(\widehat{w}_3 + 1)^2 + \widehat{w}_2^2} \\[2ex] k_2 \dfrac{\widehat{w}_2}{(\widehat{w}_3 + 1)^2 + \widehat{w}_2^2} \end{bmatrix} (y - \widehat{w}_1)
$$

Darin sind der erste und der zweite Summand dem expliziten Modell (4.29) entnommen, der letzte enthält die bereits ermittelte Beobachterverstärkung (4.32) und der neu hinzu gefügte Korrekturterm $-\Delta\mathbf{P}_{\mathcal{M}}(\widehat{\mathbf{w}})\,\mathbf{M}\,g(\widehat{\mathbf{w}})$ *wurde folgendermaßen berechnet: mit der* JACOBI-*Matrix* $\partial g/\partial \mathbf{w} = [0,\, 0,\, 1]$ *ist die (3×3)-dimensionale Korrekturmatrix* $\Delta\mathbf{P}_{\mathcal{M}}$ *(4.36) zu berechnen und mit der Gewichtsmatrix* $\mathbf{M} = [m_1,\, m_2,\, m_3]^T$ *zu multiplizieren; dies ergibt die Gewichtung der skalaren Zwangsbedingung* $g = \widehat{w}_3 - 1$.

Abb. 4.6 zeigt ein Simulationsergebnis mit den Entwurfsparametern $k_1 = 40$, $k_2 = 400$ *und* $m_3 = 20$ *(der Zahlenwert* $m_3 = 20$ *wurde zur Verbesserung des Stabilitätsverhaltens*

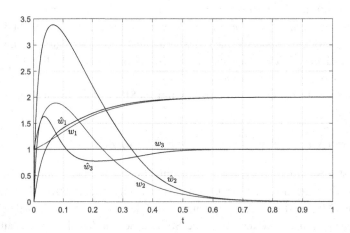

Abb. 4.6 Deskriptorvariable $\mathbf{w}$ und zugehöriger Schätzwert $\widehat{\mathbf{w}}$ mit Berücksichtigung der Zwangsbedingung

der Ruhelage der Fehlerdynamik festgelegt, wie im folgenden Abschnitt ausgeführt wird);
im Vergleich mit dem Ergebnis aus Abb. 4.4 ist nun die Schätzung für w_3 stationär genau,
was mit dem zusätzlichen Freiheitsgrad m_3 erreicht wurde.

Im Trajektorienbild 4.7 ist die von der Zwangsbedingung vorgegebene Lösungsmannig-
faltigkeit $\mathcal{M}$ als Ebene $w_3 = 1$ dargestellt. Die Trajektorie $\mathbf{w}(t)$ im zu beobachtenden
Modell bleibt naturgemäß in $\mathcal{M}$; deutlich zu erkennen ist, dass der zusätzliche Parameter
$m_3 = 20$ die Beobachtertrajektorie $\widehat{\mathbf{w}}(t)$ letztlich auf $\mathcal{M}$ führt.   ⇒ ◊

4.1.6 Stabilität der Ruhelage der Fehlerdynamik

Der Beobachterfehler $\mathbf{e} := \widehat{\mathbf{w}} - \mathbf{w}$ in den Deskriptorvariablen genügt gemäß dem expliziten
Modell (4.3) und dem Deskriptorbeobachter (4.37) der Differentialgleichung

$$\dot{\mathbf{e}} = \widetilde{\mathbf{a}}(\widehat{\mathbf{w}}) + \widetilde{\mathbf{b}}(\widehat{\mathbf{w}})\, u - \varDelta \mathbf{P}_{\mathcal{M}}(\widehat{\mathbf{w}})\, \mathbf{M}\, \mathbf{g}(\widehat{\mathbf{w}}) + \mathbf{k}_{HR}(\widehat{\mathbf{w}})\, (c(\mathbf{w}) - c(\widehat{\mathbf{w}})) -$$
$$- \widetilde{\mathbf{a}}(\mathbf{w}) - \widetilde{\mathbf{b}}(\mathbf{w})\, u \qquad \text{mit } \mathbf{e}(0) = \widehat{\mathbf{w}}_0 - \mathbf{w}_0, \qquad\qquad (4.38)$$

die für $\widehat{\mathbf{w}}(t) = \mathbf{w}(t) = \mathbf{w}_R$ (u_R ist mit $\mathbf{w}_R$ über $\widetilde{\mathbf{a}}(\mathbf{w}_R) + \widetilde{\mathbf{b}}(\mathbf{w}_R)\,u_R = \mathbf{0}$ verknüpft und
muss daher nicht als Parameter neben $\mathbf{w}_R$ mitgeführt werden) die Ruhelage $\mathbf{e}(t) = \mathbf{e}_R = \mathbf{0}$
beschreibt. Kompakt formuliert lauten die Zusammenhänge dann:

$$\dot{\mathbf{e}} =: \mathbf{f}(\widehat{\mathbf{w}}, \mathbf{w}) \qquad \text{mit } \mathbf{f}(\widehat{\mathbf{w}}, \mathbf{w})|_{\widehat{\mathbf{w}} = \mathbf{w} = \mathbf{w}_R} = \mathbf{0}$$

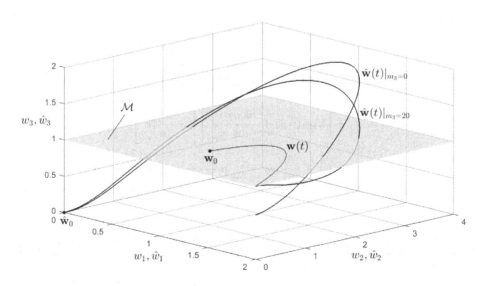

Abb. 4.7 Trajektorienverläufe im R^3

Es sei vorausgesetzt, dass die rechte Seite $\mathbf{f}$ der Dgl. (4.38) glatt ist und an der Stelle $\widehat{\mathbf{w}} = \mathbf{w} = \mathbf{w}_R$ in eine TAYLOR-Reihe entwickelbar ist, die an dieser Stelle gegen $\mathbf{0}$ konvergiert[13]; dann kann

$$\mathbf{f}(\widehat{\mathbf{w}}, \mathbf{w})|_{\widehat{\mathbf{w}}=\mathbf{w}_R+\mathbf{e}} = \left. \frac{\partial \mathbf{f}(\widehat{\mathbf{w}}, \mathbf{w})}{\partial \widehat{\mathbf{w}}} \right|_{\widehat{\mathbf{w}}=\mathbf{w}=\mathbf{w}_R} \mathbf{e} + \mathbf{r}(\mathbf{w}_R, \mathbf{e}) =: \mathbf{A}_R \, \mathbf{e} + \mathbf{r}$$

geschrieben werden, worin in inhärenter Weise die Norm des Restgliedes $\mathbf{r}$ rascher als die Norm von $\mathbf{e}$ gegen Null geht. Unter diesen Umständen ist die asymptotische Stabilität der Ruhelage $\mathbf{e}_R = \mathbf{0}$ nach der *Indirekten Methode* von LJAPUNOV sichergestellt, wenn alle Eigenwerte der JACOBI-Matrix $\mathbf{A}_R$ einen negativen Realteil besitzen[14].

Man kann die JACOBI-Matrix $\mathbf{A}_R$ auch in einer Form berechnen, die die Einflüsse einzelner Terme ersichtlich macht:

$$
\begin{aligned}
\dot{\mathbf{e}}|_{\widehat{\mathbf{w}}=\mathbf{w}_R+\mathbf{e}} &= \widetilde{\mathbf{a}}(\mathbf{w}_R + \mathbf{e}) - \widetilde{\mathbf{a}}(\mathbf{w}_R) + \left[\widetilde{\mathbf{b}}(\mathbf{w}_R + \mathbf{e}) - \widetilde{\mathbf{b}}(\mathbf{w}_R) \right] u_R - \\
&\quad - \Delta \mathbf{P}_{\mathcal{M}}(\mathbf{w}_R + \mathbf{e}) \, \mathbf{M} \, \mathbf{g}(\mathbf{w}_R + \mathbf{e}) + \mathbf{k}_{HR}(\mathbf{w}_R + \mathbf{e}) \cdot \\
&\quad \cdot \left[c(\mathbf{w}_R) - c(\mathbf{w}_R + \mathbf{e}) \right] = \\
&= \cdots \text{mit } \Delta \mathbf{P}_{\mathcal{M}} \mathbf{M} =: [\mathbf{p}_1, \dots, \mathbf{p}_p] \cdots = \\
&= \widetilde{\mathbf{a}}(\mathbf{w}_R + \mathbf{e}) - \widetilde{\mathbf{a}}(\mathbf{w}_R) + \left[\widetilde{\mathbf{b}}(\mathbf{w}_R + \mathbf{e}) - \widetilde{\mathbf{b}}(\mathbf{w}_R) \right] u_R - \\
&\quad - \sum_{i=1}^{p} \mathbf{p}_i(\mathbf{w}_R + \mathbf{e}) \, g_i(\mathbf{w}_R + \mathbf{e}) + \mathbf{k}_{HR}(\mathbf{w}_R + \mathbf{e}) \cdot \\
&\quad \cdot \left[c(\mathbf{w}_R) - c(\mathbf{w}_R + \mathbf{e}) \right] \approx \\
&\approx \left. \frac{\partial \widetilde{\mathbf{a}}}{\partial \mathbf{w}} \right|_{\mathbf{w}_R} \mathbf{e} + \left. \frac{\partial \widetilde{\mathbf{b}}}{\partial \mathbf{w}} \right|_{\mathbf{w}_R} u_R \, \mathbf{e} - \\
&\quad - \sum_{i=1}^{p} \left[\mathbf{p}_i(\mathbf{w}_R) + \left. \frac{\partial \mathbf{p}_i}{\partial \mathbf{w}} \right|_{\mathbf{w}_R} \mathbf{e} \right] \left[\overbrace{g_i(\mathbf{w}_R)}^{0} + \left. \frac{\partial g_i}{\partial \mathbf{w}} \right|_{\mathbf{w}_R} \mathbf{e} \right] + \\
&\quad + \left[\mathbf{k}_{HR}(\mathbf{w}_R) + \left. \frac{\partial \mathbf{k}_{HR}}{\partial \mathbf{w}} \right|_{\mathbf{w}_R} \mathbf{e} \right] \left[- \left. \frac{\partial c}{\partial \mathbf{w}} \right|_{\mathbf{w}_R} \mathbf{e} \right] \approx \\
&\approx \left. \left[\frac{\partial \widetilde{\mathbf{a}}}{\partial \mathbf{w}} + \frac{\partial \widetilde{\mathbf{b}}}{\partial \mathbf{w}} u_R - \sum_{i=1}^{p} \mathbf{p}_i \frac{\partial g_i}{\partial \mathbf{w}} - \mathbf{k}_{HR} \frac{\partial c}{\partial \mathbf{w}} \right] \right|_{\mathbf{w}_R} \mathbf{e} = \mathbf{A}_R \, \mathbf{e} \quad (4.39)
\end{aligned}
$$

---

[13]Es werden damit Fälle ausgeschlossen, in denen glatte Funktionen nicht überall in eine TAYLOR-Reihe entwickelbar sind, oder Fälle, in denen eine angebbare TAYLOR-Reihe nicht gegen den Funktionswert an der Entwicklungsstelle konvergiert.

[14]Falls die Voraussetzungen für die Anwendung der *Indirekten Methode* von LJAPUNOV nicht gegeben sind, kann auf eine Reihe von Sätzen basierend auf der *Direkten Methode* von LJAPUNOV in der Literatur zurückgegriffen werden [11, 60, 65, 66]. Selbstverständlich sind auch diese Sätze an konkrete Voraussetzungen gebunden.

Beispiel 4.1 – Zweite Fortsetzung

Aus dem gegebenen semi-expliziten Modell (4.28) und den zugehörigen expliziten Modell (4.29) liest man die Ruhelage $\mathbf{w}_R = [-\arcsin(u_R),\, 0,\, 1]^T$ *heraus (Abb. 4.6 liefert dafür konkret* $\mathbf{w}_R^T = [2,\, 0,\, 1]^T$ *); an dieser Stelle* $\mathbf{w}_R$ *und unter Beachtung der bereits festgelegten* LUENBERGER-*Verstärkungen* $k_1 = 40, k_2 = 400$ *lauten die Matrizen zur Bildung der* JACOBI-*Matrix (4.39):*

$$
\frac{\partial \widetilde{\mathbf{a}}}{\partial \mathbf{w}} = \begin{bmatrix} 0 & 2 & 0 \\ \cos 2 & 0 & 0 \\ 0 & 0 & 0 \end{bmatrix}, \quad \frac{\partial \widetilde{\mathbf{b}}}{\partial \mathbf{w}} = \mathbf{0}, \quad \mathbf{p}\frac{\partial g}{\partial \mathbf{w}} = \begin{bmatrix} 0 & 0 & 0 \\ 0 & 0 & 0 \\ 0 & 0 & m_3 \end{bmatrix}, \quad \mathbf{k}_{HR}\frac{\partial c}{\partial \mathbf{w}} = \begin{bmatrix} 40 & 0 & 0 \\ 200 & 0 & 0 \\ 0 & 0 & 0 \end{bmatrix}
$$

Für die Realteile der Eigenwerte σ_i, $i = 1, 2, 3$ *der mit diesen Teilmatrizen gebildeten Matrix* $\mathbf{A}_R$ *ergibt sich:*

$$
\{\Re(\sigma_1), \ldots, \Re(\sigma_3)\} = \{-20, -20, -m_3\}
$$

Mit der Wahl $m_3 = 20$ *in der obigen Simulation ist die Ruhelage* $\mathbf{e}_R = \mathbf{0}$ *des nichtlinearen Beobachtermodells asymptotisch stabil im Kleinen.* $\Rightarrow \Diamond$

4.1.7 Deskriptor-Kontrollbeobachter

Der Deskriptor-Beobachter wurde im Abschn. 4.1.5 nicht zum Selbstzweck entwickelt, sondern seine Aufgabe ist, für den Betrieb einer (linearisierenden) Rückführung Schätzwerte der Deskriptorvariablen bereitzustellen; er ist Teil einer Struktur, wie sie in Abb. 4.8 gezeigt ist. Die Struktur nach Abb. 4.2, auf die sich der **Entwurf** des Beobachters stützte, unterscheidet sich in einem wesentlichen Aspekt von der jetzt betrachteten Struktur in Abb. 4.8, die den **Einsatz** des Deskriptor-Beobachters abbildet:

In der Entwurfsstruktur wurde zunächst eine Rückführung so konstruiert, dass sich (bei exakt bekannten Modellparametern und ohne Störeinflüsse) eine lineare Kanaldynamik $v \rightarrow y$ einstellte; dabei wurden die Pole der Kanal-Übertragungsfunktion mit Hilfe von Parametern α_i platziert. In der Folge wurde ein (parallel laufender) Beobachter konstruiert, dessen Fehlerdynamik in erster Näherung über die Vorgabe der Eigenwerte der Dynamikmatrix einstellbar ist; die Lage der Eigenwerte konnte mit Parametern k_i der LUENBERGER-Verstärkung zusammen mit Parametern m_{ij} der Gewichtsmatrix zur Berücksichtigung von Zwangsbedingungen vorgegeben werden.

Nunmehr ist in der Einsatz-Struktur der Beobachter in den geschlossenen Kreis eingebunden. In Anlehnung an den Wortgebrauch in der Theorie linearer Zustandsregelungen sei dieser Beobachter zum Betrieb der Rückführung **Deskriptor-Kontrollbeobachter** genannt. Im Falle linearer Zustandsmodelle ist die Frage nach der Auswirkung dieser Einbindung auf das Stabilitätsverhalten des Gesamtsystems mit Hilfe des *Separationssatzes* zu beantworten [15, 30].

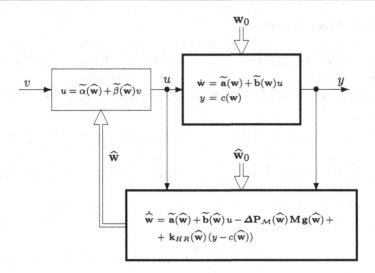

Abb. 4.8 Explizites Deskriptormodell mit Deskriptor-Kontrollbeobachter

Der Separationssatz – eine durch Rückführung eingestellte Dynamik wird durch die Beobachterdynamik nicht verändert – entzieht sich naturgemäß einer Übertragung auf nichtlineare Deskriptormodelle. Es ist aber naheliegend, das Stabilitätsverhalten des Gesamtsystems mit Kontrollbeobachter auf gleichem Wege zu untersuchen, der im Abschn. 4.1.6 bei der Untersuchung der Stabilität der Fehlerdynamik eingeschlagen wurde:

Die dort gemachten Voraussetzungen bezüglich der TAYLOR-Reihenentwicklung seien im Sinne der Anwendung auch hier erfüllt; aus dem mathematischen Modell (es ist vollständig in Abb. 4.8 ersichtlich) folgt für die ins Auge gefasste Ruhelage $\widehat{\mathbf{w}}(t) = \mathbf{w}(t) = \mathbf{w}_R$ die Bestimmungsgleichung $\widetilde{\mathbf{a}}(\mathbf{w}_R) + \widetilde{\mathbf{b}}(\mathbf{w}_R)(\widetilde{\alpha}(\mathbf{w}_R) + \widetilde{\beta}(\mathbf{w}_R) v_R) = \mathbf{0}$; mit den Koordinatenverschiebungen $\widehat{\mathbf{w}}(t) = \mathbf{w}_R + \mathbf{e}$ und $\mathbf{w}(t) = \mathbf{w}_R + \boldsymbol{\epsilon}$ kann auf demselben Weg, der zur Fehlerdynamik (4.39) geführt hat, nunmehr für die Abweichungen $\mathbf{e}(t)$ und $\boldsymbol{\epsilon}(t)$ in erster Näherung das folgende mathematische Modell ermittelt werden[15]:

$$\begin{bmatrix} \dot{\mathbf{e}} \\ \dot{\boldsymbol{\epsilon}} \end{bmatrix} = \begin{bmatrix} \mathbf{A}_{11} & \mathbf{A}_{12} \\ \mathbf{A}_{21} & \mathbf{A}_{22} \end{bmatrix} \begin{bmatrix} \mathbf{e} \\ \boldsymbol{\epsilon} \end{bmatrix} = \mathbf{A}_{KB} \begin{bmatrix} \mathbf{e} \\ \boldsymbol{\epsilon} \end{bmatrix} \tag{4.40}$$

Darin sind die Teilmatrizen folgendermaßen zu berechnen:

---

[15]Siehe hierzu die Berechnung des Fehlermodells für den MIMO-Fall im Anhang C.5.1 und setze dort zuerst $m = 1$ und unterdrücke dann konsequenterweise in $\widetilde{\mathbf{b}}, \widetilde{\alpha}, \widetilde{\beta}$ und c die Indizes i bzw. j.

$$\mathbf{A}_{22} = \left[\frac{\partial \tilde{\mathbf{a}}}{\partial \mathbf{w}} + \frac{\partial \tilde{\mathbf{b}}}{\partial \mathbf{w}} (\tilde{\alpha} + \tilde{\beta} v_R) \right]\Bigg|_{\mathbf{w}_R}$$

$$\mathbf{A}_{21} = \left[\tilde{\mathbf{b}} \left(\frac{\partial \tilde{\alpha}}{\partial \mathbf{w}} + \frac{\partial \tilde{\beta}}{\partial \mathbf{w}} v_R \right) \right]\Bigg|_{\mathbf{w}_R} \qquad (4.41)$$

$$\mathbf{A}_{12} = \left[\mathbf{k}_{HR} \frac{\partial c}{\partial \mathbf{w}} \right]\Bigg|_{\mathbf{w}_R}$$

$$\mathbf{A}_{11} = \mathbf{A}_{22} + \mathbf{A}_{21} - \mathbf{A}_{12} - \left[\sum_{i=1}^{p} \mathbf{p}_i \frac{\partial g_i}{\partial \mathbf{w}} \right]\Bigg|_{\mathbf{w}_R}$$

Bemerkung

Wenn die Berechnungen (4.41) der Teilmatrizen auf den linearen Fall

$$\dot{\mathbf{w}} = \mathbf{A}\mathbf{w} + \mathbf{b}u, \qquad y = c^T \mathbf{w}$$

$$u = -\mathbf{k}^T \hat{\mathbf{w}} + V v$$

$$\dot{\hat{\mathbf{w}}} = \mathbf{A}\hat{\mathbf{w}} + \mathbf{b}u + \hat{\mathbf{k}}(y - c^T \hat{\mathbf{w}})$$

„heruntergebrochen" werden, führt dies auf eine Dynamikmatrix $\mathbf{A}_{KB}$ des Fehlermodells (4.40) mit dem charakteristischen Polynom $p(s) = \det(s\mathbf{E} - \mathbf{A} + \mathbf{bk}^T) \det(s\mathbf{E} - \mathbf{A} + \hat{\mathbf{k}}c^T)$ aus dem der Separationssatz ersichtlich ist.

Beispiel 4.1 – Dritte Fortsetzung

Werden die Berechnungen (4.41) der Teilmatrizen auf die durch $v_R = 1$ (siehe Kontext zu Abb. 4.4) gekennzeichnete Ruhelage des Beispiels 4.1 angewandt, erhält man für die Realteile der Eigenwerte σ_i, $i = 1, \ldots, 6$ der Dynamikmatrix $\mathbf{A}_{KB}$ des Fehlermodells (4.40):

$$\{\Re(\sigma_1), \ldots, \Re(\sigma_6)\} = \{-10, -10, -20, -20, -20, 0\}$$

Die Eigenwerte σ_1 bis σ_4 sind komplex; der Eigenwert $\sigma_6 = 0$ ist der nur stabilen Nulldynamik des Prozessmodells geschuldet.

Es sei erwähnt, dass die Rückführung (4.31) mit dem Ziel entworfen wurde, die Pole der Kanalübertragungsfunktion bei $s_{1,2} = -10$ zu platzieren (siehe Wahl der Parameter α_0, α_1) und dass der Dynamikmatrix des Schätzfehlers Eigenwerte mit einem Realteil bei -20 aufgeprägt wurden (siehe Wahl der LUENBERGER-Verstärkungen k_1, k_2 im Kontext zur Abb. 4.4 zusammen mit der Wahl der Gewichtung m_3 in der 2. Fortsetzung des Beispiels).

Abschließend sei auf ein Simulationsergebnis nach Abb. 4.9 verwiesen, das mit dem Ergebnis aus Abb. 4.6 korrespondiert; nur werden jetzt die Rückführung und der Deskriptor-Beobachter nicht getrennt, sondern zusammen als Deskriptor-Kontrollbeobachter betrieben. ◇

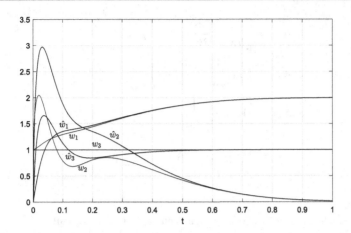

Abb. 4.9 Deskriptorvariable **w** und zugehöriger Schätzwert $\widehat{\mathbf{w}}$ mit dem Deskriptor-Kontrollbeobachter

4.2   SISO-Beobachter – Index k>1

Ausgangspunkt ist das folgende reguläre und realisierbare semi-explizite Deskriptormodell im Eingrößenfall; es sei höher indiziert, d. h. für den Index gilt $k > 1$:

$$\dot{\mathbf{x}} = \mathbf{a}(\mathbf{x}, \mathbf{z}) + \mathbf{b}(\mathbf{x}, \mathbf{z})\, u$$
$$\mathbf{0} = \mathbf{g}(\mathbf{x}, \mathbf{z}) \tag{4.42}$$
$$y = c(\mathbf{x}, \mathbf{z})$$

Der Entwurf eines Beobachters für ein höher indiziertes Deskriptormodell unterscheidet sich in zwei Punkten von der Prozedur aus dem vorigen Abschn. 4.1 für den einfach indizierten Fall:

Zum einen ist die JACOBI-Matrix der algebraischen Gleichungen im Modell (4.42) bezüglich **z** per Definition singulär; für reguläre und realisierbare Deskriptormodelle liefert der *Modifizierte Shuffle-Algorithmus* jedoch eine erweiterte algebraische Gleichung

$$\mathbf{0} = \mathbf{g}_{k-1}(\mathbf{x}, \mathbf{z}) = \begin{bmatrix} g_{1,k_1-1}(\mathbf{x}, \mathbf{z}) \\ \vdots \\ g_{p,k_p-1}(\mathbf{x}, \mathbf{z}) \end{bmatrix} \tag{4.43}$$

mit regulärer Matrix $\partial \mathbf{g}_{k-1}/\partial \mathbf{z}$ (siehe Abschn. 2.2.3). Mit dieser algebraischen Gleichung kann das explizite Deskriptormodell

$$\dot{\mathbf{w}} = \begin{bmatrix} \dot{\mathbf{x}} \\ \dot{\mathbf{z}} \end{bmatrix} = \begin{bmatrix} \mathbf{a} + \mathbf{b}\,u \\ -\left(\dfrac{\partial \mathbf{g}_{k-1}}{\partial \mathbf{z}}\right)^{-1} \dfrac{\partial \mathbf{g}_{k-1}}{\partial \mathbf{x}}\,(\mathbf{a} + \mathbf{b}\,u) \end{bmatrix} =: \tilde{\mathbf{a}}(\mathbf{w}) + \tilde{\mathbf{b}}(\mathbf{w})\,u \qquad (4.44)$$

$$y = c(\mathbf{w})$$

als Grundlage für den Beobachterentwurf angegeben werden (es gilt weiterhin $\mathbf{w} = [\mathbf{x}^T, \mathbf{z}^T]^T$).

Zum anderen enthält die algebraische Gleichung im Modell (4.42) nur die (explizit) gegebenen Zwangsbedingungen; die im DAE-System (implizit) enthaltenen Zwangsbedingungen werden vom *Modifizierten Shuffle-Algorithmus* im Zuge der Berechnung der algebraischen Gl. (4.43) aus dem DAE-System herausgearbeitet; gemäß Abschn. 2.2.4 werden sie in

$$0 = \tilde{\mathbf{g}}(\mathbf{x}, \mathbf{z}) \qquad (4.45)$$

mit

$$\tilde{\mathbf{g}}(\mathbf{x}, \mathbf{z}) = \begin{bmatrix} \tilde{\mathbf{g}}_1(\mathbf{x}, \mathbf{z}) \\ \vdots \\ \tilde{\mathbf{g}}_i(\mathbf{x}, \mathbf{z}) \\ \vdots \\ \tilde{\mathbf{g}}_p(\mathbf{x}, \mathbf{z}) \end{bmatrix} \quad \text{und} \quad \tilde{\mathbf{g}}_i := \begin{bmatrix} g_{i,0}(\mathbf{x}, \mathbf{z}) \\ g_{i,1}(\mathbf{x}, \mathbf{z}) \\ \vdots \\ g_{i,k_i-1}(\mathbf{x}, \mathbf{z}) \end{bmatrix} \quad \forall i \in \{1, \ldots, p\}$$

zusammengefasst. Für die Dimension des Vektors $\tilde{\mathbf{g}}$ gilt $\dim\{\tilde{\mathbf{g}}\} = k_S$; darin ist k_S der Summenindex (s. Def. (2.31)).

Bemerkung zur Einschränkung der Modellklasse

Das explizite Modell (4.44) ist die Grundlage für den Beobachterentwurf; da das im Abschn. 4.1 entwickelte Entwurfsverfahren das Auftreten von $\dot{u}$ im Entwurfsmodell ausschließt, ist in der Konsequenz die weiterhin eingesetzte Modellklasse eingeschränkt. Diesem Umstand wurde bereits dadurch gerecht, dass in den Beziehungen (4.43) und (4.45) eine Abhängigkeit von u nicht gestattet wurde.

Aufbauend auf das explizite Deskriptormodell (4.44) besitzt der Deskriptorbeobachter in Analogie zur Beziehung (4.37) die Struktur:

$$\dot{\hat{\mathbf{w}}} = \tilde{\mathbf{a}}(\hat{\mathbf{w}}) + \tilde{\mathbf{b}}(\hat{\mathbf{w}})\,u - \Delta\mathbf{P}_{\mathcal{M}}(\hat{\mathbf{w}})\,\mathbf{M}\,\tilde{\mathbf{g}}(\hat{\mathbf{w}}) + \mathbf{k}_{HR}(\hat{\mathbf{w}})\,(y - c(\hat{\mathbf{w}})) \qquad (4.46)$$

Er berücksichtigt die im Vektor $\tilde{\mathbf{g}}$ erfassten expliziten und impliziten Zwangsbedingungen, indem $\tilde{\mathbf{g}}$ gewichtet – die Gewichtsmatrix $\mathbf{M}$ hat die Dimension[16] ($\hat{n} \times k_S$)) – auf das Tangentialbündel der ($\hat{n} - k_S$)-dimensionalen Mannigfaltigkeit $\mathcal{M}$

$$\mathcal{M} = \{\mathbf{w} \mid \tilde{\mathbf{g}}(\mathbf{w}) = \mathbf{0}\}$$

---

[16]Im Vergleich zu den Dimensionsangaben im Abschn. 4.1.5 wurde p durch k_S ersetzt – nur für Index-1-Modelle gilt $k_S = p$.

orthogonal projiziert wird; für die dazu erforderliche Korrektur gilt in Analogie zur Matrix
(4.36):

$$\Delta \mathbf{P}_{\mathcal{M}}(\mathbf{w}) := \left[\frac{\partial \widetilde{\mathbf{g}}}{\partial \mathbf{w}} \right]^{T} \left(\frac{\partial \widetilde{\mathbf{g}}}{\partial \mathbf{w}} \left[\frac{\partial \widetilde{\mathbf{g}}}{\partial \mathbf{w}} \right]^{T} \right)^{-1} \frac{\partial \widetilde{\mathbf{g}}}{\partial \mathbf{w}} \qquad (4.47)$$

Für die Beobachterverstärkung gilt gemäß Gl. (4.25):

$$\mathbf{k}_{HR} = \mathbf{Q}_{R}^{+}(\widehat{\mathbf{w}})\mathbf{k} \qquad (4.48)$$

Darin ist $\mathbf{Q}_{R}^{+}$ die Pseudo-Inverse der reduzierten Beobachtbarkeitsmatrix (siehe Anhang
C.4).

4.2.1 Festlegen der Entwurfsparameter

Die konstante Verstärkung $\mathbf{k}$ (4.48) und die konstante Gewichtsmatrix $\mathbf{M}$ im Deskriptorbeobachter (4.46) sind frei wählbare Entwurfsparameter.

- In Übereinstimmung mit dem Beobachteransatz im Abschn. 4.1.3 ist die Verstärkung
  $\mathbf{k}$ mit der Vorgabe der Eigenwerte der Dynamikmatrix $(\mathbf{A} - \mathbf{k}\mathbf{c}^{T})$ des linearen Anteils
  der Fehlerdynamik (4.19) verknüpft. Die Matrix $\mathbf{A}$ und der Vektor $\mathbf{c}^{T}$ entstammen dem
  Prozessmodell (4.16), (4.17) für den Beobachterentwurf.
- Mit der Gewichtsmatrix $\mathbf{M}$ wird eine Kombination aller Zwangsbedingungen für ihre
  orthogonale Projektion auf die Lösungsmannigfaltigkeit $\mathcal{M}$ bereitgestellt. Ihre Parametrierung kann i. A. so erfolgen, dass über die linearisierte Version (4.39) der Fehlerdynamik ihre asymptotische Stabilität wenigstens *im Kleinen* garantiert ist. Dabei ist zu
  beachten, dass die Summe in der Berechnungsvorschrift (4.39) für die Matrix $\mathbf{A}_{R}$ von
  $i = 1$ bis $i = k_{S}$ läuft; darüber hinaus ist mit $\widetilde{g}_{i}$ das i-te Element des Vektors $\widetilde{\mathbf{g}}$ angesprochen und zwar fortlaufend nummeriert und nicht so wie in Gl. (4.45) indiziert. Die
  Fehlerdynamikmatrix $\mathbf{A}_{R}$ lautet für den höher indizierten Fall[17]:

$$\mathbf{A}_{R} = \left[\frac{\partial \widetilde{\mathbf{a}}}{\partial \mathbf{w}} + \frac{\partial \widetilde{\mathbf{b}}}{\partial \mathbf{w}} u_{R} - \sum_{i=1}^{k_{S}} \mathbf{p}_{i} \frac{\partial \widetilde{g}_{i}}{\partial \mathbf{w}} - \mathbf{k}_{HR} \frac{\partial c}{\partial \mathbf{w}} \right] \Bigg|_{\mathbf{w}_{R}} \qquad (4.49)$$

Es sei daran erinnert, dass die Vektoren $\mathbf{p}_{i}$ über $[\mathbf{p}_{1}, \ldots, \mathbf{p}_{p}] := \Delta \mathbf{P}_{\mathcal{M}} \mathbf{M}$ im Zuge der
Herleitung der linearisierten Fehlerdynamik (4.39) für den Index-1-Fall definiert wurden.
- Stabilitätsfragen beim Einsatz als Kontrollbeobachter können unter gewissen Vorausset-
  zungen über die linearisierte Form (4.40), (4.41) der Fehlerdynamik des Gesamtsystems

---

[17]Siehe hierzu die Berechnung des Fehlermodells für den MIMO-Fall im Anhang C.5.2 und setze
dort zuerst $m = 1$ und unterdrücke dann konsequenterweise in $\widetilde{\mathbf{b}}$, u und c den Index i.

beantwortet werden. Unter Beachtung der oben angesprochenen Änderung in der Summenbildung lautet die Fehlerdynamikmatrix $\mathbf{A}_{KB}$ nunmehr:

$$\mathbf{A}_{KB} = \begin{bmatrix} \mathbf{A}_{11} & \mathbf{A}_{12} \\ \mathbf{A}_{21} & \mathbf{A}_{22} \end{bmatrix} \quad \text{mit}$$

$$\mathbf{A}_{22} = \left[\frac{\partial \widetilde{\mathbf{a}}}{\partial \mathbf{w}} + \frac{\partial \widetilde{\mathbf{b}}}{\partial \mathbf{w}} (\widetilde{\alpha} + \widetilde{\beta} v_R) \right]\Bigg|_{\mathbf{w}_R}$$

$$\mathbf{A}_{21} = \left[\widetilde{\mathbf{b}} \left(\frac{\partial \widetilde{\alpha}}{\partial \mathbf{w}} + \frac{\partial \widetilde{\beta}}{\partial \mathbf{w}} v_R \right) \right]\Bigg|_{\mathbf{w}_R} \qquad (4.50)$$

$$\mathbf{A}_{12} = \left[\mathbf{k}_{HR} \frac{\partial c}{\partial \mathbf{w}} \right]\Bigg|_{\mathbf{w}_R}$$

$$\mathbf{A}_{11} = \mathbf{A}_{22} + \mathbf{A}_{21} - \mathbf{A}_{12} - \left[\sum_{i=1}^{k_S} \mathbf{p}_i \frac{\partial g_i}{\partial \mathbf{w}} \right]\Bigg|_{\mathbf{w}_R}$$

Offensichtlich muss an die Stabilitätsfragen und die damit verbundene Parametrierung nicht der eben dargestellten Reihenfolge Schritt für Schritt herangegangen werden; natürlich ist denkbar, die gesamte Parametrierung im letzten Schritt durchzuführen, sofern die Anzahl der Parameter bzw. die Überschaubarkeit ihrer Auswirkungen auf die Eigenwertlage es zulässt.

Beispiel 4.3 (Beobachterentwurf für ein Index-2-Modell)
Es soll ein Beobachter zur Schätzung der Deskriptorvariablen des regulären und realisierbaren semi-expliziten Deskriptormodells

$$\begin{aligned} \dot{\mathbf{x}} &= \mathbf{a}(\mathbf{x}, z) + \mathbf{b}\, u = \begin{bmatrix} z \\ x_1 + x_2 z \end{bmatrix} + \begin{bmatrix} 1 \\ 0 \end{bmatrix} u \\ 0 &= g(\mathbf{x}) \qquad\quad = x_2 - 1 \\ y &= c(\mathbf{x}) \qquad\quad = x_1 \end{aligned} \qquad (4.51)$$

entworfen werden.

- *Berechnung des expliziten Modells nach Abschn. (2.2.3):*

  (i) *Gleichungsindex gemäß Berechnungsvorschrift (2.24):*

$$j = 1: \quad \frac{\partial g_0}{\partial z} = \frac{\partial g}{\partial z} = 0 \quad \longrightarrow \quad k > 1$$

$$\dot{g}_0 = g_1 = x_1 + x_2 z$$

$$j = 2: \quad \frac{\partial g_1}{\partial z} = x_2 \neq 0 \quad \longrightarrow \quad k = 2$$

Zusammengefassung aller Zwangsbedingungen gemäß Gl. (4.45):

$$0 = \widetilde{\mathbf{g}}(\mathbf{x}, z) = \begin{bmatrix} g_0(\mathbf{x}, z) \\ g_1(\mathbf{x}, z) \end{bmatrix} = \begin{bmatrix} x_2 - 1 \\ x_1 + x_2 z \end{bmatrix}$$

(ii) *Differentialgleichung für die algebraische Variable z aus Gl. (2.28):*

$$\dot{z} = -\left(\frac{\partial g_1}{\partial z}\right)^{-1} \left(\frac{\partial g_1}{\partial \mathbf{x}} \dot{\mathbf{x}} + \frac{\partial g_1}{\partial u} \dot{u}\right) = -\frac{1}{x_2}(x_2 z^2 + x_1 z + z + u)$$

(iii) *Explizites Modell der Form (4.3) mit* $\mathbf{w} = [w_1, w_2, w_3]^T = [x_1, x_2, z]^T$:

$$\dot{\mathbf{w}} = \begin{bmatrix} w_3 \\ w_1 + w_2 w_3 \\ \dfrac{-1}{w_2}(w_2 w_3^2 + w_1 w_3 + w_3) \end{bmatrix} + \begin{bmatrix} 1 \\ 0 \\ \dfrac{-1}{w_2} \end{bmatrix} u = \widetilde{\mathbf{a}}(\mathbf{w}) + \widetilde{\mathbf{b}}(\mathbf{w}) u \qquad (4.52)$$
$$y = w_1 = c(\mathbf{w})$$

Man beachte, dass im obigen Modell $w_2 \neq 0$ *gelten muss.*

- *Berechnung des Ableitungsgrades* γ *nach Schema (3.15) mit den Operatoren (3.13) und (3.14):*

$$j = 1: \quad (N^0 c)' \mathbf{b} = \left[\frac{\partial c}{\partial \mathbf{x}} - \frac{\partial c}{\partial z}\left(\frac{\partial g_1}{\partial z}\right)^{-1} \frac{\partial g_1}{\partial \mathbf{x}}\right] \mathbf{b} = [1, 0] \begin{bmatrix} 1 \\ 0 \end{bmatrix} = 1$$

$$(M^0 c)' = \left[\frac{\partial c}{\partial u} - \frac{\partial c}{\partial z}\left(\frac{\partial g_1}{\partial z}\right)^{-1} \frac{\partial g_1}{\partial u}\right] = 0$$

Für den Ableitungsgrad gilt somit $\gamma = 1$. *Mit der Wahl der Übertragungsfunktion* $G(s)$

$$G(s) = \frac{1}{s+1}$$

ergeben sich die Parameter $\alpha_0 = 1$ *und* $\lambda = 1$; *somit lautet die Rückführung zur Linearisierung der Kanaldynamik gemäß Gl. (4.4):*

$$u = -w_1 - w_3 + v \qquad (4.53)$$

Man überzeugt sich leicht, dass diese Rückführung im geschlossenen Kreis realisierbar ist, d. h. sie bildet keine algebraischen Schleifen.

- *Berechnung der reduzierten Beobachtbarkeitsmatrix und der Beobachterverstärkung:*
  Zunächst erhält man für die reduzierte Beobachtbarkeitsmatrix (4.24)

$$\mathbf{Q}_R(\widehat{\mathbf{w}}) = \left[\frac{\partial}{\partial \widehat{\mathbf{w}}} N^0 c(\widehat{\mathbf{w}})\right] = \left[\frac{\partial w_1}{\partial \widehat{\mathbf{w}}}\right] = [1, 0, 0]$$

und daraus mit ihrer Pseudo-Inversen $\mathbf{Q}_R^+$ (4.26) und dem Korrekturvektor $\mathbf{k}$ (wegen $\gamma = 1$ degeneriert dieser Vektor zum Skalar k_1) die Beobachterverstärkung:

$$\mathbf{k}_{HR}(\widehat{\mathbf{w}}) = \mathbf{Q}_R^+(\widehat{\mathbf{w}})k_1 = \begin{bmatrix} k_1 \\ 0 \\ 0 \end{bmatrix} \qquad (4.54)$$

- *Wahl der LUENBERGER-Vertärkung $\mathbf{k}$:*
  Die Matrix $(\mathbf{A} - \mathbf{k}\mathbf{c}^T)$, die den linearen Anteil der Fehlerdynamik (4.19) beschreibt, degeneriert zum Skalar $(0 - k_1 \cdot 1)$ und besitzt mit der gewählten Verstärkung $k_1 = 2$ einen Eigenwert $\sigma = -2$.
- *Berechnung der Korrektur im Deskriptorbeobachter (4.46) zur Berücksichtigung aller Zwangsbedingungen:*

(i) *Berechnung der Projektionskorrektur (4.47):*

$$\Delta\mathbf{P}_{\mathcal{M}}(\mathbf{w}) = \begin{bmatrix} \dfrac{1}{w_2^2 + 1} & 0 & \dfrac{w_2}{w_2^2 + 1} \\ 0 & 1 & 0 \\ \dfrac{w_2}{w_2^2 + 1} & 0 & \dfrac{w_2^2}{w_2^2 + 1} \end{bmatrix}$$

(ii) *Bestimmung der frei wählbaren Parameter der Gewichtsmatrix $\mathbf{M}$:*
Die Parameter der $(\hat{n} \times k_S)$-dimensionalen Gewichtsmatrix $\mathbf{M} = \{m_{ij}\}$ mit $i = 1, \ldots, \hat{n}$ und $j = 1, \ldots, k_S$ werden für die Vorgabe der Eigenwerte der Dynamik-matrix $\mathbf{A}_R$ (4.49) der linearisierten Schätzfehlerdynamik herangezogen. Die folgenden Berechnungen wurden für die Ruhelage $u_R = 0$ und $\mathbf{w}_R = [0, 1, 0]^T$ durchgeführt. Für die gezielte Platzierung der $\hat{n} = 3$ Eigenwerte $\sigma_1, \sigma_2, \sigma_3$ ist es zweckdienlich, die $\hat{n}k_S = 6$ Entwurfsparameter in der (3×2)-dimensionalen Matrix $\mathbf{M}$ auf $3 = \hat{n}$ zu reduzieren; dabei ist zunächst zu beachten, dass notwendigerweise $\mathbf{M}$ keine Nullspalte enthalten darf, wenn man beide Zwangsbedingungen in $\widetilde{\mathbf{g}} = \mathbf{0}$ (die explizite $g_0 = 0$ und die implizite $g_1 = 0$) zur Beobachterkorrektur heranziehen will. Eine mögliche Aufteilung der Parameter ist:

$$\mathbf{M} = \begin{bmatrix} 0 & m_{12} \\ m_{21} & 0 \\ 0 & m_{32} \end{bmatrix}$$

Mithilfe von elementaren Berechnungen ergibt diese Aufteilung $\sigma_1 = -m_{21}$; mit der Wahl $m_{21} = 2$ liegt der Eigenwert σ_1 der Fehlerdynamikmatrix um den Faktor 2 weiter links in der komplexen Ebene als der Pol der Kanalübertragungsfunktion. Die Wahl $m_{12} = 1$ und $m_{32} = 0$ führt dann auf $\sigma_2 = \sigma_3 = -2$.

Abb. 4.10 zeigt ein Ergebnis eines Simulationslaufes bei verschwindender externer Eingangsgröße $v(t) = 0$ und Anfangswerten $\mathbf{w}_0 = [2,\ 1,\ -2]^T$ und $\widehat{\mathbf{w}}_0 = [0,\ 0,1,\ 0]^T$ in der Struktur aus Abb. 4.2 links, die Rückführung wird also mit nominellen Variablen betrieben. Zu sehen sind die Deskriptorvariable $\mathbf{w}$ und der zugehörige Schätzwert $\widehat{\mathbf{w}}$.

- *Bemerkungen zur instabilen Nulldynamik in diesem Beispiel:*
  Schließt man das Gebiet um $w_2 = 0$ aus, dann ist

$$\boldsymbol{\xi} = \boldsymbol{\varphi}(\mathbf{w}) = \begin{bmatrix} w_1 \\ w_2 \\ w_1 + w_2 w_3 \end{bmatrix}$$

ein Diffeomorphismus, der das explizite Modell (4.52) mit der Rückführung (4.53) in die BYRNES- ISIDORI-*Normalform*

$$\dot{\xi}_1 = -\xi_1 + v$$
$$\dot{\eta}_1 = \eta_2$$
$$\dot{\eta}_2 = 0$$

überführt. Die Nulldynamik ist demnach strukturell eine Zweifach-Integriererkette mit instabiler Ruhelage im Sinne von LJAPUNOV.
Die Zwangsbedingungen prägen der instabilen Nulldynamik aber die konsistenten Anfangswerte $\eta_1(0) = 1$ und $\eta_2(0) = 0$ auf; somit gibt es nur die eine von Null verschiedene Lösung $\eta_1(t) = 1$ – infolge der obigen Variablentransformation gilt $\eta_1 = \xi_2 = w_2$, also $w_2(t) = 1$, was auch die Abb. 4.10 zeigt. Eine über alle Grenzen wachsende Eigenbewegung der instabilen Nulldynamik im expliziten Prozessmodell wird gewissermaßen von den Zwangsbedingungen unterdrückt.

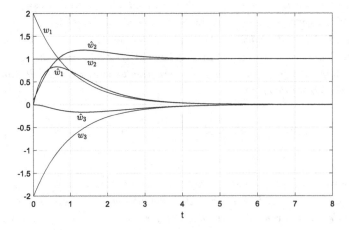

Abb. 4.10 Deskriptorvariable $\mathbf{w}$ und zugehöriger Schätzwert $\widehat{\mathbf{w}}$

Da die Fehlerdynamik durch geeignete Wahl der Korrekturterme asymptotisch stabilisiert wurde und die Beobachtertrajektorie sich als additive Überlagerung von Prozess- und Fehlertrajektorie ergibt, enthält auch die Beobachterdynamik keine „instabilen Eigenbewegungen". Deswegen ist die instabile Nulldynamik in diesem Beispiel kein Anlass zu Sorge; man bedenke aber, dass die Stabilitätsaussagen bezüglich der Fehlerdynamik auf der Indirekten Methode von LJAPUNOV fußen, die hinreichend kleine Auslenkungen aus der Ruhelage voraussetzt.

Hingegen kann die instabile Nulldynamik ein Problem bewirken, wenn die Prozessdynamik anhand des expliziten Modells analysiert wird und die Anfangswerte bei der numerischen Integration nicht konsistent vorgegeben werden oder nicht geeignet gewählte Parameter des Integrationsalgorithmus die Rechenfehler anwachsen lassen.

Man mache sich bewusst, dass die obigen Argumente auf das Beispiel bezogen sind, denn i. A. stellt eine asymptotisch stabile Nulldynamik, die schwach gedämpfte Schwingungen hervorruft, ein praktisches Problem dar.

- *Betrieb als Deskriptor-Kontrollbeobachter:*
Ergänzend sei ein Simulationsergebnis vorgestellt, das mit dem Ergebnis aus Abb. 4.10 korrespondiert; nur werden jetzt in Abb. 4.11 die Rückführung und der Deskriptor-Beobachter nicht getrennt betrieben, sondern zusammen als Deskriptor-Kontrollbeobachter mit den Eingangsgrößen y und v und der Ausgangsgröße u im folgenden mathematischen Modell:

$$
\dot{\widehat{\mathbf{w}}} = \begin{bmatrix} \widehat{w}_3 \\ \widehat{w}_1 + \widehat{w}_2\widehat{w}_3 \\ \dfrac{-1}{\widehat{w}_2}(\widehat{w}_2\widehat{w}_3^2 + \widehat{w}_1\widehat{w}_3 + \widehat{w}_3) \end{bmatrix} + \begin{bmatrix} 1 \\ 0 \\ \dfrac{-1}{\widehat{w}_2} \end{bmatrix} u -
$$

$$
- \begin{bmatrix} 0 & \dfrac{1}{\widehat{w}_2^2 + 1} \\ 2 & 0 \\ 0 & \dfrac{\widehat{w}_2}{\widehat{w}_2^2 + 1} \end{bmatrix} \begin{bmatrix} \widehat{w}_2 - 1 \\ \widehat{w}_1 + \widehat{w}_2\widehat{w}_3 \end{bmatrix} - \begin{bmatrix} 2 \\ 0 \\ 0 \end{bmatrix} (y - \widehat{w}_1)
$$

$$
u = \widehat{w}_1 - \widehat{w}_3 + v
$$

Berechnet man die Dynamikmatrix $\mathbf{A}_{KB}$ des Gesamtfehlermodells (4.40) für $v_R = 0$ und $\mathbf{w}_R = [0, 1, 0]^T$ gemäß Beziehung (4.50), ergibt sich für die Eigenwerte σ_i mit $i = 1, \ldots, 6$:

$$
\{\sigma_1, \ldots, \sigma_6\} = \{-1, -2, -2, -2, 0, 0\}
$$

Es sei erwähnt, dass die Rückführung (4.53) mit dem Ziel entworfen wurde, den Pol der Kanalübertragungsfunktion bei $s = \sigma_1 = -1$ zu platzieren und dass der Dynamikmatrix des Schätzfehlers die Eigenwerte bei $\sigma_{2,3,4} = -2$ aufgeprägt wurden; die Eigenwerte $\sigma_{5,6} = 0$ sind der Nulldynamik des Prozessmodells geschuldet.   ◇

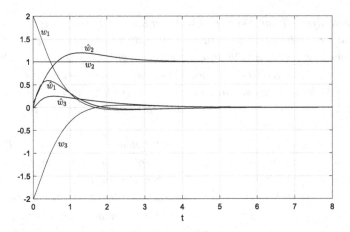

Abb. 4.11 Deskriptorvariable **w** und zugehöriger Schätzwert $\widehat{\mathbf{w}}$ mit dem Deskriptor-Kontrollbeobachter

4.3   MIMO-Beobachter – Index k>0

Die Ergebnisse, die in den beiden letzten Abschn. 4.1 und 4.2 für Eingrößenmodelle vom Index $k = 1$ bzw. $k > 1$ entwickelt wurden, werden nun auf Mehrgrößenmodelle übertragen. Vieles erschließt sich dabei aufgrund formaler Analogien, manches muss genauer beleuchtet werden.

Die exakte Linearisierung und Entkopplung des E/A-Verhaltens von MIMO-Deskriptormodellen wurde im Abschn. 3.4 behandelt; die für den Beobachterentwurf notwendigen Ergebnisse werden von dort übernommen und hier der formalen Vollständigkeit halber knapp wiederholt. Wie im Eingrößenfall wird vorausgesetzt, dass das Gesamtsystem mit einer linearisierenden und entkoppelnden statischen Rückführung realisierbar ist.

Ausgangspunkt ist ein reguläres und realisierbares Deskriptormodell in der semi-expliziten Form:

$$\dot{\mathbf{x}} = \mathbf{a}(\mathbf{x}, \mathbf{z}) + \mathbf{B}(\mathbf{x}, \mathbf{z})\,\mathbf{u} \tag{4.55a}$$

$$0 = \mathbf{g}(\mathbf{x}, \mathbf{z}) \tag{4.55b}$$

$$\mathbf{y} = \mathbf{c}(\mathbf{x}, \mathbf{z}) \tag{4.55c}$$

Die Funktionen und Vektorfelder passender Dimension im Modell (4.55) seien hinreichend glatt in den betrachteten Definitionsbereichen. Für den Entwurf eines Beobachters wird das zugehörige explizite Deskriptormodell mit den Differentialgleichungen für die algebraische Variable $\mathbf{z}$ benötigt. Falls das DAE-System (4.55a), (4.55b) höher indiziert ist, die JACOBI-Matrix $\partial \mathbf{g}/\partial \mathbf{z}$ also singulär ist, wird zuerst mit dem *Modifizierten Shuffle-Algorithmus* eine erweiterte algebraische Gleichung

$$\mathbf{0} = \mathbf{g}_{k-1}(\mathbf{x}, \mathbf{z}) = \begin{bmatrix} g_{1,k_1-1}(\mathbf{x}, \mathbf{z}) \\ \vdots \\ g_{p,k_p-1}(\mathbf{x}, \mathbf{z}) \end{bmatrix} \tag{4.56}$$

mit regulärer Matrix $\partial \mathbf{g}_{k-1}/\partial \mathbf{z}$ (siehe Abschn. 2.2.3) ermittelt. Mit dieser Gleichung kann das folgende explizite Deskriptormodell als Grundlage für den Beobachterentwurf angegeben werden – es gilt weiterhin $\mathbf{w} = [\mathbf{x}^T, \mathbf{z}^T]^T$:

$$\dot{\mathbf{w}} = \begin{bmatrix} \dot{\mathbf{x}} \\ \dot{\mathbf{z}} \end{bmatrix} = \begin{bmatrix} \mathbf{a} + \mathbf{B}\,\mathbf{u} \\ -\left(\dfrac{\partial \mathbf{g}_{k-1}}{\partial \mathbf{z}}\right)^{-1} \dfrac{\partial \mathbf{g}_{k-1}}{\partial \mathbf{x}}\,(\mathbf{a} + \mathbf{B}\,\mathbf{u}) \end{bmatrix} =: \widetilde{\mathbf{a}}(\mathbf{w}) + \widetilde{\mathbf{B}}(\mathbf{w})\,\mathbf{u}$$

$$\mathbf{y} = \mathbf{c}(\mathbf{w}) \tag{4.57}$$

Die im DAE-System (implizit) enthaltenen Zwangsbedingungen werden vom *Modifizierten Shuffle-Algorithmus* im Zuge der Berechnung der algebraischen Gl. (4.56) aus dem DAE-System herausgearbeitet; sie werden zusammen mit den (explizit) gegebenen Zwangsbedingungen (4.55b) gemäß Abschn. 2.2.4 in

$$\mathbf{0} = \widetilde{\mathbf{g}}(\mathbf{x}, \mathbf{z}) \tag{4.58}$$

zusammengefasst; der Vektor $\widetilde{\mathbf{g}}$ besitzt die Struktur (4.45).

Die das E/A-Verhalten linearisierende und entkoppelnde Rückführung, die letztlich mit den Schätzwerten des Beobachters zu betreiben ist, lautet mit den Ergebnissen aus Abschn. 3.4.2.3 und in Analogie zur statischen Rückführung (4.4) aus dem Eingrößenfall

$$\mathbf{u}(\mathbf{w}, \mathbf{v}) = -\widehat{\mathbf{D}}^{-1}(\mathbf{w})[\widehat{\mathbf{c}}(\mathbf{w}) + \widehat{\boldsymbol{\alpha}}(\mathbf{w}) - \boldsymbol{\Lambda}\mathbf{v}] =: \widetilde{\boldsymbol{\alpha}}(\mathbf{w}) + \widetilde{\mathcal{B}}(\mathbf{w})\mathbf{v} \tag{4.59}$$

mit

$$\widetilde{\boldsymbol{\alpha}}(\mathbf{w}) = -\widehat{\mathbf{D}}^{-1}(\mathbf{w})\,[\widehat{\mathbf{c}}(\mathbf{w}) + \widehat{\boldsymbol{\alpha}}(\mathbf{w})] \quad \text{und} \quad \widetilde{\mathcal{B}}(\mathbf{w}) = \widehat{\mathbf{D}}^{-1}(\mathbf{w})\boldsymbol{\Lambda}$$

Hierin sind die als regulär vorausgesetzte Entkoppelmatrix $\widehat{\mathbf{D}}$ und der Vektor $\widehat{\mathbf{c}}$ über die Beziehungen (3.18) bzw. (3.22) aus dem Abschn. 3.4.1 zu ermitteln; sie sind durch das Prozessmodel (4.55) festgelegt. Hingegen enthalten die Matrix $\boldsymbol{\Lambda}$ und der Vektor $\widehat{\boldsymbol{\alpha}}$ frei wählbare Parameter zur Vorgabe der einzelnen Kanaldynamiken (3.21) aus dem Abschn. 3.4.2.

Für den Aufbau des **Deskriptor-Beobachters** wird das explizite Modell (4.57) erweitert mit einem Korrekturterm zur Berücksichtigung des Ausgangsfehlers und einem weiteren Korrekturterm zur Berücksichtigung der mit Gl. (4.58) erfassten expliziten und impliziten Zwangsbedingungen:

$$\dot{\widehat{\mathbf{w}}} = \widetilde{\mathbf{a}}(\widehat{\mathbf{w}}) + \widetilde{\mathbf{B}}(\widehat{\mathbf{w}})\,\mathbf{u} - \mathbf{\Delta P}_{\mathcal{M}}(\widehat{\mathbf{w}})\,\mathbf{M}\,\widetilde{\mathbf{g}}(\widehat{\mathbf{w}}) + \mathbf{K}_{HR}(\widehat{\mathbf{w}})\,(\mathbf{y} - \mathbf{c}(\widehat{\mathbf{w}})) \qquad (4.60)$$

Die Matrix $\mathbf{\Delta P}_{\mathcal{M}}$, die bei der orthogonalen Projektion einer Linearkombination (gebildet mit der frei wählbaren Matrix $\mathbf{M}$) der Zwangsbedingungen verwendet wird, ist unverändert nach Gl. (4.47) aus den SISO-Fall zu berechnen. Die Beobachterverstärkung $\mathbf{K}_{HR}$ hat im MIMO-Fall folgende Struktur

$$\mathbf{K}_{HR}(\widehat{\mathbf{w}}) = \begin{bmatrix} \mathbf{k}_{HR,1}(\widehat{\mathbf{w}}), \ldots, \mathbf{k}_{HR,m}(\widehat{\mathbf{w}}) \end{bmatrix}, \qquad (4.61)$$

in der die einzelnen Spaltenvektoren $\mathbf{k}_{HR,i}$ mithilfe der Pseudoinversen $\mathbf{Q}_R^+$ der reduzierten Beobachtbarkeitsmatrix sowie den LUENBERGER-Verstärkungen $\mathbf{k}_i$ zu den einzelnen Ausgangsgrößen y_i bestimmt werden können (die Voraussetzungen im Anhang C.4 sind zu beachten):

$$\mathbf{k}_{HR,i}(\widehat{\mathbf{w}}) = \mathbf{Q}_{R,i}^{\star}(\widehat{\mathbf{w}})\,\mathbf{k}_i \qquad \forall i \in \{1, \ldots, m\} \qquad (4.62)$$

Für die Berechnung der Matrizen $\mathbf{Q}_{R,i}^{\star}$ geht man von der reduzierten Beobachtbarkeitsmatrix $\mathbf{Q}_R$ (in Analogie zu den Ausführungen im Abschn. C.4)

$$\mathbf{Q}_R(\widehat{\mathbf{w}}) = \begin{bmatrix} \mathbf{Q}_{R,1}(\widehat{\mathbf{w}}) \\ \vdots \\ \mathbf{Q}_{R,m}(\widehat{\mathbf{w}}) \end{bmatrix} \quad \text{mit} \quad \mathbf{Q}_{R,i}(\widehat{\mathbf{w}}) = \begin{bmatrix} \dfrac{\partial}{\partial \widehat{\mathbf{w}}} N^0 c_i(\widehat{\mathbf{w}}) \\ \vdots \\ \dfrac{\partial}{\partial \widehat{\mathbf{w}}} N^{\gamma_i - 1} c_i(\widehat{\mathbf{w}}) \end{bmatrix}$$

aus und berechnet die Matrix $\mathbf{K}_{HR}$:

$$\mathbf{K}_{HR}(\widehat{\mathbf{w}}) = \mathbf{Q}_R^+(\widehat{\mathbf{w}})\,\mathbf{K} =: \begin{bmatrix} \mathbf{Q}_{R,1}^{\star}(\widehat{\mathbf{w}}), \ldots, \mathbf{Q}_{R,m}^{\star}(\widehat{\mathbf{w}}) \end{bmatrix} \begin{bmatrix} \mathbf{k}_1 & \mathbf{0} & \cdots & \mathbf{0} \\ \mathbf{0} & \mathbf{k}_2 & \ddots & \mathbf{0} \\ \vdots & \ddots & \ddots & \mathbf{0} \\ \mathbf{0} & \cdots & \mathbf{0} & \mathbf{k}_m \end{bmatrix} \qquad (4.63)$$

Die darin enthaltene Matrix $\mathbf{K}$ kann über eine Eigenwertvorgabe zur Matrix $(\mathbf{A} - \mathbf{K}\mathbf{C})$ parametriert werden. Die Matrizen $\mathbf{A}$ und $\mathbf{C}$ ergeben sich aus der BYRNES- ISIDORI-Normalform des expliziten Modells (4.57) – die Berechnung dieser Normalform bzw. die Ermittlung der Matrizen $\mathbf{A}$ und $\mathbf{C}$ wird in den beiden folgenden Abschnitten untersucht.

4.3.1 Normalform und Nulldynamik im MIMO-Fall

In Übereinstimmung mit dem Ansatz (3.21) für eine lineare und entkoppelte Kanaldynamik haben die Kanäle $v_i \rightarrow y_i$ eine Dynamik der Ordnung γ_i; die Ordnung der gesamten Kanaldynamik ist somit $\gamma = \sum_{i=1}^{m} \gamma_i$. Nun gilt einerseits im Falle einer statischen Rückführung $\gamma \leq \tilde{n}$ (siehe Definition (3.3) des vektoriellen Ableitungsgrades) und andererseits für die Anzahl der Freiheitsgrade $\tilde{n} = n + p - k_S = \hat{n} - k_S$ (siehe Gl. (2.32)).

Da im expliziten Deskriptormodell (4.57) dim$\{\mathbf{w}\} = \hat{n}$ gilt, ist die Ordnung der Kanaldynamik stets kleiner als die Ordnung des Gesamtmodells, so dass im Gesamtmodell neben der Kanaldynamik auch eine interne Dynamik existiert. Eine mögliche Struktur des Gesamtmodells zeigt Abb. 4.12.

Ihr kann man für den linearen Teil die folgende Variablentransformation als Grundlage für die Ermittlung der Normalform entnehmen:

Zunächst werden die Ausgangsgröße y_i und ihre für die zugehörige Kanaldynamik relevanten Zeitableitungen im Vektor $\boldsymbol{\zeta}_i$

$$\boldsymbol{\zeta}_i = \begin{bmatrix} \zeta_{i,1} \\ \vdots \\ \zeta_{i,\gamma_i} \end{bmatrix} = \begin{bmatrix} y_i \\ \vdots \\ \overset{(\gamma_i-1)}{y_i} \end{bmatrix} = \begin{bmatrix} N^0 c_i(\mathbf{w}) \\ \vdots \\ N^{\gamma_i-1} c_i(\mathbf{w}) \end{bmatrix}$$

zusammengefasst, womit die gesamte Kanaldynamik über die Transformation $\boldsymbol{\zeta}(\mathbf{w})$

$$\boldsymbol{\zeta} = \begin{bmatrix} \boldsymbol{\zeta}_1(\mathbf{w}) \\ \vdots \\ \boldsymbol{\zeta}_m(\mathbf{w}) \end{bmatrix}$$

erfasst werden kann, die immer (siehe Behandlung des SISO-Falles im Abschn. 4.1.1) mit geeignet gewählten Funktionen im Vektor $\boldsymbol{\eta}$

$$\boldsymbol{\eta} = \begin{bmatrix} \varphi_{\gamma+1}(\mathbf{w}) \\ \vdots \\ \varphi_{\hat{n}}(\mathbf{w}) \end{bmatrix}$$

ergänzt werden kann, so dass mit

$$\boldsymbol{\xi} = \begin{bmatrix} \boldsymbol{\zeta}(\mathbf{w}) \\ \boldsymbol{\eta}(\mathbf{w}) \end{bmatrix} = \boldsymbol{\varphi}(\mathbf{w}) \tag{4.64}$$

ein (zumindest lokaler) Diffeomorphismus entsteht, mit dem das Gesamtmodell auf die BYRNES- ISIDORI-Normalform überführt werden kann.

Für die Formulierung des mathematischen Modells in dieser Normalform muss die Transformation (4.64) nach der Zeit abgeleitet werden; aus dem Strukturbild 4.12 können die Differentialgleichungen zur Beschreibung der Kanaldynamik unmittelbar entnommen werden:

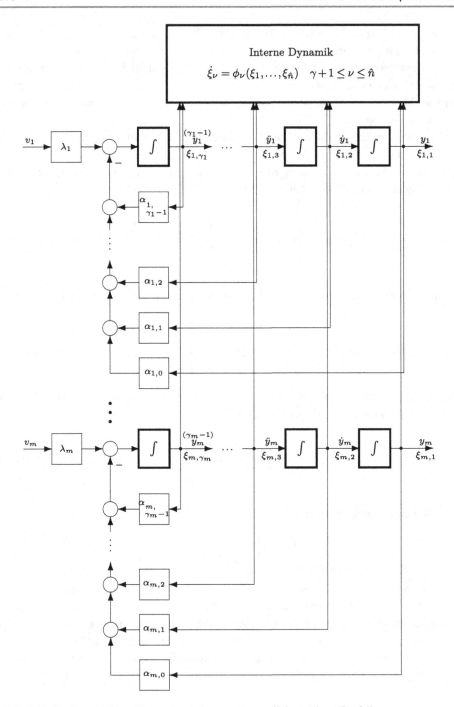

Abb. 4.12 Struktur der Kanaldynamik mit interner Dynamik im Mehrgrößenfall

$$\dot{\xi}_{i,1} = \xi_{i,2}$$
$$\dot{\xi}_{i,2} = \xi_{i,3}$$
$$\vdots \qquad (4.65)$$
$$\dot{\xi}_{i,\gamma_i} = -\alpha_{i,0}\xi_{i,1} - \alpha_{i,1}\xi_{i,2} - \dots - \alpha_{i,\gamma_i-1}\xi_{i,\gamma_i} + \lambda_i v_i$$
$$y_i = \xi_{i,1}$$

Formuliert man zunächst die einzelnen Kanaldynamiken (4.65) kompakt in Matrixschreibweise

$$\dot{\boldsymbol{\zeta}}_i = \mathbf{A}_i \boldsymbol{\zeta}_i + \mathbf{b}_i v_i \qquad (4.66a)$$
$$y_i = \mathbf{c}_i^T \boldsymbol{\zeta}_i, \qquad (4.66b)$$

dann gilt für die $(\gamma_i \times \gamma_i)$-dimensionale Matrix $\mathbf{A}_i$ und für die γ_i-dimensionalen Vektoren $\mathbf{b}_i$ und $\mathbf{c}_i$

$$\mathbf{A}_i = \begin{bmatrix} 0 & 1 & 0 & \dots & 0 \\ 0 & 0 & 1 & \dots & 0 \\ \vdots & & & \ddots & \vdots \\ 0 & 0 & 0 & \dots & 1 \\ -\alpha_{i,0} & -\alpha_{i,1} & -\alpha_{i,2} & \dots & -\alpha_{i,\gamma_i-1} \end{bmatrix}, \quad \mathbf{b}_i = \begin{bmatrix} 0 \\ 0 \\ \vdots \\ 0 \\ \lambda_i \end{bmatrix}, \quad \mathbf{c}_i = \begin{bmatrix} 1 \\ 0 \\ \vdots \\ 0 \\ 0 \end{bmatrix}.$$

Bildet man anschließend die gesamte Kanaldynamik in Matrixschreibweise ab, ergibt sich offensichtlich:

$$\dot{\boldsymbol{\zeta}} = \begin{bmatrix} \mathbf{A}_1 & \mathbf{0} & \dots & \mathbf{0} \\ \mathbf{0} & \mathbf{A}_2 & \ddots & \\ \vdots & \ddots & \ddots & \mathbf{0} \\ \mathbf{0} & \dots & \mathbf{0} & \mathbf{A}_m \end{bmatrix} \boldsymbol{\zeta} + \begin{bmatrix} \mathbf{b}_1 & \mathbf{0} & \dots & \mathbf{0} \\ \mathbf{0} & \mathbf{b}_2 & \ddots & \\ \vdots & \ddots & \ddots & \mathbf{0} \\ \mathbf{0} & \dots & \mathbf{0} & \mathbf{b}_m \end{bmatrix} \mathbf{v} =: \mathbf{A}\boldsymbol{\zeta} + \mathbf{B}\mathbf{v} \qquad (4.67a)$$

$$\mathbf{y} = \begin{bmatrix} \mathbf{c}_1^T & \mathbf{0} & \dots & \mathbf{0} \\ \mathbf{0} & \mathbf{c}_2^T & \ddots & \\ \vdots & \ddots & \ddots & \mathbf{0} \\ \mathbf{0} & \dots & \mathbf{0} & \mathbf{c}_m^T \end{bmatrix} \boldsymbol{\zeta} =: \mathbf{C}\boldsymbol{\zeta} \qquad (4.67b)$$

Zur Vervollständigung des mathematischen Modells in den transformierten Variablen $\boldsymbol{\xi}$ ist noch der zweite Teil der Transformation (4.64) nach der Zeit abzuleiten – wie im SISO-Fall werden die Ableitungen nur der formalen Vollständigkeit wegen ausgeführt, denn die daraus folgenden Beziehungen brauchen nicht für den Beobachterentwurf ausgewertet zu werden (s. Anhang C.4):

$$\dot{\varphi}_v = \frac{\partial \varphi_v}{\partial \mathbf{w}} \dot{\mathbf{w}} = \frac{\partial \varphi_v}{\partial \mathbf{w}} \widetilde{\mathbf{a}}(\mathbf{w}) + \frac{\partial \varphi_v}{\partial \mathbf{w}} \widetilde{\mathbf{B}}(\mathbf{w}) \, \mathbf{u}$$

$$= \frac{\partial \varphi_v}{\partial \mathbf{w}} \left(\widetilde{\mathbf{a}}(\mathbf{w}) + \widetilde{\mathbf{B}}(\mathbf{w}) \widetilde{\boldsymbol{\alpha}}(\mathbf{w}) \right) + \frac{\partial \varphi_v}{\partial \mathbf{w}} \widetilde{\mathbf{B}}(\mathbf{w}) \widetilde{\mathcal{B}}(\mathbf{w}) \, \mathbf{v}$$

$$v = \gamma + 1, \dots, \hat{n}$$

Die Funktionen $\varphi_v(\mathbf{w})$, $v = \gamma + 1, \dots, \hat{n}$ können immer so gewählt werden, dass

$$\frac{\partial \varphi_v}{\partial \mathbf{w}} \widetilde{\mathbf{B}}(\mathbf{w}) \widetilde{\mathcal{B}}(\mathbf{w}) = \mathbf{0} \qquad v = \gamma + 1, \dots, \hat{n} \tag{4.68}$$

gilt, so dass der zweite Teil des mathematischen Modells in den transformierten Variablen $\boldsymbol{\xi}$ unabhängig von der externen Eingangsgröße $\mathbf{v}$ gestaltet werden kann. Es ist bemerkenswert, dass damit die Bestimmung der Transformation (4.64) an die mitunter problematische Lösung der partiellen Differentialgleichungen (4.68) gebunden ist (siehe Ausführungen im SISO-Fall). Schließlich führt die Abkürzung

$$\left(\frac{\partial \varphi_v}{\partial \mathbf{w}} \left(\widetilde{\mathbf{a}}(\mathbf{w}) + \widetilde{\mathbf{B}}(\mathbf{w}) \widetilde{\boldsymbol{\alpha}}(\mathbf{w}) \right) \right) \Bigg|_{\mathbf{w} = \varphi^{-1}(\boldsymbol{\xi})} =: \phi_v(\boldsymbol{\xi}) \qquad v = \gamma + 1, \dots, \hat{n} \tag{4.69}$$

auf die Differentialgleichungen für den zweiten Teil des transformierten Modells:

$$\dot{\xi}_v = \phi_v(\boldsymbol{\xi}) \qquad v = \gamma + 1, \dots, \hat{n} \tag{4.70}$$

Die Dgln. (4.70) beschreiben die interne Dynamik (vgl. Abb. 4.12). In der Zusammenfassung ergibt sich das mathematische Modell des rückgekoppelten Gesamtsystems in der Normalform:

$$\dot{\boldsymbol{\zeta}} = \mathbf{A}\boldsymbol{\zeta} + \mathbf{B}\mathbf{v} \tag{4.71a}$$

$$\dot{\boldsymbol{\eta}} = \boldsymbol{\phi}(\boldsymbol{\zeta}, \boldsymbol{\eta}) \tag{4.71b}$$

$$\mathbf{y} = \mathbf{C}\boldsymbol{\zeta} \tag{4.71c}$$

Wie im Abschn. 4.1.2 für den Eingrößenfall bereits ausgeführt, ist auch im Mehrgrößenfall der Stabilitätscharakter der in Frage kommenden Ruhelage $\boldsymbol{\eta}_R$ aus $\mathbf{0} = \boldsymbol{\phi}(\mathbf{0}, \boldsymbol{\eta}_R)$ der Nulldynamik

$$\dot{\boldsymbol{\eta}} = \boldsymbol{\phi}(\mathbf{0}, \boldsymbol{\eta}_R)$$

entscheidend für die Einsatztauglichkeit des rückgekoppelten Gesamtsystems, bzw. des expliziten Modells mit Kontrollbeobachter.

4.3.2 Festlegen der Entwurfsparameter

An dieser Stelle wird die noch offene Frage nach der Berechnung der LUENBERGER-Verstärkung $\mathbf{K}$ in Gl. (4.63) aufgegriffen. Zu diesem Zweck soll ein Blick auf die Abb.

4.8 in Erinnerung rufen, dass das Entwurfsverfahren für den Beobachter auf die Verarbeitung der Prozess-Eingangsgröße und nicht der externen Eingangsgröße ausgerichtet ist. Deswegen ist für den Beobachterentwurf die Normalform des nicht rückgekoppelten expliziten Modells (4.57) von Interesse; man erhält sie, indem man die Eingangstransformation (4.59) invertiert

$$\mathbf{v} = \widetilde{\mathcal{B}}^{-1}(\mathbf{w})[\mathbf{u} - \widetilde{\alpha}(\mathbf{w})] = \widetilde{\mathcal{B}}^{-1}(\varphi^{-1}(\boldsymbol{\xi}))[\mathbf{u} - \widetilde{\alpha}(\varphi^{-1}(\boldsymbol{\xi}))] =: \alpha(\boldsymbol{\xi}) + \mathcal{B}(\boldsymbol{\xi})\mathbf{u} \qquad (4.72)$$

in die Normalform (4.71) des Gesamtsystems einsetzt:

$$\dot{\boldsymbol{\zeta}} = \mathbf{A}\boldsymbol{\zeta} + \mathbf{B}\left[\alpha(\boldsymbol{\zeta}, \boldsymbol{\eta}) + \mathcal{B}(\boldsymbol{\zeta}, \boldsymbol{\eta})\mathbf{u}\right] \qquad (4.73a)$$

$$\dot{\boldsymbol{\eta}} = \boldsymbol{\phi}(\boldsymbol{\zeta}, \boldsymbol{\eta}) \qquad (4.73b)$$

$$\mathbf{y} = \mathbf{C}\boldsymbol{\zeta} \qquad (4.73c)$$

Für die Elemente $\mathbf{A}_i$ der Blockmatrix $\mathbf{A} = \mathrm{diag}\{\mathbf{A}_i\}$ und für die Elemente $\mathbf{b}_i$ der Blockmatrix $\mathbf{B} = \mathrm{diag}\{\mathbf{b}_i\}$ ergibt sich im Zuge dieser Umformung:

$$\mathbf{A}_i = \begin{bmatrix} 0 & 1 & 0 & \dots & 0 \\ 0 & 0 & 1 & \dots & 0 \\ \vdots & & & \ddots & \vdots \\ 0 & 0 & 0 & \dots & 1 \\ 0 & 0 & 0 & \dots & 0 \end{bmatrix}, \qquad \mathbf{b}_i = \begin{bmatrix} 0 \\ 0 \\ \vdots \\ 0 \\ 1 \end{bmatrix}$$

Die Blockmatrix $\mathbf{C}$ bleibt unverändert in der Form (4.67b). Mit diesen Matrizen kann dann die Verstärkungsmatrix $\mathbf{K}$ über eine Eigenwertvorgabe für die Matrix $(\mathbf{A} - \mathbf{KC})$ parametriert werden.

Die Parametrierung der Gewichtsmatrix $\mathbf{M}$ im Modell des Deskriptor-Beobachters (4.60) kann wie im Eingrößenfall über die Vorgabe der Eigenwerte der Dynamikmatrix $\mathbf{A}_R$ des Beobachter-Schätzfehlers oder über die Vorgabe der Eigenwerte der Dynamikmatrix $\mathbf{A}_{KB}$ des Fehlers im Gesamtmodell mit dem Deskriptorbeobachter erfolgen.

Die Berechnung dieser Dynamikmatrizen erfolgt in Analogie zu den Ausführungen im Abschn. 4.2.1 für den SISO-Fall: einerseits wird die Dynamikmatrix (4.49) des linearisierten Fehlermodells im Prozessmodell mit Beobachter und andererseits die Dynamikmatrix (4.50) des linearisierten Fehlermodells im Gesamtmodell mit Kontroll-Beobachter bestimmt. Es ist nur zu beachten, dass es nunmehr m Eingangsgrößen u_i bzw. v_i sowie m Ausgangsgrößen $y_i = c_i(\mathbf{w})$ gibt; das Ergebnis lautet dann[18]

---

[18]Mit $\widetilde{\mathbf{b}}_\nu$ ist der ν-te Spaltenvektor der Matrix $\widetilde{\mathbf{B}}(\mathbf{w})$ im expliziten Deskriptormodell (4.57) und mit $\widetilde{\alpha}_\nu$ bzw. $\widetilde{\beta}_{\nu\mu}$ sind die Elemete des Spaltenvektors $\widetilde{\alpha}(\mathbf{w})$ bzw. der Matrix $\widetilde{\mathcal{B}}(\mathbf{w})$ in der statischen Rückkopplung (4.59) angesprochen; alle anderen Größen sind in Kontext erläutert.

$$\mathbf{A}_R = \left[\frac{\partial \widetilde{\mathbf{a}}}{\partial \mathbf{w}} + \sum_{i=1}^{m} \frac{\partial \widetilde{\mathbf{b}}_i}{\partial \mathbf{w}} u_{i,R} - \sum_{i=1}^{k_S} \mathbf{p}_i \frac{\partial \widetilde{g}_i}{\partial \mathbf{w}} - \sum_{i=1}^{m} \mathbf{k}_{HR,i} \frac{\partial c_i}{\partial \mathbf{w}} \right]\Bigg|_{\mathbf{w}_R} \qquad (4.74)$$

für die Dynamikmatrix des Fehlermodells im Prozessmodell mit Beobachter und

$$\mathbf{A}_{KB} = \begin{bmatrix} \mathbf{A}_{11} & \mathbf{A}_{12} \\ \mathbf{A}_{21} & \mathbf{A}_{22} \end{bmatrix} \qquad (4.75)$$

mit

$$\mathbf{A}_{22} = \left[\frac{\partial \widetilde{\mathbf{a}}}{\partial \mathbf{w}} + \sum_{j=1}^{m} \frac{\partial \widetilde{\mathbf{b}}_j}{\partial \mathbf{w}} \left(\widetilde{\alpha}_j + \sum_{i=1}^{m} \widetilde{\beta}_{ji} v_{i,R} \right) \right]\Bigg|_{\mathbf{w}_R}$$

$$\mathbf{A}_{21} = \left[\sum_{j=1}^{m} \widetilde{\mathbf{b}}_j \left(\frac{\partial \widetilde{\alpha}_j}{\partial \mathbf{w}} + \sum_{i=1}^{m} \frac{\partial \widetilde{\beta}_{ji}}{\partial \mathbf{w}} v_{i,R} \right) \right]\Bigg|_{\mathbf{w}_R} \qquad (4.76)$$

$$\mathbf{A}_{12} = \left[\sum_{j=1}^{m} \mathbf{k}_{HR.j} \frac{\partial c_j}{\partial \mathbf{w}} \right]\Bigg|_{\mathbf{w}_R}$$

$$\mathbf{A}_{11} = \mathbf{A}_{22} + \mathbf{A}_{21} - \mathbf{A}_{12} - \left[\sum_{i=1}^{k_S} \mathbf{p}_i \frac{\partial \widetilde{g}_i}{\partial \mathbf{w}} \right]\Bigg|_{\mathbf{w}_R}$$

für die Dynamikmatrix des Fehlermodells im Gesamtmodell mit Kontroll-Beobachter. Es ist augenscheinlich, dass die beiden Matrizen (4.74) und (4.75) für $m = 1$ formal in die entsprechenden Ausdrücke (4.49) und (4.50) für den Eingrößenfall übergehen; ihre Berechnung folgt dem im Abschn. 4.1.6 für den SISO-Fall aufgezeigten Weg. Im MIMO-Fall sind allerdings umfangreiche Rechenschritte erforderlich, die im Anhang C.5 dargestellt werden.

4.3.3 Beobachterentwurf für die Gasmischanlage

Im Abschn. 3.4.3 wurde für die strömungsmechanische Anlage zur Mischung von trockenem und feuchtem Wasserstoffgas bereits eine statische Rückführung entworfen, die dem Zweigrößensystem ein lineares und entkoppeltes E/A-Verhalten mit einer einfach integrierenden Kanaldynamik aufprägt. In diesem Abschnitt wird für die Realisierung der Rückführung ein Deskriptor-Beobachter entworfen, der für die algebraischen und die differentiellen Variablen Schätzwerte liefert. Um einfacher auf Komponenten des Modells Bezug nehmen zu können, sei es hier noch einmal angeschrieben:

$$\dot{\mathbf{x}} = \frac{1}{T}\mathbf{u} \tag{4.77a}$$

$$\mathbf{0} = \mathbf{g}(\mathbf{x}, \mathbf{z}) = \begin{bmatrix} g_1 \\ g_2 \end{bmatrix} = \begin{bmatrix} c_{R1}z_1^2 + c_V\psi(x_1)z_1^q + c_R(z_1 + z_2)^2 - \Delta p \\ c_{R2}z_2^2 + c_V\psi(x_2)z_2^q + c_R(z_1 + z_2)^2 - \Delta p \end{bmatrix} \tag{4.77b}$$

$$\mathbf{y} = \mathbf{c}(\mathbf{z}) = \begin{bmatrix} c_1 \\ c_2 \end{bmatrix} = \begin{bmatrix} f_1 z_1 + f_2 z_2 \\ z_1 + z_2 \\ z_1 + z_2 \end{bmatrix} \tag{4.77c}$$

Die entworfene statische Rückführung

$$\mathbf{u}(\mathbf{x}, \mathbf{z}, \mathbf{v}) = \widehat{\mathbf{D}}^{-1}(\mathbf{x}, \mathbf{z})\,\mathbf{v} = \begin{bmatrix} \rho_1 & -\varrho_1 \\ -\rho_2 & -\varrho_2 \end{bmatrix} \begin{bmatrix} v_1 \\ v_2 \end{bmatrix}$$

$$\text{mit} \quad \rho_i = T\,\frac{(z_1 + z_2)(c_V q z_i^q \psi(x_i) + 2c_{Ri}z_i^2)}{c_V(f_2 - f_1)z_i^{q+1}\psi'(x_i)} \tag{4.78}$$

$$\text{und} \quad \varrho_i = T\,\frac{2c_R(z_1 + z_2)^2 + c_V q z_i^q \psi(x_i) + 2c_{Ri}z_i^2}{c_V(z_1 + z_2)z_i^q \psi'(x_i)}$$

erzeugte (mit nominellen Parametern) ein Gesamtsystem mit folgender E/A-Dynamik:

$$\mathbf{y}(s) = \begin{bmatrix} \dfrac{1}{s} & 0 \\ 0 & \dfrac{1}{s} \end{bmatrix} \mathbf{v}(s) \tag{4.79}$$

Ein Vergleich der speziellen Rückkopplung (4.78) mit der allgemeinen Struktur (4.59) zeigt, dass $\widetilde{\boldsymbol{\alpha}} = \mathbf{0}$ und $\widetilde{\boldsymbol{B}}(\mathbf{x}, \mathbf{z}) = \widehat{\mathbf{D}}^{-1}(\mathbf{x}, \mathbf{z})$ gilt.

Die nun folgenden Berechnungen im Zuge des Beobachterentwurfs gelten unter den Bedingungen (siehe Abschn. 3.4.3): $z_1 > 0$, $z_2 > 0$ und $f_1 \neq f_2$.

- Berechnung des expliziten Modells nach Abschn. (2.2.3):

  (i) Gleichungsindizes gemäß Berechnungsvorschrift (2.24) – hier matrixwertig ausgeführt (die JACOBI-Matrix ist im Anhang A.4 angegeben):

$$j = 1: \quad \frac{\partial \mathbf{g}_0}{\partial \mathbf{z}} = \frac{\partial \mathbf{g}}{\partial \mathbf{z}} \text{ regulär} \quad \Longrightarrow \quad k_i = 1 \text{ mit } i = 1, 2$$

Das Modell (4.77) ist somit vom Index $k = 1$; das bedeutet, dass neben den expliziten Zwangsbedingungen (4.77b) keine weiteren im DAE-System existieren und der Vektor (2.30) aller Zwangsbedingungen

$$\widetilde{\mathbf{g}}(\mathbf{x}, \mathbf{z}) = \mathbf{g}(\mathbf{x}, \mathbf{z})$$

lautet.

(ii) Differentialgleichung für die algebraische Variable $\mathbf{z}$ aus Gl. (2.28):

$$\dot{\mathbf{z}} = -\left(\frac{\partial \mathbf{g}}{\partial \mathbf{z}}\right)^{-1}\left(\frac{\partial \mathbf{g}}{\partial \mathbf{x}}\,\dot{\mathbf{x}} + \frac{\partial \mathbf{g}}{\partial \mathbf{u}}\,\dot{\mathbf{u}}\right) = \begin{bmatrix} z_{1p}(\mathbf{x}, \mathbf{z}, \mathbf{u}) \\ z_{2p}(\mathbf{x}, \mathbf{z}, \mathbf{u}) \end{bmatrix}$$

Die Funktionen $z_{ip} = \dot{z}_i$ mit $i = 1, 2$ sind dem Anhang A.4 zu entnehmen.

(iii) Explizites Modell der Form (4.3) mit $\mathbf{w} = [w_1, w_2, w_3, w_4]^T = [x_1, x_2, z_1, z_2]^T = [\mathbf{x}^T, \mathbf{z}^T]^T$ (im Modell ist $\tilde{\mathbf{a}} = \mathbf{0}$ hervorgehoben):

$$\dot{\mathbf{w}} = \begin{bmatrix} 0 \\ 0 \\ 0 \\ 0 \end{bmatrix} + \frac{1}{T}\begin{bmatrix} 1 & 0 \\ 0 & 1 \\ \tilde{b}_{31}(\mathbf{w}) & \tilde{b}_{32}(\mathbf{w}) \\ \tilde{b}_{41}(\mathbf{w}) & \tilde{b}_{42}(\mathbf{w}) \end{bmatrix}\mathbf{u} = \tilde{\mathbf{a}} + \tilde{\mathbf{B}}\,\mathbf{u}$$

$$\mathbf{y} = \begin{bmatrix} f_1 w_3 + f_2 w_4 \\ w_3 + w_4 \\ w_3 + w_4 \end{bmatrix} = \mathbf{c}(\mathbf{w}) \tag{4.80}$$

Die Matrixelemente $\tilde{b}_{31}(\mathbf{w})$, $\tilde{b}_{32}(\mathbf{w})$, $\tilde{b}_{41}(\mathbf{w})$, $\tilde{b}_{42}(\mathbf{w})$ sind dem Anhang A.4 zu entnehmen.

• Modellstruktur (4.60) für den Deskriptorbeobachter:

$$\dot{\hat{\mathbf{w}}} = \tilde{\mathbf{B}}(\hat{\mathbf{w}})\,\mathbf{u} - \Delta\mathbf{P}_{\mathcal{M}}(\hat{\mathbf{w}})\,\mathbf{M}\,\tilde{\mathbf{g}}(\hat{\mathbf{w}}) + \mathbf{K}_{HR}(\hat{\mathbf{w}})\,(\mathbf{y} - \mathbf{c}(\hat{\mathbf{w}}))$$

Die Matrizen $\Delta\mathbf{P}_{\mathcal{M}}$, $\mathbf{M}$ und $\mathbf{K}_{HR}$ werden in den folgenden Abhandlungen spezifiziert.

• Berechnung der Ableitungsgrade γ_1 und γ_2 nach Schema (3.15) mit den Operatoren (3.13)(3.14):
Die erforderlichen Rechenschritte wurden bereits im Abschn. 3.4.3 angeführt; im Ergebnis ist $\gamma_i = 1$ für $i = 1, 2$. In diesem Beispiel sind die Ableitungsgrade und die zugehörigen relativen Grade identisch.

• Berechnung der reduzierten Beobachtbarkeitsmatrix und der Beobachterverstärkung gemäß Beziehungen (4.61) bis (4.63):
Zunächst erhält man wegen $\gamma_i = 1$ für die Teilmatrizen $\mathbf{Q}_{R,i}$ der reduzierten Beobachtbarkeitsmatrix

$$\mathbf{Q}_{R,i}(\hat{\mathbf{w}}) = \frac{\partial}{\partial\hat{\mathbf{w}}}N^0 c_i(\hat{\mathbf{w}}) = \frac{\partial c_i}{\partial\hat{\mathbf{w}}}$$

$$\mathbf{Q}_{R,1}(\hat{\mathbf{w}}) = \frac{f_2 - f_1}{(\hat{w}_3 + \hat{w}_4)^2}\,[0, 0, -\hat{w}_4, \hat{w}_3]\,, \qquad \mathbf{Q}_{R,2}(\hat{\mathbf{w}}) = [0, 0, 1, 1]$$

und daraus mit der Pseudo-Inversen[19] $\mathbf{Q}_R^+$ der reduzierten Beobachtbarkeitsmatrix $\mathbf{Q}_R = [\mathbf{Q}_{R,1}, \mathbf{Q}_{R,2}]^T$ und den LUENBERGER-Verstärkungen k_i die Beobachterverstärkung (4.61) bzw. ihre beiden Spaltenvektoren (4.62):

$$
\mathbf{k}_{HR,1}(\widehat{\mathbf{w}}) = \mathbf{Q}_{R,1}^\star(\widehat{\mathbf{w}})\, k_1 = \frac{k_1(\widehat{w}_3 + \widehat{w}_4)}{f_2 - f_1}
\begin{bmatrix} 0 \\ 0 \\ -1 \\ 1 \end{bmatrix}
$$

$$(4.81)$$

$$
\mathbf{k}_{HR,2}(\widehat{\mathbf{w}}) = \mathbf{Q}_{R,2}^\star(\widehat{\mathbf{w}})\, k_2 = \frac{k_2}{\widehat{w}_3 + \widehat{w}_4}
\begin{bmatrix} 0 \\ 0 \\ \widehat{w}_3 \\ \widehat{w}_4 \end{bmatrix}
$$

- Wahl der LUENBERGER-Verstärkung $\mathbf{K}$:
  Die Matrix $(\mathbf{A} - \mathbf{KC})$, deren Eigenwerte mit der Wahl der Matrix $\mathbf{K}=\mathrm{diag}\,\{k_1, k_2\}$ vorgegeben werden, lautet $(\mathbf{0} - \mathbf{KE})$, so dass für die Eigenwerte $\sigma_1 = -k_1$ und $\sigma_2 = -k_2$ gilt.

- Korrekturterm im Deskriptor-Beobachter (4.60) zur Berücksichtigung der Zwangsbedingungen:

  (i) Korrekturmatrix gemäß Rechenvorschrift (4.47):

$$
\Delta\mathbf{P}_{\mathcal{M}}(\mathbf{w}) = \left[\frac{\partial \widetilde{\mathbf{g}}}{\partial \mathbf{w}}\right]^T \left(\frac{\partial \widetilde{\mathbf{g}}}{\partial \mathbf{w}}\left[\frac{\partial \widetilde{\mathbf{g}}}{\partial \mathbf{w}}\right]^T\right)^{-1} \frac{\partial \widetilde{\mathbf{g}}}{\partial \mathbf{w}}
$$

  Die Berechnung dieser (4×4)-dimensionalen Korrekturmatrix führt selbst nach Vereinfachung in einer Computer-Algebra-Umgebung auf formal höchst umfangreiche Ausdrücke. Mit Blick auf die Realisierung des Deskriptor-Beobachters empfiehlt es sich, pragmatisch vorzugehen und statt der orthogonalen Projektion der Zwangsbedingungen auf die Lösungsmannigfaltigkeit die Zwangsbedingungen selbst bzw. ihre Linearkombination zur Korrektur der Beobachterdynamik heranzuziehen. Das bedeutet, die Korrekturmatrix durch die Einheitsmatrix zu ersetzen: $\Delta\mathbf{P}_{\mathcal{M}}(\mathbf{w}) = \mathbf{E}$.

  (ii) Bestimmung der frei wählbaren Parameter in der Gewichtsmatrix $\mathbf{M}$:
  Die Matrix (4.75) der Dynamik des linearisierten Fehlermodells im Prozessmodell inklusive Kontroll-Beobachter hat wegen $\mathbf{v}_R = \mathbf{0}$ (folgt aus dem expliziten Modell (4.80) und der Rückkopplung (4.78)), $\widetilde{\alpha} = \mathbf{0}$ und $\widetilde{\mathbf{a}} = \mathbf{0}$ die folgende Struktur:

$$
\mathbf{A}_{KB} = \left[
\begin{array}{cc}
-\sum_{j=1}^{m}\mathbf{k}_{HR,j}\dfrac{\partial c_j}{\partial \mathbf{w}} - \sum_{i=1}^{k_S}\mathbf{p}_i\dfrac{\partial \widetilde{g}_i}{\partial \mathbf{w}} & \sum_{j=1}^{m}\mathbf{k}_{HR,j}\dfrac{\partial c_j}{\partial \mathbf{w}} \\[2ex]
\mathbf{0} & \mathbf{0}
\end{array}
\right]_{\mathbf{w}_R}
$$

---

[19] Begründungen und Details zu den Berechnungsschritten sind dem Anhang A.4 zu entnehmen.

Hierin beschreibt die „nordwestliche" Teilmatrix (das ist in diesem Beispiel die Matrix $\mathbf{A}_R$ nach Gl. (4.74)) die linearisierte Fehlerdynamik des Beobachters (ohne in die Rückführung eingebunden zu sein). Es gilt für die Gasmischanlage $k_S = m = 2$; es gibt also zwei Spaltenvektoren $\mathbf{p}_1, \mathbf{p}_2$, die gemäß Herleitung im Abschn. 4.1.6 die Spaltenvektoren der Produktmatrix $\Delta\mathbf{P}_{\mathcal{M}}(\widehat{\mathbf{w}})\,\mathbf{M} = [\mathbf{p}_1, \mathbf{p}_2]$ sind; wegen obiger Annahme $\Delta\mathbf{P}_{\mathcal{M}}(\mathbf{w}) = \mathbf{E}$ sind dies die Spaltenvektoren der frei wählbaren Gewichts-matrix $\mathbf{M}$ – hier mit der Dimension (4×2), d. h. es sind 8 Parameter einzustellen. Um ein Gefühl für die Festlegung der Parameter zu kriegen, bieten sich Simulationsstudien mit $\mathbf{M} = \mathbf{0}$ an. Hierbei hat sich die folgende Struktur

$$\mathbf{M} = \begin{bmatrix} m_1 & 0 \\ 0 & m_2 \\ 0 & 0 \\ 0 & 0 \end{bmatrix}$$

ergeben; die Begründung dazu ist der nachfolgenden Zusammenstellung von Simu-lationen zu entnehmen.

Damit ergibt sich für die Eigenwerte σ_i, $i = 1, \ldots, 4$ der Matrix $\mathbf{A}_R$:

$$\{\sigma_1, \ldots, \sigma_4\} = \{-k_1, -k_2, -m_1 c_V w_3^q \psi'(w_1), -m_2 c_V w_4^q \psi'(w_2)\}$$

Mit der Wahl der LUENBERGER-Verstärkungen $k_1 = k_2 = 0,1$ liegen die ersten beiden Eigenwerte bei $\sigma_1 = \sigma_2 = -0,1$. Eine Auswertung der Ausdrücke für σ_3 und σ_4 über den gesamten Betriebsbereich zeigt, dass mit $m_1 = -0,4$ und $m_2 = -0,6$ für $\sigma_3 < -0,1$ und $\sigma_4 < -0,1$ folgt[20] (man beachte, dass $\psi' < 0$ im Betriebsbereich gilt).

Die Matrix $\mathbf{A}_{KB}$ besitzt Blockdreiecksstruktur, sodass deren Eigenwerte identisch mit den Eigenwerten der Blockdiagonalmatrizen sind. Nachdem die Eigenwerte der Matrix $\mathbf{A}_R$ analysiert wurden, bleibt noch folgende Bemerkung zu den Eigenwer-ten der (4×4)-dimensionalen Nullmatrix: es sei daran erinnert, dass im Anhang A.4 das explizite Deskriptormodell (4.80) des Prozesses zusammen mit der stati-schen Rückführung (4.78) in eine Normalform transformiert wurde, die zeigt, dass die Kanaldynamik und die Nulldynamik jeweils zwei Eigenwerte bei Null hat.

---

[20]Bemerkung: Stabilitätsaussagen mit Hilfe der *Indirekten Methode* von LJAPUNOV sind Aussagen „im Kleinen", die Auslenkungen aus der betrachteten Ruhelage müssen hinreichend klein sein. Zudem muss ein Arbeitspunktwechsel hinreichend langsam ablaufen, weil zeitvariante lineare Systeme insta-bil sein können, auch wenn die zeitveränderlichen Eigenwerte der Dynamikmatrix negativen Realteil besitzen.

• Mathematisches Modell des Deskriptor-Beobachters:

$$\hat{\dot{\mathbf{w}}} = \frac{1}{T} \begin{bmatrix} 1 & 0 \\ 0 & 1 \\ \tilde{b}_{31}(\hat{\mathbf{w}}) & \tilde{b}_{32}(\hat{\mathbf{w}}) \\ \tilde{b}_{41}(\hat{\mathbf{w}}) & \tilde{b}_{42}(\hat{\mathbf{w}}) \end{bmatrix} \mathbf{u} - \begin{bmatrix} m_1 & 0 \\ 0 & m_2 \\ 0 & 0 \\ 0 & 0 \end{bmatrix} \tilde{\mathbf{g}}(\hat{\mathbf{w}}) +$$

$$+ \begin{bmatrix} 0 & 0 \\ 0 & 0 \\ -\dfrac{\hat{w}_3 + \hat{w}_4}{f_{20} - f_{10}} & \dfrac{\hat{w}_3}{\hat{w}_3 + \hat{w}_4} \\ \dfrac{\hat{w}_3 + \hat{w}_4}{f_{20} - f_{10}} & \dfrac{\hat{w}_4}{\hat{w}_3 + \hat{w}_4} \end{bmatrix} \begin{bmatrix} k_1 & 0 \\ 0 & k_2 \end{bmatrix} (\mathbf{y} - \hat{\mathbf{y}}(\hat{\mathbf{w}})) \qquad (4.82)$$

$$\hat{\mathbf{y}} = \begin{bmatrix} \dfrac{f_1 \hat{w}_3 + f_2 \hat{w}_4}{\hat{w}_3 + \hat{w}_4} \\ \hat{w}_3 + \hat{w}_4 \end{bmatrix}$$

Der Deskriptor-Beobachter (4.82) wird in ausgewählten Simulationsstudien des Anhangs A.5 als Deskriptor-Kontroll-Beobachter eingesetzt; es wird das dynamische Verhalten des Gesamtsystems – Prozess mit Kontroll-Beobachter – sowohl bei nominellen als auch bei nicht nominellen Parametern im Kontroll-Beobachter gezeigt.

An dieser Stelle werden die Auswirkungen der beiden Korrekturterme (einerseits der Gewichtsmatrix $\mathbf{M}$ und andererseits der Verstärkungsmatrix $\mathbf{K}$) im Beobachtermodell (4.82) auf den stationären Schätzfehler aufgezeigt[21]. Dazu wird auf die Simulationsumgebung des Anhangs A.5 mit nominellen Parametern zurückgegriffen; allerdings unter folgenden geänderten Umständen:

• Die Rückführung wird nicht mit dem Schätzwert $\hat{\mathbf{w}}$, sondern mit der entsprechenden Größe $\mathbf{w}$ aus dem Prozessmodell gespeist; der Deskriptor-Beobachter wird also nicht als Kontroll-Beobachter betrieben.
• Die konsistenten Anfangswerte im Beobachter unterscheiden sich von denen im Prozessmodell: $\hat{\mathbf{w}}(0) = 0{,}9\,\mathbf{w}(0)$
• Für den Blick auf stationäre Schätzfehler reicht eine Simulationszeit von 100 [s].

---

[21] Man beachte die Struktur der beiden Matrizen $\mathbf{M}$ und $\mathbf{K}_{HR}$ im Modell (4.82), die erkennen lässt, dass die Matrix $\mathbf{M}$ die Schätzung der differentiellen Variablen und die Matrix $\mathbf{K}_{HR}$ der algebraischen beeinflusst.

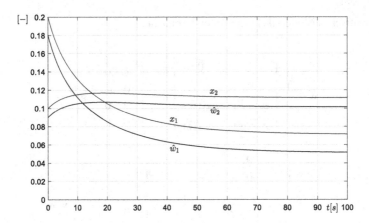

Abb. 4.13 Verlauf der differentiellen Variablen $x_1(t)$ und $x_2(t)$ und der zugehörigen Schätzwerte $\widehat{w}_1(t)$ und $\widehat{w}_2(t)$ im Fall $k_1 = 0, k_2 = 0, m_1 = 0, m_2 = 0$

Zum Zwecke der Demonstration werden drei Szenarien beschrieben:

1) $\mathbf{M} = \mathbf{0}$ und $\mathbf{K} = \mathbf{0}$
2) $\mathbf{M} = \mathbf{0}$ und $\mathbf{K} \neq \mathbf{0}$
3) $\mathbf{M} \neq \mathbf{0}$ und $\mathbf{K} \neq \mathbf{0}$

Zu 1): Die Beobachterdynamik wird weder durch den Ausgangsfehler noch durch den Gleichungsfehler korrigiert; Abb. 4.13 und Abb. 4.14 zeigen einen stationären Fehler in allen vier Schätzwerten.

Zu 2): Die Korrektur der Beobachterdynamik über den Ausgangsfehler kann den stationären Schätzfehler in den differentiellen Variablen nicht tilgen – siehe Abb. 4.15; der stationäre Schätzfehler in den algebraischen Variablen verschwindet jedoch – siehe Abb. 4.16.

Zu 3): Erst die zusätzliche Korrektur der Beobachterdynamik über den Fehler in den algebraischen Gleichungen bewirkt eine stationäre Genauigkeit in allen vier Schätzfehlern – siehe Abb. 4.17 und Abb. 4.18.

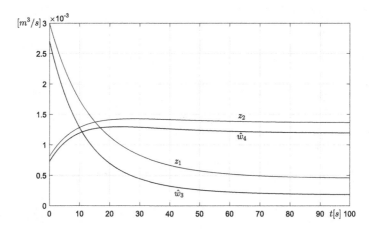

Abb. 4.14 Verlauf der algebraischen Variablen $z_1(t)$ und $z_2(t)$ und der zugehörigen Schätzwerte $\widehat{w}_3(t)$ und $\widehat{w}_4(t)$ im Fall $k_1 = 0, k_2 = 0, m_1 = 0, m_2 = 0$

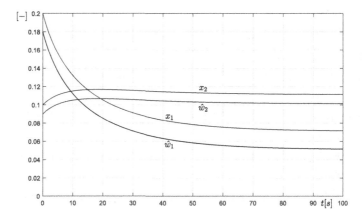

Abb. 4.15 Verlauf der differentiellen Variablen $x_1(t)$ und $x_2(t)$ und der zugehörigen Schätzwerte $\widehat{w}_1(t)$ und $\widehat{w}_2(t)$ im Fall $k_1 = 0,1, k_2 = 0,1, m_1 = 0, m_2 = 0$

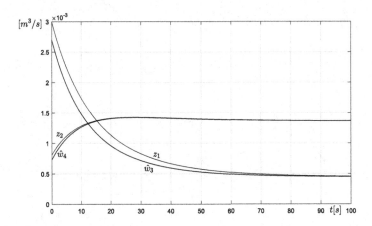

Abb. 4.16 Verlauf der algebraischen Variablen $z_1(t)$ und $z_2(t)$ und der zugehörigen Schätzwerte $\widehat{w}_3(t)$ und $\widehat{w}_4(t)$ im Fall $k_1 = 0,1, k_2 = 0,1, m_1 = 0, m_2 = 0$

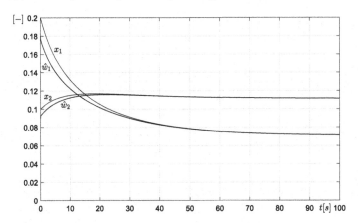

Abb. 4.17 Verlauf der differentiellen Variablen $x_1(t)$ und $x_2(t)$ und der zugehörigen Schätzwerte $\widehat{w}_1(t)$ und $\widehat{w}_2(t)$ im Fall $k_1 = 0,1, k_2 = 0,1, m_1 = -0,4, m_2 = -0,6$

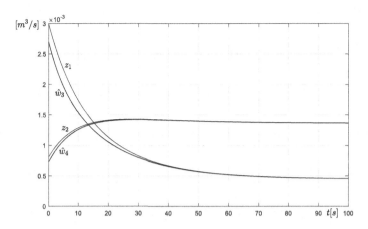

Abb. 4.18 Verlauf der algebraischen Variablen $z_1(t)$ und $z_2(t)$ und der zugehörigen Schätzwerte $\widehat{w}_3(t)$ und $\widehat{w}_4(t)$ im Fall $k_1 = 0{,}1$, $k_2 = 0{,}1$, $m_1 = -0{,}4$, $m_2 = -0{,}6$

Bemerkung

Das mathematische Modell der Gasmischanlage ist ein semi-explizites Deskriptormodell, das implizite Gleichungen für die algebraischen Variablen enthält und deswegen nicht in ein Zustandsmodell überführt werden kann. Der Entwurf einer Rückführung zur Linearisierung und Entkopplung des E/A-Verhaltens und auch der Entwurf eines Beobachters zur Bereitstellung von Schätzwerten für die Realisierung der Rückführung wurden mit zuvor vorgestellten Verfahren durchgeführt. Mit diesem Beispiel ist es gelungen, alle theoretischen Aspekte nicht nur aufzugreifen, sondern auch aufzuklären; die dem Beispiel innewohnenden Lösungen wurden präsentiert, obwohl der implizite Charakter des Modells die explizite Lösung vieler mathematisch anspruchsvoller Aufgaben nicht erwarten ließ – so ist z. B. kein NEWTON- RAPHSON-Algorithmus zur numerischen Lösung der impliziten Gleichungen erforderlich.

Verkopplung von Deskriptormodellen

In vielen Disziplinen, wie etwa in der Verfahrenstechnik oder in der Sportmedizin, werden bei der Modellierung dynamischer Vorgänge mathematische Modelle von komplexen Gesamtsystemen häufig aus einer Zusammensetzung von Modellen für einzelne Teilsysteme gewonnen. Meist werden Modelle der Dynamik elementarer Teilprozesse rechnergestützt unter Vorgabe der Verkopplungen zu einem Gesamtmodell aggregiert. Unter Umständen entsteht dabei aber das bekannte Problem, dass über verkoppelte Teilsysteme aufgebaute Gesamtsysteme entarten können. Sind die angesprochenen Verkopplungen statischer Natur, wird die Dynamik des Gesamtsystems durch ein differential-algebraisches mathematisches Modell erfasst, so dass in der Regel ein semi-explizites Deskriptormodell allen weiteren Bearbeitungsschritten zugrunde liegt. In den vorangegangenen Synthese-Kap. 3 und 4 wurde die Regularität und Realisierbarkeit dieser semi-expliziten Modelle stets vorausgesetzt; eine Entartung im Zuge der Modellierung wurde quasi nicht zugelassen. Das aktuelle Kapitel widmet sich diesem Aspekt und sucht nach Bedingungen unter denen zusammengeschaltete, also verkoppelte dynamische Systeme realisierbar bleiben. Dabei wird sowohl die Zusammenschaltung von Zustandsmodellen als auch von Dekriptormodellen durchleuchtet.

In der Regelungstheorie ist die „interne Stabilität" eines Regelkreises, der im einfachsten Fall aus dem Prozess und einem Kompensationsregler zusammengesetzt ist, nicht nur eine systemtheoretisch interessante sondern auch praxisrelevante Eigenschaft. Dabei wird neben der Stabilität des E/A-Verhaltens von der Führungs- zur Regelgröße auch die Stabilität aller E/A-Paare im Gesamtsystem, insbesondere mit Blick auf die Stellgröße, untersucht.

In Analogie dazu wurde zur Überprüfung der Realisierbarkeit zusammengesetzter Systeme der Begriff der „internen Realisierbarkeit" – in der englischsprachigen Fachliteratur der Begriff *well-posedness* – eingeführt. Kriterien, meist in Form von konservativen hinreichenden Bedingungen, für die Beurteilung dieser Systemeigenschaft bei nichtlinearen Modellen, sind in der einschlägigen Fachliteratur zu finden [2, 10, 77, 81].

Im Rahmen dieses Kapitels ist der Ausgangspunkt zur Untersuchung der Eigenschaft „interne Realisierbarkeit" zusammengesetzter nichtlinearer Systeme das mathematische

F. Gausch, *Nichtlineare Deskriptormodelle,*
https://doi.org/10.1007/978-3-658-31944-1_5

Modell in semi-expliziter Deskriptorform. Die im Kap. 2 entwickelten Methoden für die Analyse dieser Modellklasse erlauben dann einen alternativen Weg, Kriterien zur Beurteilung dieser Systemeigenschaft anzugeben.

Die ersten Untersuchungen gehen davon aus, dass die mathematischen Modelle der Teilsysteme in Zustandsform vorliegen.

In den nachfolgenden Abschnitten sind dann darüber hinausgehend mathematische Modelle der Teilsysteme in Deskriptorform von Interesse und zwar zunächst für einfach und dann für höher indizierte Modelle.

5.1 Realisierbarkeit verkoppelter Modelle in Zustandsform

5.1.1 Einleitung mit einem Beispiel

Die Einführung in das Thema sei von einer simplen Verkopplungsstruktur aus [17] begleitet, um einen Aufhänger für die in den nachfolgenden Abschnitten eingeschlagenen Lösungswege zu haben: Mit zwei skalaren Modellen S_1 und S_2

$$S_1 : \begin{array}{l} \dot{x}_1 = -x_1 + 2u_1 \\ y_1 = x_1 - u_1 \end{array} \qquad S_2 : \begin{array}{l} \dot{x}_2 = -x_2 + u_2 \\ y_2 = x_2 \end{array} \tag{5.1}$$

mit den Zustandsgrößen x_1 bzw. x_2, den Eingangsgrößen u_1 bzw. u_2 und den Ausgangsgrößen y_1 bzw. y_2 sei ein Gesamtmodell nach Abb. 5.1 aufzubauen.

Die Übertragungssysteme S_1 und S_2 sind realisierbar, was offensichtlich aus der klassischen Zustandsdarstellung (5.1) folgt, was aber auch an den beiden Übertragungsfunktionen G_i mit $y_i(s) = G_i(s)u_i(s)$ und $i = 1, 2$ daran erkennbar wäre, dass in beiden Fällen der Grad des Zählerpolynoms nicht größer als der Grad des Nennerpolynoms der jeweiligen Übertragungsfunktion $G_i(s)$ ist.

Wird die Übertragungsfunktion $G(s)$ zur Beschreibung des E/A-Verhaltens des Gesamtsystems von $r \to y_2$ ausschließlich nach algebraischen Regeln ohne Beachtung systemtheoretischer Aspekte berechnet, erhält man mit

$$G(s) = \frac{G_1 G_2}{1 + G_1} = -\frac{1}{2} \frac{s-1}{s+1}$$

Abb. 5.1 Verkopplung von zwei Teilmodellen zu einem Gesamtmodell

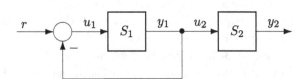

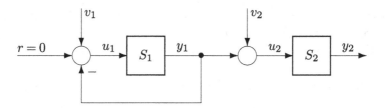

Abb. 5.2 Testgrößen v_1, v_2 zur Überprüfung der internen Realisierbarkeit

ein irreführendes Ergebnis, weil es ein realisierbares Gesamtsystem vortäuscht, obwohl das rückgekoppelte Teilsystem S_1 nicht realisierbar ist[1].

Um diesen Umstand zu erkennen, um also zu prüfen, ob das Gesamtsystem auch „intern realisierbar" ist, werden dem verkoppelten System an den Eingängen der Teilsysteme zusätzliche Testgrößen v_1 und v_2 gemäß Abb. 5.2 aufgeprägt, um dann die Realisierbarkeit aller Übertragungssysteme von diesen Test-Eingängen zu den Teilsystem-Ausgängen y_1 und y_2 zu überprüfen[2] (wegen $v_1 \neq 0$ kann offenbar ohne Einschränkung der Allgemeinheit $r = 0$ gesetzt werden).

Das Ergebnis einfacher Berechnungen

$$\begin{bmatrix} y_1 \\ y_2 \end{bmatrix} = \begin{bmatrix} -\dfrac{1}{2}(s-1) & 0 \\ -\dfrac{1}{2}\dfrac{s-1}{s+1} & \dfrac{1}{s+1} \end{bmatrix} \begin{bmatrix} v_1 \\ v_2 \end{bmatrix}$$

zeigt, dass das Gesamtsystem wegen des Übertragungsverhaltens $v_1 \to y_1$ intern nicht realisierbar ist. Das hier benutzte Kriterium zur Überprüfung der internen Realisierbarkeit bezieht sich auf die Übertragungsmatrix zur Beschreibung des E/A-Verhaltens im **Frequenzbereich.** Im Allgemeinen ist der Frequenzbereich für nichtlineare Modelle nicht zugänglich, so dass bei nichtlinearen Systemen – und die sind der Gegenstand dieses Kapitels – die Darstellung der Modelle im **Zeitbereich** angemessen ist; deswegen werde nun zur Beschreibung der

---

[1]Bemerkung zur Realisierbarkeit als eine Eigenschaft von Modellen: An einem beschalteten Operationsverstärker (es sei angenommen, dass dessen Dynamik im Wesentlichen durch das Modell S_1 beschrieben werde), kann sehr wohl die Ausgangsspannung in geeigneter Weise auf den Eingang gelegt werden, so dass die in Abb. 5.1 dargestellte Rückkopplung (praktisch) realisiert werden kann. Wenn man allerdings die Rückkopplung mit $u_1 = r - y_1$ mathematisch formuliert in die Ausgangsgleichung $y_1 = x_1 - u_1$ des Modells S_1 einsetzt, so geht grob gesprochen letztere verloren; der „Verlust" der Ausgangsgleichung bedeutet dann, dass der Verlauf des Ausgangssignals mit Hilfe des mathematischen Modells nicht mehr vorhergesagt werden kann, weil er z. B. von parasitären Effekten beeinflusst wird, die nicht modelliert worden sind; so kann man ein (systemtheoretisch) nicht realisierbares mathematisches Modell der Rückkopplung auch verstehen.

[2]Vgl. hierzu die Eigenschaft der „well-posedness" von linearen Systemen etwa in [10].

Gesamtdynamik im Zeitbereich den beiden Modellen (5.1) die Struktur der Verkopplung nach Abb. 5.2 über die Koppelgleichungen

$$u_1 = v_1 - y_1$$
$$u_2 = v_2 + y_1$$
(5.2)

hinzugefügt. Werden die Ausgangsgleichungen aus dem Modell (5.1) in die Koppelgleichungen (5.2) eingesetzt, erhält man folgendes Modell für das verkoppelte Gesamtsystem:

$$\dot{x}_1 = -x_1 + 2u_1$$
$$\dot{x}_2 = -x_2 + u_2$$
$$0 = -x_1 + v_1$$
$$0 = x_1 - u_1 - u_2 + v_2$$
$$y_1 = x_1 - u_1$$
$$y_2 = x_2$$
(5.3)

Offenkundig ist das entstandene Modell (5.3) ein semi-explizites Deskriptormodell mit den differentiellen Variablen $[x_1, x_2]^T =: \mathbf{x}$, den algebraischen Variablen $[u_1, u_2]^T =: \mathbf{z}$ (sie beschreiben die Verkopplungen im Gesamtmodell), sowie den Eingangsgrößen $[v_1, v_2]^T =: \mathbf{v}$ und den Ausgangsgrößen $[y_1, y_2]^T =: \mathbf{y}$. In Anlehnung an die allgemeine Struktur (2.4) eines linearen semi-expliziten Deskriptormodells lautet die zugehörige Matrizendarstellung[3]:

$$\dot{\mathbf{x}} = \mathbf{A}_1\mathbf{x} + \mathbf{A}_2\mathbf{z}$$
$$\mathbf{0} = \mathbf{G}_1\mathbf{x} + \mathbf{G}_2\mathbf{z} + \mathbf{B}_2\mathbf{v}$$
$$\mathbf{y} = \mathbf{C}_1\mathbf{x} + \mathbf{C}_2\mathbf{z}$$
(5.4)

Anstelle der Überprüfung der internen Realisierbarkeit des Gesamtmodells im Frequenzbereich nach Abb. 5.2 kann jetzt die Überprüfung der Realisierbarkeit des Gesamtmodells anhand des semi-expliziten Modells (5.4) im Zeitbereich treten. Folgt man dazu den Ausführungen zur Regularität und Realisierbarkeit von Deskriptormodellen im Abschn. 2.2.2 sowie jenen zur Lösung einer DAE und der zugehörigen ODE im Abschn. 2.2.5, so ist zunächst das zum Modell (5.4) gehörende explizite Modell zu ermitteln und dann die Realisierbarkeit dieses Modells zu untersuchen. Da die Matrix $\mathbf{G}_2$ dieses Beispiels singulär ist, muss mit Hilfe des *Modifizierten Shuffle-Algorithmus* eine (vektorwertige) algebraische Gleichung mit regulärer Koeffizientenmatrix bezüglich $\mathbf{z}$ ermittelt werden; im konkreten Fall gelingt dies mit einem Differentiationsschritt (für den Index des Modells (5.4) gilt folglich $k = 2$)

---

[3]Aus dem Modell (5.3) kann die zugehörige Matrizenbelegung unmittelbar abgelesen werden:

$$\mathbf{A}_1 = -\mathbf{E}, \ \mathbf{A}_2 = \begin{bmatrix} 2 & 0 \\ 0 & 1 \end{bmatrix}, \ \mathbf{G}_1 = \begin{bmatrix} -1 & 0 \\ 1 & 0 \end{bmatrix}, \ \mathbf{G}_2 = \begin{bmatrix} 0 & 0 \\ -1 & -1 \end{bmatrix}, \ \mathbf{B}_2 = \mathbf{E}, \ \mathbf{C}_1 = \mathbf{E}, \ \mathbf{C}_2 = \begin{bmatrix} -1 & 0 \\ 0 & 0 \end{bmatrix}$$

und das explizite Modell lautet[4]:

$$\dot{\mathbf{x}} = \mathbf{A}_1\mathbf{x} + \mathbf{A}_2\mathbf{z}$$
$$\dot{\mathbf{z}} = \widehat{\mathbf{G}}_1\mathbf{x} + \widehat{\mathbf{G}}_2\mathbf{z} + \mathbf{B}_3\dot{\mathbf{v}} + \widehat{\mathbf{B}}_3\ddot{\mathbf{v}} \tag{5.5}$$
$$\mathbf{y} = \mathbf{C}_1\mathbf{x} + \mathbf{C}_2\mathbf{z}$$

Das semi-explizite Modell (5.4) ist somit gemäß Def. 2.2 regulär ($\exists k$), das explizite Modell (5.5) jedoch gemäß Def. 2.3 nicht realisierbar ($\widehat{\mathbf{B}}_3 \neq \mathbf{0}$); mit der Maßgabe der Äquivalenz der Lösungen des semi-expliziten und des expliziten Modells nach Abschn. 2.2.5 ist auch das semi-explizite Modell nicht realisierbar.

Der Zweck dieses Beispiels war der Hinweis darauf, die im Kap. 2 entwickelten Verfahren für die Analyse von Deskriptormodellen erfolgreich für die Beurteilung der Realisierbarkeit zusammengeschalteter Zustandsmodelle einsetzen zu können, wenn dazu das verkoppelte Gesamtsystem in Form eines semi-expliziten Deskriptormodelles beschrieben wird. Werden Zustandsmodelle statisch verkoppelt, ist dies aber die erwartungsgemäße Beschreibungsform.

Der kommende Abschnitt behandelt diese Aufgabe allgemein für nichtlineare zeitinvariante Zustandsmodelle als Teilmodelle eines verkoppelten Gesamtsystems.

5.1.2 Formulierung der Aufgabe

Im einführenden Beispiel wurde die Verkopplung von zwei linearen zeitinvarianten dynamischen Eingrößensystemen erster Ordnung zu einem Gesamtsystem behandelt; nun wird die Aufgabe verallgemeinert auf die Verkopplung von mehreren nichtlinearen zeitinvarianten dynamischen Mehrgrößensystemen beliebiger Ordnung. Die Dynamik der Teilsysteme S_i mit $i = 1, \ldots, s$ werde durch kausale realisierbare Zustandsmodelle beschrieben[5]:

---

[4]Bemerkungen zu den Rechenschritten bei „händischer" Ermittlung: Der Grund für die Singularität der Matrix $\mathbf{G}_2$ ist, dass die erste algebraische Gleichung $0 = -x_1 + v_1 =: g_{1,0}$ im Modell (5.3) unabhängig von $\mathbf{z} = [u_1, u_2]^T$ ist; somit ist diese Gleichung jedenfalls einmal abzuleiten, was auf $\dot{g}_{1,0} = x_1 - 2u_1 + \dot{v}_1 =: g_{1,1}$ führt. Zusammen mit der gegebenen zweiten algebraischen Gleichung $0 = x_1 - u_1 - u_2 + v_2 =: g_{2,0}$ entsteht eine „neue" algebraische Gleichung $\mathbf{g}_1 = \mathbf{0} = [g_{1,1}, g_{2,0}]^T$ mit regulärer JACOBI-Matrix bezüglich $\mathbf{z}$. Eine nochmalige Ableitung ($k = 2$) liefert dann für $\dot{\mathbf{z}}$:

$$\dot{\mathbf{z}} = \begin{bmatrix} -\frac{1}{2} & 0 \\ -\frac{1}{2} & 0 \end{bmatrix} \mathbf{x} + \begin{bmatrix} 1 & 0 \\ 1 & 0 \end{bmatrix} \mathbf{z} + \begin{bmatrix} 0 & 0 \\ 0 & 1 \end{bmatrix} \dot{\mathbf{v}} + \begin{bmatrix} \frac{1}{2} & 0 \\ -\frac{1}{2} & 0 \end{bmatrix} \ddot{\mathbf{v}}$$

[5]Die Kausalität von Zustandsmodellen wurde bereits mit Def. 1.1 erfasst; darüber hinaus heißt ein Zustandsmodell aus der Sicht des E/A-Verhaltens realisierbar, wenn die Ausgangsgröße $\mathbf{y}(t)$ nicht von den Ableitungen $\dot{\mathbf{u}}(t), \ddot{\mathbf{u}}(t), \ldots$ der Eingangsgröße sondern höchstens von der Eingangsgröße $\mathbf{u}(t)$ selbst abhängt.

$$S_i : \quad \begin{aligned} \dot{\mathbf{x}}_i &= \mathbf{f}_i(\mathbf{x}_i, \mathbf{u}_i) \\ \mathbf{y}_i &= \mathbf{c}_i(\mathbf{x}_i, \mathbf{u}_i) \end{aligned} \qquad (5.6)$$

Die n_i Zustandsgrößen der Teilsysteme sind im Zustandsvektor $\mathbf{x}_i := [x_{i,1}, \ldots, x_{i,n_i}]^T$, die m_i Eingangsgrößen im Vektor $\mathbf{u}_i := [u_{i,1}, \ldots, u_{i,m_i}]^T$ und die μ_i Ausgangsgrößen im Vektor $\mathbf{y}_i := [y_{i,1}, \ldots, y_{i,\mu_i}]^T$ zusammengefasst. Die vektorwertigen Funktionen $\mathbf{f}_i$ und $\mathbf{c}_i$ mit den Dimensionen n_i bzw. μ_i seien für die nachfolgenden Zwecke hinreichend oft differenzierbar.

Die statische Verkopplung der Teilmodelle werde durch die Koppelgleichungen

$$\mathbf{u}_i = \mathbf{h}_i(\mathbf{y}_1, \ldots, \mathbf{y}_s, \mathbf{r}) \qquad (5.7)$$

mit $\dim\{\mathbf{h}_i\} = m_i$ beschrieben, worin die ϱ Eingangsgrößen des Gesamtsystems im Vektor

$$\mathbf{r} := [r_1, \ldots, r_\varrho]^T$$

erfasst werden[6]. Vorteilhaft für die weiteren Untersuchungen ist eine möglichst kompakte Darstellung des Gesamtsystems; zu diesem Zweck werden folgende Zusammenfassungen vereinbart:

$$\begin{aligned} \mathbf{x} &:= [\mathbf{x}_1^T, \ldots, \mathbf{x}_s^T]^T \quad \text{mit } \dim\{\mathbf{x}\} = n = \sum_{i=1}^s n_i \\ \mathbf{u} &:= [\mathbf{u}_1^T, \ldots, \mathbf{u}_s^T]^T \quad \text{mit } \dim\{\mathbf{u}\} = m = \sum_{i=1}^s m_i \\ \mathbf{y} &:= [\mathbf{y}_1^T, \ldots, \mathbf{y}_s^T]^T \quad \text{mit } \dim\{\mathbf{y}\} = \mu = \sum_{i=1}^s \mu_i \\ \mathbf{f} &:= [\mathbf{f}_1^T, \ldots, \mathbf{f}_s^T]^T \quad \text{mit } \dim\{\mathbf{f}\} = n \\ \mathbf{c} &:= [\mathbf{c}_1^T, \ldots, \mathbf{c}_s^T]^T \quad \text{mit } \dim\{\mathbf{c}\} = \mu \\ \mathbf{h} &:= [\mathbf{h}_1^T, \ldots, \mathbf{h}_s^T]^T \quad \text{mit } \dim\{\mathbf{h}\} = m \end{aligned} \qquad (5.8)$$

Das mathematische Modell des verkoppelten Gesamtsystems lautet damit:

$$\begin{aligned} \dot{\mathbf{x}} &= \mathbf{f}(\mathbf{x}, \mathbf{u}) \\ \mathbf{y} &= \mathbf{c}(\mathbf{x}, \mathbf{u}) \\ \mathbf{u} &= \mathbf{h}(\mathbf{y}, \mathbf{r}) \end{aligned} \qquad (5.9)$$

Einschränkung der Modellklasse

Die dritte der Gln. (5.9) beschreibt die nichtlineare statische Verkopplung; es sei angenommen, dass die Eingangsgrößen $\mathbf{r}$ des Gesamtsystems additiv auf die Eingänge der Teilsysteme wirken:

$$\mathbf{u} = \mathbf{h}(\mathbf{y}, \mathbf{r}) =: \mathbf{q}(\mathbf{y}) + \mathbf{R}\mathbf{r}$$

Diese Maßnahme bewirkt, dass mit dem Hinzufügen von Testgrößen $\mathbf{v}_1, \ldots, \mathbf{v}_s$ zur Überprüfung der internen Realisierbarkeit des Gesamtsystems für die Eingangsgrößen ohne weitere Einschränkung $\mathbf{r} = \mathbf{0}$ gesetzt werden kann. Im Strukturbild des Gesamtsystems nach

---

[6]Sind für den Aufbau der Verkopplung Eingangsgrößen $\mathbf{u}_j$ erforderlich, so verlangt die Koppelgleichung (5.7), sie zuerst auf Ausgangsgrößen $\mathbf{y}_j$ durchzuleiten.

Abb. 5.3 sind daher die Größen $\mathbf{r}$ nicht mehr eingezeichnet – es gilt:

$$\mathbf{u}_i = \mathbf{q}_i(\mathbf{y}) + \mathbf{v}_i\,, \quad i = 1, \ldots, s \tag{5.10}$$

Mit der Zusammenfassung

$$\begin{aligned} \mathbf{q} &:= [\mathbf{q}_1^T, \ldots, \mathbf{q}_s^T]^T \text{ mit dim}\{\mathbf{q}\} = m \\ \mathbf{v} &:= [\mathbf{v}_1^T, \ldots, \mathbf{v}_s^T]^T \text{ mit dim}\{\mathbf{v}\} = m \end{aligned} \tag{5.11}$$

kann das Modell des verkoppelten Gesamtsystems folgendermaßen geschrieben werden:

$$\dot{\mathbf{x}} = \mathbf{f}(\mathbf{x}, \mathbf{u}) \tag{5.12a}$$

$$\mathbf{y} = \mathbf{c}(\mathbf{x}, \mathbf{u}) \tag{5.12b}$$

$$\mathbf{u} = \mathbf{q}(\mathbf{y}) + \mathbf{v} \tag{5.12c}$$

Oder, um hervorzuheben, dass die Koppelgleichung (5.12c) zusammen mit der Ausgangsgleichung (5.12b) zur algebraischen Gleichung eines semi-expliziten Modells mutiert:

$$\dot{\mathbf{x}} = \mathbf{f}(\mathbf{x}, \mathbf{u}) \tag{5.13a}$$

$$\mathbf{0} = \mathbf{q}(\mathbf{c}(\mathbf{x}, \mathbf{u})) + \mathbf{v} - \mathbf{u} =: \mathbf{g}(\mathbf{x}, \mathbf{u}, \mathbf{v}) \tag{5.13b}$$

Die zentrale Frage nach der Realisierbarkeit des verkoppelten Gesamtsystems nach Abb. 5.3 ist nunmehr zurückgeführt auf die Frage nach den Bedingungen, unter denen das semi-explizite Deskriptormodell (5.13) realisierbar ist, wobei unter Realisierbarkeit im Grunde genommen die mit Def. 2.3 festgelegte Eigenschaft verstanden wird – eine an die vorliegende Aufgabenstellung angepasste Formulierung ist der unten stehenden Definition 5.1 zu entnehmen.

In der Konsequenz ist zuerst das zum semi-expliziten Modell (5.13) gehörende explizite Modell zu ermitteln; unter der Voraussetzung der Regularität des semi-expliziten Modells

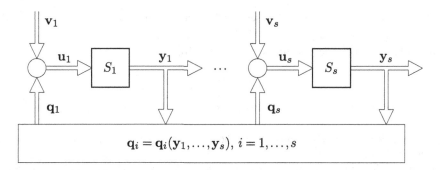

Abb. 5.3 Struktur des verkoppelten Gesamtsystems mit Testgrößen $\mathbf{v}_1, \ldots, \mathbf{v}_s$ zur Überprüfung der internen Realisierbarkeit

(vgl. Def. 2.2) lautet das explizite Differentialgleichungssystem mit der Deskriptorvariablen **w**

$$\mathbf{w} = \begin{bmatrix} \mathbf{x} \\ \mathbf{u} \end{bmatrix}$$

gemäß Struktur (2.21)[7]:

$$\dot{\mathbf{w}} = \begin{bmatrix} \dot{\mathbf{x}} \\ \dot{\mathbf{u}} \end{bmatrix} = \begin{bmatrix} \mathbf{f} \\ -\left(\dfrac{\partial \mathbf{g}_{k-1}}{\partial \mathbf{u}} \right)^{-1} \left(\dfrac{\partial \mathbf{g}_{k-1}}{\partial \mathbf{x}} \mathbf{f} + \dfrac{\partial \mathbf{g}_{k-1}}{\partial \mathbf{v}} \dot{\mathbf{v}} + \dots \right) \end{bmatrix} =: \widetilde{\mathbf{f}}(\mathbf{w}, \mathbf{v}, \dot{\mathbf{v}}, \dots, \overset{(d)}{\mathbf{v}})$$

$$(5.14)$$

Definition 5.1 (Interne Realisierbarkeit verkoppelter Zustandsmodelle)
*Die statische Verkopplung von kausalen realisierbaren Zustandsmodellen (5.6) für die Teilsysteme $S_1, \dots, S_s$ zu einem Gesamtsystem mit der Struktur nach Abb. 5.3 heißt **intern realisierbar**, wenn im expliziten Deskriptormodell (5.14) des Gesamtsystems für die höchste Ableitung d der Testgrößen $\mathbf{v}(t)$*

$$d \in \{0, 1\} \tag{5.15}$$

gilt.   △

Mit der Maßgabe der Äquivalenz der Lösungen des semi-expliziten und des expliziten Modells nach Abschn. 2.2.5 besitzt auch das semi-explizite Modell die Eigenschaft der Realisierbarkeit.

5.1.3 Realisierbarkeitskriterium

Es folgt eine Auswertung des Kriteriums (5.15) in der Def. 5.1 für einfach und höher indizierte semi-explizite Deskriptormodelle (5.13):

- Ist das semi-explizite Deskriptormodell (5.13) **einfach indiziert,** wenn es also den Index $k = 1$ besitzt, gilt im expliziten Modell (5.14) für $\mathbf{g}_{k-1} = \mathbf{g}_0 = \mathbf{g}$ und wegen der besonderen Struktur der algebraischen Gl. (5.13b):

$$\frac{\partial \mathbf{g}}{\partial \mathbf{v}} = \mathbf{E} \quad \text{und} \quad \frac{\partial \mathbf{g}}{\partial \dot{\mathbf{v}}} = \mathbf{0}, \; \frac{\partial \mathbf{g}}{\partial \ddot{\mathbf{v}}} = \mathbf{0} \dots$$

---

[7]Bei diesem strukturellen Vergleich ist zu beachten, dass nunmehr **u** die algebraische Variable ist, weil sie die Verkopplung der Teilsysteme zu einem Gesamtsystem beschreibt; in der algebraischen Gleichung (5.13b) bzw. in der eventuell (d. h. sollte das Modell (5.13) höher indiziert sein) vom *Modifizierten Shuffle-Algorithmus* bereitgestellten algebraischen Gleichung $\mathbf{0} = \mathbf{g}_{k-1}$ ist deswegen die (zumindest lokale) Regularität der JACOBI-Matrix bezüglich **u** von Bedeutung. Eingangsgröße im Modell (5.14) ist die Testgröße **v**.

Darin ist $\mathbf{E}$ die $(m \times m)$-dimensionale Einheitsmatrix. Dem Kriterium (5.15) ist also mit $d = 1$ Genüge getan, vorausgesetzt, das semi-explizite Modell ist regulär – d. h., die algebraische Gl. (5.13b) besitzt eine reguläre JACOBI-Matrix bezüglich $\mathbf{u}$:

$$\frac{\partial \mathbf{g}}{\partial \mathbf{u}} = \left[\frac{\partial \mathbf{q}}{\partial \mathbf{y}} \frac{\partial \mathbf{c}}{\partial \mathbf{u}} - \mathbf{E} \right] \text{ regulär}$$

Das zum semi-expliziten Modell gehörende explizite Modell weist dann folgende Struktur auf:

$$\dot{\mathbf{w}} = \left[\begin{array}{c} \mathbf{f} \\ -\left(\frac{\partial \mathbf{q}}{\partial \mathbf{y}} \frac{\partial \mathbf{c}}{\partial \mathbf{u}} - \mathbf{E} \right)^{-1} \left(\frac{\partial \mathbf{g}}{\partial \mathbf{x}} \mathbf{f} + \dot{\mathbf{v}} \right) \end{array} \right] \qquad (5.16)$$

- Ist das semi-explizite Deskriptormodell (5.13) **höher indiziert**, wenn es also den Index $k > 1$ besitzt, ist wegen der Index-Definition (2.22) wenigstens ein Gleichungsindex $k_j > 1$ mit $j \in \{1, \ldots, m\}$, so dass die Gleichung $0 = g_j$ mindestens ein Mal nach der Zeit abgeleitet werden muss, was aber wegen der besonderen Struktur der algebraischen Gl. (5.13b) mindestens die erste Ableitung $\dot{\mathbf{v}}$ in die modifizierte algebraische Gleichung $\mathbf{0} = \mathbf{g}_{k-1}(\mathbf{x}, \mathbf{z}, \mathbf{v}, \dot{\mathbf{v}}, \ldots)$ einbringt; augenscheinlich entsteht unter diesen Umständen immer ein explizites Modell (5.14), das der Forderung (5.15) widerspricht .

Folgerung 5.1 (Realisierbarkeit verkoppelter Zustandsmodelle)
Die statische Verkopplung der kausalen und realisierbaren Zustandsmodelle $S_1, \ldots, S_s$ mit der Gesamtstruktur nach Abb. 5.3 bzw. mit dem semi-expliziten Gesamtmodell (5.13) ist unter der Bedingung

$$rang \left\{ \left[\mathbf{E} - \frac{\partial \mathbf{q}}{\partial \mathbf{y}} \frac{\partial \mathbf{c}}{\partial \mathbf{u}} \right] \right\} = m \qquad (5.17)$$

realisierbar.
Unter Beachtung der Bedingungen nach Abschn. 2.2.5 für die Äquivalenz der Lösungen des semi-expliziten Modells (5.13) und des zugehörigen expliziten Modells (5.16) ist die Bedingung (5.17) auch notwendig. ◇

Beispiel 5.1 (Demonstration der Realisierungsbedingung)
Die Ausgangsgröße eines dynamischen Systems in Zustandsdarstellung wird gemäß Abb. 5.4 statisch rückgekoppelt. Das semi-explizite Deskriptormodell des Gesamtsystems in der Form (5.13) erhält man über die Zusammenhänge $\mathbf{f} = \mathbf{A}\mathbf{x} + \mathbf{b}u$, $c(\mathbf{x}, u) = \mathbf{c}^T \mathbf{x} + \delta u$ und $q = \gamma y$; die notwendige und hinreichende Bedingung (5.17) für die Realisierbarkeit des Gesamtsystems

$$1 - \frac{\partial q}{\partial y} \frac{\partial c}{\partial u} = 1 - \gamma \delta \neq 0$$

liefert erwartungsgemäß

$$\gamma \delta \neq 1.$$

Abb. 5.4 Zur Realisierbarkeit
der Rückkopplung

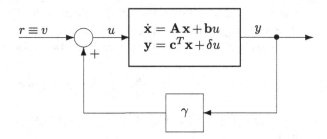

*In [2] wurde z. B. auf der Basis von stetigen kausalen Operatoren eine dem Kriterium (5.17)
strukturell ähnliche Formulierung mit etwas abweichender inhaltlicher Bedeutung als hinreichende Bedingung für die Eigenschaft der „well-posedness" von nichtlinearen Systemen
angegeben:*

$$[\mathbf{E} - \mathbf{QC}] \quad \text{positiv definit}$$

Darin enthält die Matrix $\mathbf{Q}$ *die Beträge der Durchgriffsterme der Übertragungsoperatoren
der Rückkopplung von* $\mathbf{y} \to \mathbf{u}$ *und die Matrix* $\mathbf{C}$ *die Beträge der Durchgriffsterme der
Übertragungsoperatoren im Vorwärtszweig* $\mathbf{u} \to \mathbf{y}$. *Ebendiese hinreichende Bedingung für
die Realisierbarkeit des Gesamtsystems*

$$1 - |\gamma||\delta| > 0$$

ergibt dann

$$|\gamma\delta| < 1.$$

*Es darf nicht wundern, dass Normenabschätzungen vergleichsweise konservative Ergebnisse
liefern, machen sie doch im Falle von Rückkopplungen keinen Unterschied zwischen einer
Mitkopplung und einer Gegenkopplung.*

5.2   Realisierbarkeit verkoppelter Modelle in Deskriptorform

Gegenstand dieses Abschnitts ist die Überprüfung der internen Realisierbarkeit des Gesamt-
modells nach Abb. 5.3, wobei die Dynamik der Teilsysteme $S_1, \ldots S_s$ durch semi-explizite
Deskriptormodelle beschrieben wird. Es wird vorausgesetzt, dass die einzelnen Modelle der
Teilsysteme regulär und realisierbar sind – siehe hierzu die Definitionen 2.2 und 2.3. Die
Eigenschaft der internen Realisierbarkeit fußt weiterhin auf der Definition 5.1, sie sei hier
aber bezüglich der Voraussetzungen an die Teilmodelle reformuliert:

Definition 5.2 (Interne Realisierbarkeit verkoppelter Deskriptormodelle)
*Die statische Verkopplung von regulären realisierbaren Deskriptormodellen für die Teil-
systeme* $S_1, \ldots, S_s$ *zu einem Gesamtsystem* S *mit der Struktur nach Abb. 5.3 heißt* **intern**

realisierbar, wenn im expliziten Deskriptormodell des Gesamtsystems S für die höchste Ableitung d der Test-Eingangsgröße $\mathbf{v}$ *– also für $\overset{(d)}{\mathbf{v}}$ in diesem Modell – die Bedingung*

$$d \in \{0, 1\} \tag{5.18}$$

gilt. △

Hinweis
An dieser Stelle sei noch einmal darauf hingewiesen, dass einerseits die Eigenschaft der Realisierbarkeit an das explizite Modell (vgl. Def. 2.3) und andererseits die Existenz eines expliziten Modells an die Eigenschaft der Regularität des semi-expliziten Modells (vgl. Def. 2.2) gebunden ist. Sind die Bedingungen für die Äquivalenz der Lösungen des semi-expliziten und des expliziten Modells nach Abschn. 2.2.5 erfüllt, ist eine notwendige und hinreichende Bedingung für die Realisierbarkeit des expliziten Modells auch eine solche für das semi-explizite Modell.

Die Analyse der internen Realisierbarkeit erfolgt in den beiden kommenden Unterabschnitten getrennt nach einfach indizierten (Index $k = 1$) und höher indizierten (Index $k > 1$) Modellen.

5.2.1 Deskriptormodelle mit Index k=1

Die Teilsysteme S_i mit $i = 1, \ldots, s$ in der Gesamtstruktur nach Abb. 5.3 werden nun durch reguläre und realisierbare semi-explizite Index-1-Deskriptormodelle beschrieben – und zwar jedes Teilsystem für sich außerhalb der Verkopplung:

$$S_i : \quad \begin{aligned} \dot{\mathbf{x}}_i &= \mathbf{f}_i(\mathbf{x}_i, \mathbf{z}_i, \mathbf{u}_i) \\ \mathbf{0} &= \mathbf{g}_i(\mathbf{x}_i, \mathbf{z}_i, \mathbf{u}_i) \\ \mathbf{y}_i &= \mathbf{c}_i(\mathbf{x}_i, \mathbf{z}_i, \mathbf{u}_i) \end{aligned} \tag{5.19}$$

Die n_i differentiellen Variablen der Teilsysteme sind im Vektor $\mathbf{x}_i := [x_{i,1}, \ldots, x_{i,n_i}]^T$, die p_i algebraischen Variablen im Vektor $\mathbf{z}_i := [z_{i,1}, \ldots, z_{i,p_i}]^T$, die m_i Eingangsgrößen im Vektor $\mathbf{u}_i := [u_{i,1}, \ldots, u_{i,m_i}]^T$ und die μ_i Ausgangsgrößen im Vektor $\mathbf{y}_i := [y_{i,1}, \ldots, y_{i,\mu_i}]^T$ zusammengefasst. Die vektorwertigen Funktionen $\mathbf{f}_i$, $\mathbf{g}_i$ und $\mathbf{c}_i$ mit den Dimensionen n_i bzw. p_i und μ_i seien für die nachfolgenden Zwecke hinreichend oft differenzierbar.

Mit Blick auf die Notation und Indexierung möge Folgendes gelten:

$$k_{i,j} \dots \text{ Index der } j\text{-ten algebraischen Gleichung}$$
$$\text{im } i\text{-ten Teilmodell}$$
$$k_i = \max\left\{ k_{i,1}, \dots, k_{i,p_i} \right\} \dots \text{ Index des } i\text{-ten Teilmodells} \qquad (5.20)$$
$$k_{S,i} = \sum_{j=1}^{p_i} k_{i,j} \dots \text{ Summenindex des } i\text{-ten Teilmodells}$$

5.2.1.1 Analyse der Teilmodelle außerhalb der Verkopplung

Wegen der vorausgesetzten Regularität und Realisierbarkeit kann das zum semi-expliziten Teilmodell (5.19) gehörende explizite Deskriptormodell der Form (2.21) mit $d \le 1$ angegeben werden, und zwar unmittelbar, d.h. ohne den *Modifizierten Shuffle-Algorithmus* zu beanspruchen, denn wegen der Voraussetzung $k_i = 1$ gibt es neben

$$\mathbf{g}_{i,k_i-1}(\mathbf{x}_i, \mathbf{z}_i, \mathbf{u}_i) = \mathbf{g}_{i,0}(\mathbf{x}_i, \mathbf{z}_i, \mathbf{u}_i) = \mathbf{g}_i(\mathbf{x}_i, \mathbf{z}_i, \mathbf{u}_i) = \mathbf{0}$$

keine weiteren algebraischen Gleichungen im DAE-Teil des Modells (5.19). Somit lautet das explizite Modell:

$$\dot{\mathbf{w}}_i = \begin{bmatrix} \mathbf{f}_i(\mathbf{w}_i, \mathbf{u}_i) \\ -\left(\dfrac{\partial \mathbf{g}_i}{\partial \mathbf{z}_i}\right)^{-1} \left(\dfrac{\partial \mathbf{g}_i}{\partial \mathbf{x}_i} \mathbf{f}_i(\mathbf{w}_i, \mathbf{u}_i) + \dfrac{\partial \mathbf{g}_i}{\partial \mathbf{u}_i} \dot{\mathbf{u}}_i\right) \end{bmatrix} =: \widetilde{\mathbf{f}}_i(\mathbf{w}_i, \mathbf{u}_i, \dot{\mathbf{u}}_i) \qquad (5.21)$$
$$\mathbf{y}_i = \mathbf{c}_i(\mathbf{w}_i, \mathbf{u}_i)$$

Darin ist

$$\mathbf{w}_i = \begin{bmatrix} \mathbf{x}_i \\ \mathbf{z}_i \end{bmatrix}$$

die Deskriptorvariable, die die differentielle Variable $\mathbf{x}_i$ und die algebraische Variable $\mathbf{z}_i$ des Teilmodells S_i erfasst.

Das semi-explizite Modell (5.19) und das zugehörige explizite Modell (5.21) beschreiben die Dynamik des Teilsystems S_i **ohne** Verkopplung. Für die Analyse der internen Realisierbarkeit des Gesamtsystems werden die analogen Modelle für das Gesamtsystem S **mit** Verkopplung benötigt.

Denn die Analyse des Gesamtmodells bedeutet,

- das semi-explizite Deskriptormodell bestehend aus den semi-expliziten Modellen der Teilsysteme zusammen mit den Koppelgleichungen zu formulieren,
- dieses semi-explizite Gesamtmodell auf seine Regularität zu untersuchen, um die Existenz des expliziten Gesamtmodells zu gewährleisten
- und letzteres schließlich auf seine Realisierbarkeit zu überprüfen.

5.2.1.2 Analyse des verkoppelten Gesamtmodells

Nachdem im vorigen Unterabschnitt das semi-explizite und das explizite Modell der Teilsysteme S_i außerhalb der Verkopplung analysiert wurden, sind in diesem Unterabschnitt die Regularität bzw. Realisierbarkeit anhand des semi-expliziten bzw. expliziten Modells des verkoppelten Gesamtsystems S zu untersuchen.

Das **semi-explizite** Modell des verkoppelten Gesamtsystems S entsteht als Zusammenfassung aller semi-expliziten Modelle (5.19) der Teilsysteme S_i und der Beschreibung ihrer Verkopplung (5.10):

$$\dot{\mathbf{x}}_1 = \mathbf{f}_1(\mathbf{x}_1, \mathbf{z}_1, \mathbf{u}_1)$$
$$\vdots$$
$$\dot{\mathbf{x}}_s = \mathbf{f}_s(\mathbf{x}_s, \mathbf{z}_s, \mathbf{u}_s)$$
$$\mathbf{0} = \mathbf{g}_1(\mathbf{x}_1, \mathbf{z}_1, \mathbf{u}_1)$$
$$\vdots$$
$$\mathbf{0} = \mathbf{g}_s(\mathbf{x}_s, \mathbf{z}_s, \mathbf{u}_s)$$
$$\mathbf{0} = -\mathbf{u}_1 + \mathbf{q}_1(\mathbf{y}_1, \dots, \mathbf{y}_s) + \mathbf{v}_1 \qquad (5.22)$$
$$\vdots$$
$$\mathbf{0} = -\mathbf{u}_s + \mathbf{q}_s(\mathbf{y}_1, \dots, \mathbf{y}_s) + \mathbf{v}_s$$
$$\mathbf{y}_1 = \mathbf{c}_1(\mathbf{x}_1, \mathbf{z}_1, \mathbf{u}_1)$$
$$\vdots$$
$$\mathbf{y}_s = \mathbf{c}_s(\mathbf{x}_s, \mathbf{z}_s, \mathbf{u}_s)$$

Mit der sinngemäßen Verwendung der bereits eingeführten Abkürzungen (5.8), (5.11) und den Abkürzungen

$$\mathbf{z} := [\mathbf{z}_1^T, \dots, \mathbf{z}_s^T]^T \ \text{ mit } \dim\{\mathbf{z}\} = p = \sum_{i=1}^s p_i$$
$$\mathbf{g} := [\mathbf{g}_1^T, \dots, \mathbf{g}_s^T]^T \ \text{ mit } \dim\{\mathbf{g}\} = p \qquad (5.23)$$

kann das **semi-explizite** Modell des verkoppelten Gesamtsystems S kompakt geschrieben werden:

$$\dot{\mathbf{x}} = \mathbf{f}(\mathbf{x}, \mathbf{z}, \mathbf{u})$$
$$\mathbf{0} = \mathbf{g}(\mathbf{x}, \mathbf{z}, \mathbf{u})$$
$$\mathbf{0} = -\mathbf{u} + \mathbf{q}(\mathbf{y}) + \mathbf{v} = -\mathbf{u} + \mathbf{q}(\mathbf{c}(\mathbf{x}, \mathbf{z}, \mathbf{u})) + \mathbf{v} =: \bar{\mathbf{g}}(\mathbf{x}, \mathbf{z}, \mathbf{u}, \mathbf{v}) \qquad (5.24)$$
$$\mathbf{y} = \mathbf{c}(\mathbf{x}, \mathbf{z}, \mathbf{u})$$

Im Modell (5.22) ist die Variable $\mathbf{z}_i$ die algebraische Variable zur Beschreibung der Beschränkungen (Verkopplungen) im Teilmodell S_i, ausgedrückt durch die algebraische Gleichung $\mathbf{0} = \mathbf{g}_i$, hingegen ist die Variable $\mathbf{u}_i$ die algebraische Variable zur Beschreibung der Einbindung (Verkopplung) des Teilmodelles S_i in das Gesamtmodell S, ausgedrückt durch die algebraische Gleichung $\mathbf{0} = \bar{\mathbf{g}}_i$.

Das semi-explizite Modell des verkoppelten Gesamtsystems ist nun bezüglich seiner Regularität zu untersuchen; es ist deshalb zu prüfen, unter welchen Bedingungen die algebraische Gleichung (Verbund-Gleichung) dieses Gesamtmodells (5.24)

$$0 = \begin{bmatrix} \mathbf{g} \\ \bar{\mathbf{g}} \end{bmatrix} \tag{5.25}$$

eine reguläre JACOBI-Matrix bezüglich der algebraischen Variablen (Verbund-Variablen) in diesem Gesamtmodell (5.24)

$$\eta = \begin{bmatrix} \mathbf{z} \\ \mathbf{u} \end{bmatrix} \tag{5.26}$$

besitzt. Gegebenenfalls können dann[8] die Differentialgleichungen für $\dot{\mathbf{z}}$ und $\dot{\mathbf{u}}$ ermittelt werden, sodass das zum semi-expliziten Modell (5.24) gehörende explizite Modell existiert und der Realisierungsprüfung unterzogen werden kann.

- Berechnungsschritt 1:

Die Berechnungen starten mit den algebraischen Gleichungen in $0 = \mathbf{g}$ (s. Abkürzung (5.23)) bzw. mit ihren ersten Zeitableitungen:

$$0 = \mathbf{g}_i(\mathbf{x}_i, \mathbf{z}_i, \mathbf{u}_i)$$
$$0 = \dot{\mathbf{g}}_i = \frac{d}{dt}\mathbf{g}_i(\mathbf{x}_i, \mathbf{z}_i, \mathbf{u}_i) = \frac{\partial \mathbf{g}_i}{\partial \mathbf{x}_i}\dot{\mathbf{x}}_i + \frac{\partial \mathbf{g}_i}{\partial \mathbf{z}_i}\dot{\mathbf{z}}_i + \frac{\partial \mathbf{g}_i}{\partial \mathbf{u}_i}\dot{\mathbf{u}}_i$$

Alle diese Gleichungen für $i = 1, \ldots, s$ können mit

$$0 = \mathbf{G}_x \dot{\mathbf{x}} + \mathbf{G}_z \dot{\mathbf{z}} + \mathbf{G}_u \dot{\mathbf{u}} \tag{5.27}$$

kompakt erfasst werden; die beteiligten Matrizen sind Blockmatrizen und können in der üblichen Matrix-Element-Schreibweise $\mathbf{M} = \{\mathbf{M}_{ij}\}$ mit $i, j = 1, \ldots, s$ ausgedrückt werden – für sie gilt $\mathbf{M}_{ij} = \mathbf{0}$ für $i \neq j$ sowie für $i = j$[9]:

$$\mathbf{G}_x = \{\mathbf{G}_{x,ij}\} \quad \text{mit} \quad \mathbf{G}_{x,ii} = \frac{\partial \mathbf{g}_i}{\partial \mathbf{x}_i}$$

$$\mathbf{G}_z = \{\mathbf{G}_{z,ij}\} \quad \text{mit} \quad \mathbf{G}_{z,ii} = \frac{\partial \mathbf{g}_i}{\partial \mathbf{z}_i}$$

$$\mathbf{G}_u = \{\mathbf{G}_{u,ij}\} \quad \text{mit} \quad \mathbf{G}_{u,ii} = \frac{\partial \mathbf{g}_i}{\partial \mathbf{u}_i}$$

---

[8]Man beachte, dass die Regularität der JACOBI-Matrix nur eine von mehreren Bedingungen gemäß Anh. B.1 ist.

[9]Hinweis: Nur die Matrix $\mathbf{G}_z$ ist i. A. eine Blockdiagonalmatrix mit quadratischen Matrizen in der Diagonale.

- Berechnungsschritt 2:

Die Berechnungen werden fortgesetzt mit den algebraischen Gleichungen in $0 = \bar{\mathbf{g}}$ (s. Modell (5.24) und Abkürzungen (5.8), (5.11)) bzw. mit ihren ersten Zeitableitungen[10]:

$$0 = -\mathbf{u}_i + \mathbf{q}_i(\mathbf{y}_1, \ldots, \mathbf{y}_i, \ldots, \mathbf{y}_s) + \mathbf{v}_i$$
$$= -\mathbf{u}_i + \mathbf{q}_i(\mathbf{c}_1(\mathbf{x}_1, \mathbf{z}_1, \mathbf{u}_1), \ldots, \mathbf{c}_i(\mathbf{x}_i, \mathbf{z}_i, \mathbf{u}_i), \ldots, \mathbf{c}_s(\mathbf{x}_s, \mathbf{z}_s, \mathbf{u}_s)) + \mathbf{v}_i$$
$$0 = -\dot{\mathbf{u}}_i + \sum_{j=1}^{s} \frac{\partial \mathbf{q}_i}{\partial \mathbf{y}_j} \dot{\mathbf{y}}_j + \dot{\mathbf{v}}_i$$
$$= -\dot{\mathbf{u}}_i + \sum_{j=1}^{s} \frac{\partial \mathbf{q}_i}{\partial \mathbf{y}_j} \left(\frac{\partial \mathbf{c}_j}{\partial \mathbf{x}_j} \dot{\mathbf{x}}_j + \frac{\partial \mathbf{c}_j}{\partial \mathbf{z}_j} \dot{\mathbf{z}}_j + \frac{\partial \mathbf{c}_j}{\partial \mathbf{u}_j} \dot{\mathbf{u}}_j \right) + \dot{\mathbf{v}}_i$$
$$= -\dot{\mathbf{u}}_i + \sum_{j=1}^{s} \frac{\partial \mathbf{q}_i}{\partial \mathbf{y}_j} \frac{\partial \mathbf{c}_j}{\partial \mathbf{x}_j} \dot{\mathbf{x}}_j + \sum_{j=1}^{s} \frac{\partial \mathbf{q}_i}{\partial \mathbf{y}_j} \frac{\partial \mathbf{c}_j}{\partial \mathbf{z}_j} \dot{\mathbf{z}}_j + \sum_{j=1}^{s} \frac{\partial \mathbf{q}_i}{\partial \mathbf{y}_j} \frac{\partial \mathbf{c}_j}{\partial \mathbf{u}_j} \dot{\mathbf{u}}_j + \dot{\mathbf{v}}_i$$

Alle diese Gleichungen für $i = 1, \ldots, s$ können mit

$$0 = \mathbf{Q}_x \dot{\mathbf{x}} + \mathbf{Q}_z \dot{\mathbf{z}} + \mathbf{Q}_u \dot{\mathbf{u}} + \dot{\mathbf{v}} \tag{5.28}$$

kompakt erfasst werden; die beteiligten Matrizen sind Blockmatrizen und können in der üblichen Matrix-Element-Schreibweise $\mathbf{M} = \{\mathbf{M}_{ij}\}$ mit $i, j = 1, \ldots, s$ ausgedrückt werden:

$$\mathbf{Q}_x = \{\mathbf{Q}_{x,ij}\} \quad \text{mit} \quad \mathbf{Q}_{x,ij} = \frac{\partial \mathbf{q}_i}{\partial \mathbf{y}_j} \frac{\partial \mathbf{c}_j}{\partial \mathbf{x}_j}$$

$$\mathbf{Q}_z = \{\mathbf{Q}_{z,ij}\} \quad \text{mit} \quad \mathbf{Q}_{z,ij} = \frac{\partial \mathbf{q}_i}{\partial \mathbf{y}_j} \frac{\partial \mathbf{c}_j}{\partial \mathbf{z}_j}$$

$$\mathbf{Q}_u = \{\mathbf{Q}_{u,ij}\} \quad \text{mit } \mathbf{Q}_{u,ij} = \begin{cases} \dfrac{\partial \mathbf{q}_i}{\partial \mathbf{y}_j} \dfrac{\partial \mathbf{c}_j}{\partial \mathbf{u}_j} & \text{für } i \neq j \\ \dfrac{\partial \mathbf{q}_i}{\partial \mathbf{y}_j} \dfrac{\partial \mathbf{c}_j}{\partial \mathbf{u}_j} - \mathbf{E} & \text{für } i = j \end{cases}$$

- Auswertung der Berechnungsschritte 1 und 2:

Die beiden Gln. (5.27) und (5.28) sind vereint

$$0 = \begin{bmatrix} \mathbf{G}_x \\ \mathbf{Q}_x \end{bmatrix} \dot{\mathbf{x}} + \begin{bmatrix} \mathbf{G}_z & \mathbf{G}_u \\ \mathbf{Q}_z & \mathbf{Q}_u \end{bmatrix} \begin{bmatrix} \dot{\mathbf{z}} \\ \dot{\mathbf{u}} \end{bmatrix} + \begin{bmatrix} \mathbf{0} \\ \mathbf{E} \end{bmatrix} \dot{\mathbf{v}} =: \mathbf{P}_x \dot{\mathbf{x}} + \mathbf{P}\dot{\boldsymbol{\eta}} + \mathbf{P}_v \dot{\mathbf{v}}$$

---

[10]Hier wird erkennbar, dass die Berechnungen nicht in der vektoriellen Form ausgeführt werden, weil dabei Ausdrücke wie etwa $\partial \mathbf{c}_i / \partial \mathbf{u}_j$ mitgeführt würden, obwohl sie für $i \neq j$ verschwinden.

auszuwerten, um an die gesuchte Differentialgleichung $\dot{\eta} = [\dot{z}^T, \dot{u}^T]^T$ für die algebraische Variable (5.26) heranzukommen; ist nun die Matrix $\mathbf{P}$ regulär, erhält man diese Differentialgleichung für die algebraische Variable des Gesamtsystems in der Form:

$$\dot{\eta} = -\mathbf{P}^{-1}(\mathbf{P}_x\dot{x} + \mathbf{P}_v\dot{v})$$

Mit der Regularität der Matrix $\mathbf{P}$ ist das semi-expliziten Modell (5.24) regulär mit einem Index $k = 1$. Überschreibt man die beiden algebraischen Gleichungen im semi-expliziten Modell mit der obigen Differentialgleichung $\dot{\eta}$, ergibt sich das **explizite** Modell des Gesamtsystems

$$\begin{aligned}
\dot{x} &= f(x, \eta) \\
\dot{\eta} &= -\mathbf{P}^{-1}(\mathbf{P}_x f + \mathbf{P}_v\dot{v}) \\
y &= c(x, \eta),
\end{aligned} \tag{5.29}$$

das offensichtlich realisierbar ist – die höchste Ableitung der Testeingangsgröße $\mathbf{v}$ ist die erste. Schließlich erhält man mit den Deskriptorvariablen $\omega = [x^T, \eta^T]^T$ das explizite Modell des Gesamtsystems in der Form:

$$\begin{aligned}
\dot{\omega} &= \tilde{f}(\omega, \dot{v}) \\
y &= c(\omega)
\end{aligned} \tag{5.30}$$

5.2.1.3 Realisierbarkeitskriterien

Entscheidend für die Regularität des semi-expliziten Modells (5.24) des Gesamtsystems – in diesem Falle gleichbedeutend mit der Realisierbarkeit des zugehörigen expliziten Modells (5.29) – ist die Regularität der Matrix $\mathbf{P}$:

$$\mathbf{P} = \begin{bmatrix} \mathbf{G}_z & \mathbf{G}_u \\ \mathbf{Q}_z & \mathbf{Q}_u \end{bmatrix} \tag{5.31}$$

Folgerung 5.2 (Realisierbarkeit des Gesamtmodells S)
Das semi-explizite Modell (5.24) des Gesamtsystems S nach Abb. 5.3 mit regulären realisierbaren Modellen (5.19) der Teilsysteme S_i ist regulär, wenn für die Matrix $\mathbf{P}$ (5.31)

$$rang\,\{\mathbf{P}\} = p + m$$

gilt; das zugehörige explizite Modell (5.30) ist dann auch realisierbar.   ◊

Kommentar zur Folgerung 5.2
Die Bedingung in der Folgerung 5.2 ist nicht nur hinreichend, sondern auch notwendig – denn folgt man den Ausführungen im Abschn. 3.4.2.3, ist eine Singularität der betrachteten Matrix auszuschließen, weil sie auf den Verlust der Realisierbarkeit des Gesamtsystems führt. Denn

wäre sie singulär, müsste zu ihrer Regularisierung – wenn dies überhaupt möglich ist und somit das Gesamtmodell regulär bliebe – wenigstens eine der algebraischen Gleichungen in der Verbund-Gleichung (5.25) noch ein weiteres Mal nach der Zeit abgeleitet werden:

(i) Wäre von der nochmaligen Ableitung eine Gleichung aus $0 = \bar{g}$ (z. B. die j-te Koppelgleichung für das i-te Teilsystem)

$$0 = \bar{g}_{i,j}(\ldots + v_{i,j})$$

betroffen, so würde dies im Kontext der Berechnungen zu Gl. (5.28)

$$0 = \dot{\bar{g}}_{i,j}(\ldots + \dot{v}_{i,j}) \quad \longrightarrow \quad 0 = \ddot{\bar{g}}_{i,j}(\ldots + \ddot{v}_{i,j})$$

im expliziten Modell (5.29) auf eine Abhängigkeit von $\ddot{v}_{i,j}$ führen, womit die Realisierbarkeitsbedingung (5.18) für das Gesamtmodell verletzt wäre.

(ii) Wäre hingegen eine Gleichung aus $0 = g$ (z. B. die j-te algebraische Gleichung im i-ten Teilsystem)

$$0 = g_{i,j}$$

betroffen, so würde dies eine weitere – durch die Verkopplung hervorgerufene – implizite Zwangsbedingung im Teilmodell S_i bedeuten; wegen der damit verbundenen algebraischen Schleife wäre das Gesamtmodell nicht mehr realisierbar (siehe das nachstehende Beispiel 5.2).

Fügt man noch das Argument hinzu, dass darüber hinaus kein weiterer Weg die Nicht-Realisierbarkeit zur Folge hat, ist die Notwendigkeit gezeigt.

Ein über die vorgebrachten Argumente hinausgehender Wahrheitsbeweis der Aussagen im obigen Kommentar zur Folgerung 5.2 bleibt Gegenstand zukünftiger Arbeiten; hier seien die Aussagen als These folgendermaßen zusammengefasst:

Postulat 5.1 (Invarianter Summenindex)
Das semi-explizite Modell (5.24) des Gesamtsystems S nach Abb. 5.3 mit regulären realisierbaren Modellen (5.19) der Teilsysteme S_i ist genau dann realisierbar, wenn die Summe $\bar{k}_S$ der Indizes über alle algebraischen Gleichungen (5.25)

$$\bar{k}_S = \sum_{i=1}^{s} k_{S,i} + m$$

(vgl. Notation (5.20)) durch die Verkopplung nicht verändert wird.   ◊

Beispiel 5.2 (Zusätzliche Zwangsbedingung durch Verkopplung)
Es seien die folgenden regulären und realisierbaren Index-1-Modelle für zwei Systeme S_1 und S_2 gegeben:

$$
\begin{array}{ll}
\dot{x}_1 = z_1 + 2u_1 = f_1(z_1, u_1) & \dot{x}_2 = u_2 = f_2(u_2) \\
S_1: \quad 0 = x_1 + z_1 + u_1 = g_1(x_1, z_1, u_1) & S_2: \quad 0 = z_2 - u_2 = g_2(z_2, u_2) \\
y_1 = -z_1 = c_1(z_1) & y_2 = x_2 + z_2 = c_2(x_2, z_2)
\end{array}
$$

Die Koppelgleichungen zur Formung des Gesamtsystems lauten:

$$
u_1 = y_2 + v_1 = q_1(y_2) + v_1 \;\rightarrow\; 0 = -u_1 + x_2 + z_2 + v_1 = \bar{g}_1(x_2, z_2, v_1)
$$

$$
u_2 = y_1 + v_2 = q_2(y_1) + v_2 \;\rightarrow\; 0 = -u_2 - z_1 + v_2 = \bar{g}_2(z_1, v_2)
$$

Für den Rang der Matrix $\mathbf{P}$ *(5.31)*

$$
\mathbf{P} = \begin{bmatrix}
1 & 0 & 1 & 0 \\
0 & 1 & 0 & -1 \\
0 & 1 & -1 & 0 \\
-1 & 0 & 0 & -1
\end{bmatrix}
$$

ergibt sich:

$$
rang\,\{\mathbf{P}\} = 3 \neq p + m = 4
$$

Das verkoppelte Gesamtsystem ist deswegen gemäß Folgerung 5.2 nicht realisierbar; der Grund hierfür ist in der Veränderung der algebraischen Gleichungen $\mathbf{0} = [g_1, g_2]^T$ *der unverkoppelten Modelle unter dem Einfluss der Verkopplung* $\mathbf{0} = [\bar{g}_1, \bar{g}_2]^T$ *zu sehen:*

$$
\mathbf{0} = \mathbf{g}\big|_{\mathbf{0}=\bar{\mathbf{g}}} = \begin{bmatrix}
(z_1 + z_2) + x_1 + x_2 + v_1 \\
(z_1 + z_2) - v_2
\end{bmatrix}
$$

Die JACOBI-*Matrix* $\partial \mathbf{g}/\partial \mathbf{z}$ *verliert unter den Einfluss der Verkopplung (sie erzeugt eine zusätzliche algebraische Schleife) ihre Regularität; letztlich ist dies die Quelle für die Nicht-Regularität und damit für die Nicht-Realisierbarkeit des Gesamtmodells.* ◊

Alternative Formulierung des Realisierbarkeitskriteriums

Die Regularität der semi-expliziten Modelle (5.19) wurde vorausgesetzt; daraus folgt eine alternative Formulierung des Realisierbarkeitskriteriums. Denn mit dieser Voraussetzung ist die „nordwestliche" Untermatrix $\mathbf{G}_z$ der Matrix $\mathbf{P}$ (5.31) regulär – vgl. hierzu die expliziten Modelle (5.21) der Teilsysteme S_i. Die Gl. (5.27) kann daher nach $\dot{\mathbf{z}}$

$$
\dot{\mathbf{z}} = -\mathbf{G}_z^{-1} \left[\mathbf{G}_x \dot{\mathbf{x}} + \mathbf{G}_u \dot{\mathbf{u}} \right] \tag{5.32}
$$

aufgelöst werden; mit dieser Lösung lautet dann die Gl. (5.28):

$$
\mathbf{0} = \left[\mathbf{Q}_x - \mathbf{Q}_z \mathbf{G}_z^{-1} \mathbf{G}_x \right] \dot{\mathbf{x}} + \left[\mathbf{Q}_u - \mathbf{Q}_z \mathbf{G}_z^{-1} \mathbf{G}_u \right] \dot{\mathbf{u}} + \dot{\mathbf{v}} \tag{5.33}
$$

Ist die Matrix $\left[\mathbf{Q}_u - \mathbf{Q}_z \mathbf{G}_z^{-1} \mathbf{G}_u \right]$ regulär, kann Gl. (5.33) nach $\dot{\mathbf{u}}$ aufgelöst werden, was letztlich zusammen mit dem Ergebnis (5.32) eine alternative Formulierung der Lösung für $\dot{\boldsymbol{\eta}}$

$$\dot{\eta} = \begin{bmatrix} \mathbf{G}_z^{-1} \left\{ \left(\mathbf{G}_u \left[\mathbf{Q}_u - \mathbf{Q}_z \mathbf{G}_z^{-1} \mathbf{G}_u \right]^{-1} \left[\mathbf{Q}_x - \mathbf{Q}_z \mathbf{G}_z^{-1} \mathbf{G}_x \right] - \mathbf{G}_x \right) \dot{\mathbf{x}} + \\ + \mathbf{G}_u \left[\mathbf{Q}_u - \mathbf{Q}_z \mathbf{G}_z^{-1} \mathbf{G}_u \right]^{-1} \dot{\mathbf{v}} \right\} \\ - \left[\mathbf{Q}_u - \mathbf{Q}_z \mathbf{G}_z^{-1} \mathbf{G}_u \right]^{-1} \left\{ \left[\mathbf{Q}_x - \mathbf{Q}_z \mathbf{G}_z^{-1} \mathbf{G}_x \right] \dot{\mathbf{x}} + \dot{\mathbf{v}} \right\} \end{bmatrix} \tag{5.34}$$

im expliziten Modell (5.29) ergibt.

Nachdem nun die Matrix $\mathbf{G}_z$ per Voraussetzung regulär ist ($\mathrm{rang}\{\mathbf{G}_z\} = p$), ist noch die Regularität der Matrix $\mathbf{M}$

$$\mathbf{M} := [\mathbf{Q}_u - \mathbf{Q}_z \mathbf{G}_z^{-1} \mathbf{G}_u] \tag{5.35}$$

sicherzustellen:

Folgerung 5.3 (Realisierbarkeit des Gesamtmodells S)
Das semi-explizite Modell (5.24) des Gesamtsystems S nach Abb. 5.3 mit regulären realisierbaren Modellen (5.19) der Teilsysteme S_i ist regulär, wenn für die Matrix $\mathbf{M}$ (5.35)

$$rang\,\{\mathbf{M}\} = m$$

gilt; das zugehörige explizite Modell (5.30) ist dann auch realisierbar[11]. ◊

Die Bedingung in der Folgerung 5.3 ist notwendig und hinreichend – denn folgt man den Ausführungen im Abschn. 3.4.2.3 bzw. obigem Kommentar zur Folgerung 5.2, ist eine Singularität der betrachteten Matrix auszuschließen, weil sie auf den Verlust der Realisierbarkeit des Gesamtsystems führt (siehe Postulat 5.1).

Beispiel 5.3 (Interne Realisierbarkeit eines verkoppelten linearen Gesamtmodells)
Es seien die folgenden Modelle für zwei Systeme S_1 und S_2 gegeben:

$$L_1: \left. \begin{array}{ll} \dot{x}_1 = f_1(x_1, z_1) & = a_1 x_1 + b_1 z_1 \\ 0 = g_1(z_1, u_1, y_1) & = -z_1 + u_1 - \alpha y_1 \\ y_1 = c_1(x_1, u_1) & = x_1 + \beta u_1 \end{array} \right\} S_1$$

$$L_2: \left. \begin{array}{ll} \dot{x}_2 = f_2(x_2, z_2) & = a_2 x_2 + b_2 z_2 \\ 0 = g_2(z_2, u_2, y_2) & = -z_2 + u_2 - \delta y_2 \\ y_2 = c_2(x_2, z_2, u_2) & = x_2 + z_2 + \varepsilon u_2 \end{array} \right\} S_2$$

---

[11] In [4] wurde ein anderer Weg zur Lösung der Aufgabe eingeschlagen: Dort wurde in einem ersten Schritt die Realisierbarkeit der Teilmodelle unter dem Einfluss der Verkopplung untersucht - maßgeblich dafür ist der Rang einer Matrix $\hat{\mathbf{G}}$. In einem zweiten Schritt wurde die Realisierbarkeit des Gesamtmodells analysiert - maßgeblich dafür ist der Rang einer Matrix $\mathbf{M}$. Diese Matrix $\mathbf{M}$ entspricht der Matrix in der Folgerung 5.3. An ausgewählten Beispielen kann man zeigen, dass die Rangprüfung der Matrix $\hat{\mathbf{G}}$ nicht alle möglichen Fälle der Aufgabenstellung erfasst.

Ihre Struktur und die Struktur ihrer Verkopplung zu einem Gesamtsystem zeigt die Abb. 5.5.
Demnach lauten die Koppelgleichungen:

$$u_1 = \mu y_1 + \nu y_2 + v_1 = q_1(y_1, y_2) + v_1$$
$$u_2 = y_1 + v_2 = q_2(y_1) + v_2$$

- *Analyse der Teilmodelle außerhalb der Verkopplung mit Blick auf die Voraussetzung, regulär und realisierbar zu sein:*

Ausgangspunkt ist die semi-explizite Form (5.19) beider Modelle; dazu sind in die algebraischen Gleichungen die jeweiligen Ausgangsgleichungen zu substituieren:

$$0 = g_1(x_1, z_1, u_1) = -z_1 + u_1 - \alpha(x_1 + \beta u_1)$$
$$= -\alpha x_1 - z_1 + (1 - \alpha\beta)u_1$$
$$0 = g_2(x_2, z_2, u_2) = -z_2 + u_2 - \delta(x_2 + z_2 + \varepsilon u_2)$$
$$= -\delta x_2 - (1 + \delta)z_2 + (1 - \delta\varepsilon)u_2$$

Die beiden JACOBI-*Matrizen*

$$\frac{\partial g_1}{\partial z_1} = -1 \quad \text{und} \quad \frac{\partial g_2}{\partial z_2} = -(1 + \delta)$$

sind unter der Bedingung

$$1 + \delta \neq 0 \tag{5.36}$$

regulär, so dass die expliziten Deskriptormodelle der beiden Systeme S_1 und S_2 angegeben werden können:

$$S_1 : \begin{array}{l} \dot{x}_1 = a_1 x_1 + b_1 z_1 \\ \dot{z}_1 = -[\alpha \dot{x}_1 + (\alpha\beta - 1)\dot{u}_1] \\ y_1 = x_1 + \beta u_1 \end{array} \qquad S_2 : \begin{array}{l} \dot{x}_2 = a_2 x_2 + b_2 z_2 \\ \dot{z}_2 = -(1 + \delta)^{-1}[\delta \dot{x}_2 + (\delta\varepsilon - 1)\dot{u}_2] \\ y_2 = x_2 + z_2 + \varepsilon u_2 \end{array}$$

bzw. mit $\mathbf{w}_i := [x_i, z_i]^T$ und $i = 1, 2$ in der Form (5.21):

$$S_1 : \begin{array}{l} \dot{\mathbf{w}}_1 = \tilde{\mathbf{f}}_1(\mathbf{w}_1, \dot{u}_1) \\ y_1 = c_1(\mathbf{w}_1, u_1) \end{array} \qquad S_2 : \begin{array}{l} \dot{\mathbf{w}}_2 = \tilde{\mathbf{f}}_2(\mathbf{w}_2, \dot{u}_2) \\ y_2 = c_2(\mathbf{w}_2, u_2) \end{array}$$

Wegen des Auftretens höchstens der ersten Ableitungen der Eingangsgrößen u_1 bzw. u_2 sind die beiden expliziten Modelle auch realisierbar[12].

---

[12]Anzumerken ist, dass mit $\alpha\beta - 1 = 0$ bzw. $\delta\varepsilon - 1 = 0$ die Realisierbarkeit zwar nicht verloren geht, aber die Forderung $d \in \{0, 1\}$ gemäß Definition 2.3 nicht zu halten wäre; im Beispiel hieße dies, dass die Dynamik in der jeweiligen E/A-Beschreibung nicht enthalten ist – sie wäre nicht steuerbar.

- *Analyse des verkoppelten Gesamtsystems:*

Zur Auswertung der Rangbedingung in der Folgerung (5.3) werden die Matrizen $\mathbf{G}_z$, $\mathbf{G}_u$, $\mathbf{Q}_z$, $\mathbf{Q}_u$

$$\mathbf{G}_z = \begin{bmatrix} \dfrac{\partial g_1}{\partial z_1} & 0 \\ 0 & \dfrac{\partial g_2}{\partial z_2} \end{bmatrix} = -\begin{bmatrix} 1 & 0 \\ 0 & 1+\delta \end{bmatrix}$$

$$\mathbf{G}_u = \begin{bmatrix} \dfrac{\partial g_1}{\partial u_1} & 0 \\ 0 & \dfrac{\partial g_2}{\partial u_2} \end{bmatrix} = \begin{bmatrix} 1-\alpha\beta & 0 \\ 0 & 1-\delta\varepsilon \end{bmatrix}$$

$$\mathbf{Q}_z = \begin{bmatrix} \dfrac{\partial q_1}{\partial y_1}\dfrac{\partial c_1}{\partial z_1} & \dfrac{\partial q_1}{\partial y_2}\dfrac{\partial c_2}{\partial z_2} \\ \dfrac{\partial q_2}{\partial y_1}\dfrac{\partial c_1}{\partial z_1} & \dfrac{\partial q_2}{\partial y_2}\dfrac{\partial c_2}{\partial z_2} \end{bmatrix} = \begin{bmatrix} 0 & v \\ 0 & 0 \end{bmatrix}$$

$$\mathbf{Q}_u = \begin{bmatrix} \dfrac{\partial q_1}{\partial y_1}\dfrac{\partial c_1}{\partial u_1}-1 & \dfrac{\partial q_1}{\partial y_2}\dfrac{\partial c_2}{\partial u_2} \\ \dfrac{\partial q_2}{\partial y_1}\dfrac{\partial c_1}{\partial u_1} & \dfrac{\partial q_2}{\partial y_2}\dfrac{\partial c_2}{\partial u_2}-1 \end{bmatrix} = \begin{bmatrix} \beta\mu-1 & \varepsilon v \\ \beta & -1 \end{bmatrix}$$

benötigt; da die Matrix $\mathbf{G}_z$ wegen der Voraussetzung (5.36) regulär ist, kann die Matrix (5.35) – also $\mathbf{M} = \mathbf{Q}_u - \mathbf{Q}_z\mathbf{G}_z^{-1}\mathbf{G}_u$ – berechnet werden:

$$\mathbf{M} = \begin{bmatrix} \beta\mu-1 & \dfrac{(1+\varepsilon)v}{1+\delta} \\ \beta & -1 \end{bmatrix}$$

Die Rangbedingung der Folgerung 5.3 ist genau dann erfüllt, wenn ihre Determinante

$$\det\{\mathbf{M}\} = 1 - \beta\mu - \frac{\beta(1+\varepsilon)v}{1+\delta} \neq 0$$

ist. Da der Nenner im obigen Ausdruck per Voraussetzung nicht verschwindet, bleibt

$$(1-\beta\mu)(1+\delta) - \beta v(1+\varepsilon) \neq 0 \tag{5.37}$$

als Bedingung für die interne Realisierbarkeit des Gesamtsystems nach Abb. 5.5.

- *Alternative Lösung im Frequenzbereich:*

Beschreibt man das E/A-Verhalten des Gesamtsystems nach Abb. 5.5 im Frequenzbereich mit einer Übertragungsmatrix der Form

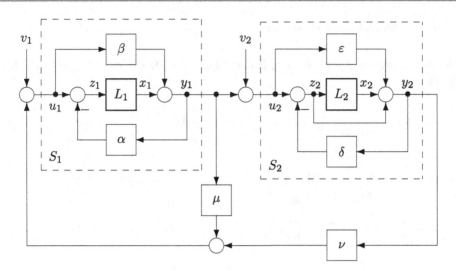

Abb. 5.5 Struktur der Verkopplung der beiden Deskriptormodelle S_1 und S_2

$$\begin{bmatrix} y_1(s) \\ y_2(s) \end{bmatrix} = \begin{bmatrix} \dfrac{z_1(s)}{n(s)} & \dfrac{z_2(s)}{n(s)} \\ \dfrac{z_3(s)}{n(s)} & \dfrac{z_4(s)}{n(s)} \end{bmatrix} \begin{bmatrix} v_1(s) \\ v_2(s) \end{bmatrix}$$

und den Polynomen

$$z_i(s) = b_{i,2}s^2 + b_{i,1}s + b_{i,0} \qquad i = 1, \ldots 4$$
$$n(s) = a_2 s^2 + a_1 s + a_0 \,,$$

ergeben sich für die Koeffizienten, die für die Beurteilung der internen Realisierbarkeit relevant sind, die folgenden Ausdrücke:

$$b_{1,2} = -\beta(1 + \delta)$$
$$b_{2,2} = -\beta(1 + \varepsilon)v$$
$$b_{3,2} = -\beta(1 + \varepsilon)$$
$$b_{4,2} = -(1 + \varepsilon)(1 - \beta\mu)$$
$$a_2 = (1 - \beta\mu)(1 + \delta) - \beta v(1 + \varepsilon)$$

Die Bedingung (5.37), die die interne Realisierbarkeit des Gesamtsystems sicherstellt, ist identisch mit der Bedingung $a_2 \neq 0$, die sicherstellt, dass das Nennerpolynom $n(s)$ der Teilübertragungsfunktionen in obiger Übertragungsmatrix vom Grad 2 ist.

Ein Gradverlust in diesem Polynom – also $a_2 = 0$ – wäre aus Sicht der internen Realisierbarkeit zulässig, wenn zugleich alle Zählerpolynome einen Gradverlust aufweisen würden –

also $b_{1,2} = b_{2,2} = b_{3,2} = b_{4,2} = 0$ gälte. Eine Analyse der 5 Gleichungen zeigt aber, dass eine solche Lösung nur für $\varepsilon = \delta = -1$ existiert; dieser Parametersatz ist jedoch wegen der Regularitätsbedingung (5.36) ausgeschlossen. ◊

5.2.2 Deskriptormodelle mit Index k>1

Besitzen nicht alle Teilsysteme in einem verkoppelten Gesamtsystem semi-explizite Index-1-Modelle, sondern ein Modell mit einem höheren Index, bedürfen die betroffenen Modelle einer „Vorbehandlung", an deren Ende ein semi-explizites Index-1-Modell steht; dann ist eine Analyse der internen Realisierbarkeit des Gesamtsystems mit den Methoden aus dem vorangegangenen Abschn. 5.2.1 möglich.

5.2.2.1 Analyse der Teilmodelle außerhalb der Verkopplung

Die Teilsysteme S_i mit $i = 1, \ldots, s$ in der Gesamtstruktur nach Abb. 5.3 werden weiterhin durch reguläre und realisierbare semi-explizite Deskriptormodelle beschrieben – und zwar jedes Teilsystem für sich außerhalb der Verkopplung in der Form (5.19) mit der dort angeführten Bedeutung der Symbole:

$$S_i: \quad \begin{aligned} \dot{\mathbf{x}}_i &= \mathbf{f}_i(\mathbf{x}_i, \mathbf{z}_i, \mathbf{u}_i) \\ \mathbf{0} &= \mathbf{g}_i(\mathbf{x}_i, \mathbf{z}_i, \mathbf{u}_i) \\ \mathbf{y}_i &= \mathbf{c}_i(\mathbf{x}_i, \mathbf{z}_i, \mathbf{u}_i) \end{aligned} \qquad (5.38)$$

Sind höher indizierte semi-explizite Modelle der Form (5.38) enthalten, liefert der im Abschn. 2.2.3 vorgestellte *Modifizierte Shuffle-Algorithmus* das semi-explizite Modell

$$\begin{aligned} \dot{\mathbf{x}}_i &= \mathbf{f}_i(\mathbf{x}_i, \mathbf{z}_i, \mathbf{u}_i) \\ \mathbf{0} &= \mathbf{g}_{k_i-1}(\mathbf{x}_i, \mathbf{z}_i, \mathbf{u}_i) \\ \mathbf{y}_i &= \mathbf{c}_i(\mathbf{x}_i, \mathbf{z}_i, \mathbf{u}_i) \end{aligned} \qquad (5.39)$$

mit regulärer JACOBI-Matrix[13]:

$$\mathrm{rang} \left\{ \frac{\partial \mathbf{g}_{k_i-1}}{\partial \mathbf{z}_i} \right\} = p_i \qquad (5.40)$$

Das Modell (5.39) ist somit ein Index-1-Modell (eine index-reduzierte Version des Ausgangsmodells (5.38)); es gilt zwar $k_i > 1$, aber eine einmalige Zeit-Ableitung der algebraischen Gleichung $\mathbf{0} = \mathbf{g}_{k_i-1}$ führt auf die explizite Differentialgleichung für die algebraische

---

[13]In der einschlägigen Literatur sind eine Reihe anderer Verfahren zur Analyse höher indizierter Deskriptormodelle bekannt. In der Hauptsache sind dies Zugänge, die entweder über einen index-bezogenen Ansatz vorgehen (z. B. [38, 40]) oder über strukturelle Analysen eine Index-Reduktion erzeugen (z. B. [3, 46]).

Variable $\mathbf{z}$. Ohne auf Details der bekannten Rechenschritte einzugehen, lautet somit das zum semi-expliziten Modell (5.38) bzw. (5.39) gehörende explizite Modell in Analogie zur Struktur (5.21):

$$
\dot{\mathbf{w}}_i = \left[\begin{array}{c} \mathbf{f}_i(\mathbf{w}_i, \mathbf{u}_i) \\ -\left(\dfrac{\partial \mathbf{g}_{k_i-1}}{\partial \mathbf{z}_i} \right)^{-1} \left(\dfrac{\partial \mathbf{g}_{k_i-1}}{\partial \mathbf{x}_i} \mathbf{f}_i(\mathbf{w}_i, \mathbf{u}_i) + \dfrac{\partial \mathbf{g}_{k_i-1}}{\partial \mathbf{u}_i} \dot{\mathbf{u}}_i \right) \end{array} \right] =: \widetilde{\mathbf{f}}_i(\mathbf{w}_i, \mathbf{u}_i, \dot{\mathbf{u}}_i)
$$
$$
\mathbf{y}_i = \mathbf{c}_i(\mathbf{w}_i, \mathbf{u}_i) \tag{5.41}
$$

5.2.2.2 Analyse des verkoppelten Gesamtmodells

Ausgangspunkt für die Analyse der internen Realisierbarkeit des verkoppelten Gesamtsystems S ist das **semi-explizite** Modell des Gesamtsystems S, das als Zusammenfassung aller semi-expliziten Modelle (5.39) der Teilsysteme S_i und der Beschreibung ihrer Verkopplung (5.10) entsteht:

$$
\dot{\mathbf{x}}_1 = \mathbf{f}_1(\mathbf{x}_1, \mathbf{z}_1, \mathbf{u}_1)
$$
$$
\vdots
$$
$$
\dot{\mathbf{x}}_s = \mathbf{f}_s(\mathbf{x}_s, \mathbf{z}_s, \mathbf{u}_s)
$$
$$
\mathbf{0} = \mathbf{g}_{k_1-1}(\mathbf{x}_1, \mathbf{z}_1, \mathbf{u}_1)
$$
$$
\vdots
$$
$$
\mathbf{0} = \mathbf{g}_{k_s-1}(\mathbf{x}_s, \mathbf{z}_s, \mathbf{u}_s) \tag{5.42}
$$
$$
\mathbf{0} = -\mathbf{u}_1 + \mathbf{q}_1(\mathbf{y}_1, \ldots, \mathbf{y}_s) + \mathbf{v}_1
$$
$$
\vdots
$$
$$
\mathbf{0} = -\mathbf{u}_s + \mathbf{q}_s(\mathbf{y}_1, \ldots, \mathbf{y}_s) + \mathbf{v}_s
$$
$$
\mathbf{y}_1 = \mathbf{c}_1(\mathbf{x}_1, \mathbf{z}_1, \mathbf{u}_1)
$$
$$
\vdots
$$
$$
\mathbf{y}_s = \mathbf{c}_s(\mathbf{x}_s, \mathbf{z}_s, \mathbf{u}_s)
$$

Setzt man das Modell (5.42) mit höher indizierten Teilmodellen an die Stelle des Modells (5.22) mit Index-1-Teilmodellen und benutzt zu den bereits eingeführten Abkürzungen (5.8), (5.11) und (5.23) die Abkürzung

$$
\mathbf{g} = [\mathbf{g}_{k_1-1}^T, \ldots, \mathbf{g}_{k_s-1}^T]^T \quad \text{mit} \quad \dim\{\mathbf{g}\} = p, \tag{5.43}
$$

dann besitzt das **semi-explizite** Modell des verkoppelten Gesamtsystems S ebenso die kompakte Struktur (5.24); folglich stimmt die weitere Analyse mit den Ausführungen im

Abschn. 5.2.1.2 bis zum Ergebnis in Form des Realisierbarkeitskriteriums gemäß Folgerung 5.3 überein.

5.2.3 Realisierbarkeit statischer Rückkopplungen – ein Nachtrag

Im Abschn. 3.4.2.3 wurde herausgearbeitet, dass die Realisierung eines Deskriptormodells mit statischer Rückkopplung unter Umständen scheitern kann; zur Erkennung dieser Umstände wurde mit der Behauptung 3.3 eine **hinreichende** Bedingung

$$\text{rang}\left\{(\mathbf{M}^\gamma \mathbf{c})'\right\} < m \tag{5.44}$$

angegeben, aus der das Scheitern folgt.

Im Abschn. 5.2.1.3 wurde mit der Folgerung 5.3 eine **notwendige** und **hinreichende** Bedingung (siehe Postulat 5.1)

$$\text{rang}\{\mathbf{M}\} = m \tag{5.45}$$

für die interne Realisierbarkeit verkoppelter Deskriptormodelle entwickelt.

Zweck des laufenden Abschnitts ist es nun, diese beiden Bedingungen einander gegenüberzustellen. Dazu ist zunächst einmal die Struktur des Gesamtsystems nach Abb. 3.4 (das ist die Struktur des **rück**gekoppelten Gesamtsystems) in ihren zur Realisierbarkeitsprüfung wesentlichen Teilen[14] in die Struktur nach Abb. 5.3 (das ist die Struktur des **ver**koppelten Gesamtsystems) mit $s = 1$ überzuführen; was dabei zu tun ist, soll das folgende Beispiel demonstrieren.

Beispiel 5.4 (Vergleich von Realisierbarkeitskriterien)
Für das Deskriptormodell des Beispiels 3.3

$$
\begin{aligned}
\dot{x}_1 &= f_1(x_1, x_2) + \alpha z + u \\
\dot{x}_2 &= f_2(x_1, x_2) + bu \\
0 &= g = g_1(x_1, x_2) + z + \beta u \\
y &= c = x_1
\end{aligned}
\tag{5.46}
$$

wurde aus der Vorgabe einer linearen Kanaldynamik $\dot{y} = v$ bereits die statische Rückführung

$$u = v - \alpha z - f_1(x_1, x_2) \tag{5.47}$$

angegeben, die allerdings unter der Bedingung

$$(M^\gamma c)' = (M^1 y)' = 1 - \alpha\beta = 0$$

---

[14] Das heißt, es werden nur diejenigen Teile beachtet, die strukturell zu einer Schleifenbildung beitragen können.

auf ein nicht realisierbares Gesamtsystem führt. Das ist das Ergebnis der Auswertung der hinreichenden Bedingung (5.44).

Für die Auswertung der notwendigen und hinreichenden Bedingung (5.45) ist die Eingangsgröße u in Abhängigkeit von der Ausgangsgröße y gemäß der Koppelgleichung (5.10) – also durch $u = q(y) + v$ auszudrücken. Dies gelingt mit der Wahl einer fiktiven Ausgangsgröße $y = \bar{c} = \alpha z + f_1(x_1, x_2)$ und $q(y) = -y$ (auf die Einführung eines neuen Symbols, etwa $y \to \bar{y}$ sei verzichtet). Das mathematische Modell des verkoppelten Gesamtsystems in der Struktur nach Abb. 5.3 lautet somit:

$$\dot{x}_1 = f_1(x_1, x_2) + \alpha z + u$$
$$\dot{x}_2 = f_2(x_1, x_2) + bu$$
$$0 = g = g_1(x_1, x_2) + z + \beta u \tag{5.48}$$
$$y = \bar{c} = \alpha z + f_1(x_1, x_2)$$
$$u = q(y) = -y + v$$

Leicht nachvollziehbar ist, dass das Modell (5.46),(5.47) und das Modell (5.48) dasselbe Gesamtsystem beschreiben; nur ist y im Modell (5.46),(5.47) die Ausgangsgröße der Kanaldynamik und im Modell (5.48) eine fiktive Ausgangsgröße zur bloßen Formulierung der Koppelgleichung.

Anhand des Modelles (5.48) kann nun die Rangbedingung (5.45) ausgewertet werden; gemäß Beziehung (5.35) gilt $\mathbf{M} = \mathbf{Q}_u - \mathbf{Q}_z \mathbf{G}_z^{-1} \mathbf{G}_u$ und aus dem Kontext der Gln. (5.27) und (5.28) folgt in diesem Beispiel für die relevanten Größen:

$$G_z = \frac{\partial g}{\partial z} = 1, \ G_u = \frac{\partial g}{\partial u} = \beta, \ Q_z = \frac{\partial q}{\partial y}\frac{\partial \bar{c}}{\partial z} = -\alpha, \ Q_u = \frac{\partial q}{\partial y}\frac{\partial \bar{c}}{\partial u} - 1 = -1$$

Hieraus folgt für die notwendige und hinreichende Bedingung (5.45) zur Beurteilung der Realisierbarkeit des Gesamtmodells zunächst

$$M = -1 + \alpha\beta \neq 0$$

und dann offensichtlich der Zusammenhang

$$M \equiv (M^\gamma c)' , \tag{5.49}$$

womit der ursprünglich hinreichende Charakter der Behauptung 3.3 auch notwendig wird – zumindest in diesem Beispiel.   ◊

5.2.3.1 Analyse von rückgekoppelten Eingrößensystemen

Jenseits des Beispiels wird nun der Frage nachgegangen, ob denn der Zusammenhang (5.49) im Allgemeinen gilt – es wird sich zeigen, dass dies nicht gilt, sondern die beiden Größen zueinander proportional sind mit einen regulären Faktor; die Analyse wird zunächst an einem

Eingrößenmodell mit dem Index $k = 1$ ausgeführt:

$$\dot{\mathbf{x}} = \mathbf{a}(\mathbf{x}, \mathbf{z}) + \mathbf{b}(\mathbf{x}, \mathbf{z})u$$
$$\mathbf{0} = \mathbf{g}(\mathbf{x}, \mathbf{z}, u) \qquad (5.50)$$
$$y = c(\mathbf{x}, \mathbf{z})$$

Die γ-fache Ableitung der Ausgangsgröße ist gemäß Gl. (3.16b) durch

$$\overset{(\gamma)}{y} = (N^{\gamma-1}c)' \, (\mathbf{a} + \mathbf{b}u) + (M^{\gamma-1}c)' \, \dot{u} \qquad (5.51)$$

gegeben; ist darin

$$(M^{\gamma-1}c)' = 0, \quad (N^{\gamma-1}c)' \, \mathbf{b} \neq 0, \quad \frac{\partial}{\partial u}(N^{\gamma-1}c)' = \mathbf{0}^T \ \text{(vgl. Gl. (3.28))}, \qquad (5.52)$$

kann eine geforderte Kanaldynamik $\overset{(\gamma)}{y} \overset{!}{=} v$ mit der statischen Rückkopplung

$$u = \frac{v - (N^{\gamma-1}c)' \, \mathbf{a}}{(N^{\gamma-1}c)' \, \mathbf{b}} \qquad (5.53)$$

eingestellt werden.

Die Rückführung (5.53) ist nun zur Auswertung der Rangbedingung in der Folgerung 5.3 in die Form der Koppelgleichung (5.10) zu pressen; dies gelingt in Anlehnung an das Beispiel 5.4 mit

$$q(y) = -y \quad \text{und} \quad y = \bar{c} = \frac{(N^{\gamma-1}c)' \, \mathbf{a}}{(N^{\gamma-1}c)' \, \mathbf{b}}, \qquad (5.54)$$

wobei für die externe Eingangsgröße $v = 0$ gesetzt wurde, weil für die Überprüfung der Realisierbarkeit des rückgekoppelten Gesamtsystems nur der schleifenbildende Teil der Rückführung von Interesse ist[15].

Leicht nachzuvollziehen ist, dass für die relevante Größe $\mathbf{M}$ gemäß Beziehung (5.35) im Eingrößenfall

$$M = Q_u - \mathbf{Q}_z \mathbf{G}_z^{-1} \mathbf{G}_u \quad \text{mit}$$
$$\mathbf{G}_z = \frac{\partial \mathbf{g}}{\partial \mathbf{z}}, \quad \mathbf{G}_u = \frac{\partial \mathbf{g}}{\partial u}, \quad \mathbf{Q}_z = -\frac{\partial \bar{c}}{\partial \mathbf{z}}, \quad Q_u = -\frac{\partial \bar{c}}{\partial u} - 1 \qquad (5.55)$$

gilt. Hier sind die Ableitungen der Funktion $\bar{c}$ nach $\mathbf{z}$ und nach u weiter zu untersuchen, um an adäquate Ausdrücke heranzukommen:

(i) Ein Blick auf das Modell (5.50) und die Annahmen (5.52) zeigt, dass die Funktion $\bar{c}$ nach Gl. (5.54) unabhängig von u ist; daraus folgt $\partial \bar{c}/\partial u = 0$ und weiter

---

[15]Die externe Eingangsgröße v ist trotz des gleichen Symbols nicht mit einer Testeingangsgröße v in der Abb. 5.3 gleichzusetzen.

$$Q_u = -1. \tag{5.56}$$

(ii) Anstelle der Ableitung von $\bar{c}$ nach $\mathbf{z}$ bilde man die Ableitung des gemäß Zuordnung (5.54) äquivalenten Ausdrucks:

$$(N^{\gamma-1}c)' \, \mathbf{b} \, \bar{c} = (N^{\gamma-1}c)' \, \mathbf{a}$$

Diese Ableitung führt zunächst auf

$$\frac{\partial}{\partial \mathbf{z}} \left[(N^{\gamma-1}c)' \, \mathbf{b} \right] \bar{c} + (N^{\gamma-1}c)' \, \mathbf{b} \, \frac{\partial \bar{c}}{\partial \mathbf{z}} = \frac{\partial}{\partial \mathbf{z}} \left[(N^{\gamma-1}c)' \, \mathbf{a} \right] \tag{5.57}$$

und dann mit der Substitution $\bar{c} = y = -u$ auf das Zwischenergebnis:

$$(N^{\gamma-1}c)' \, \mathbf{b} \, \frac{\partial \bar{c}}{\partial \mathbf{z}} = \frac{\partial}{\partial \mathbf{z}} \left[(N^{\gamma-1}c)' \, (\mathbf{a} + \mathbf{b}u) \right]$$

Zusammen mit dem Ansatz (5.54) drückt die eingebrachte Substitution die Verkopplung nach der Koppelgleichung (5.10) aus, wobei für die Testeingangsgröße $v = 0$ gesetzt wurde; sie ist eine konzeptionelle Größe für die Definition der Realisierbarkeit und wird für den Betrieb des Gesamtsystems nicht benötigt. Die Substitution ist an dieser Stelle erlaubt, weil keine weiteren Ableitungen folgen.

Obiges Zwischenergebnis kann unter Beachtung der Operator-Definition (3.12) in der Form

$$(N^{\gamma-1}c)' \, \mathbf{b} \, \frac{\partial \bar{c}}{\partial \mathbf{z}} = \frac{\partial}{\partial \mathbf{z}} (N^{\gamma}c) \tag{5.58}$$

geschrieben werden.

Bildet man nun anstelle der Größe M den Ausdruck

$$-(N^{\gamma-1}c)' \, \mathbf{b} \, M = (N^{\gamma-1}c)' \, \mathbf{b} \left[-Q_u + \mathbf{Q}_z \mathbf{G}_z^{-1} \mathbf{G}_u \right],$$

dann erhält man mit den Zwischenergebnissen (5.55), (5.56), (5.58):

$$-(N^{\gamma-1}c)' \, \mathbf{b} \, M = (N^{\gamma-1}c)' \, \mathbf{b} \left[1 - \frac{\partial \bar{c}}{\partial \mathbf{z}} \left(\frac{\partial \mathbf{g}}{\partial \mathbf{z}} \right)^{-1} \frac{\partial \mathbf{g}}{\partial u} \right] =$$
$$= (N^{\gamma-1}c)' \, \mathbf{b} - \frac{\partial}{\partial \mathbf{z}} (N^{\gamma}c) \left(\frac{\partial \mathbf{g}}{\partial \mathbf{z}} \right)^{-1} \frac{\partial \mathbf{g}}{\partial u} \tag{5.59}$$

Es ist zweckmäßig, den ersten Summanden im obigen Ausdruck anders darzustellen; dazu betrachte man unter Beachtung der Operator-Definition (3.12) und der Annahme (5.52) den Ausdruck $N^{\gamma}c$ abgeleitet nach u

$$\frac{\partial}{\partial u} N^{\gamma}c = \frac{\partial}{\partial u} \left[(N^{\gamma-1}c)' \, (\mathbf{a} + \mathbf{b}u) \right] = (N^{\gamma-1}c)' \, \frac{\partial}{\partial u} (\mathbf{a} + \mathbf{b}u)(N^{\gamma-1}c)' \, \mathbf{b}$$

und substituiere das Ergebnis in Gl. (5.59):

$$-(N^{\gamma-1}c)' \mathbf{b}\, M = \frac{\partial}{\partial u} N^{\gamma} c - \frac{\partial}{\partial \mathbf{z}} (N^{\gamma} c) \left(\frac{\partial \mathbf{g}}{\partial \mathbf{z}}\right)^{-1} \frac{\partial \mathbf{g}}{\partial u}$$

Die Definition (3.14) des Operators $(M^{\gamma} c)'$ zeigt, dass die rechte Seite der obigen Beziehung diesem Operator entspricht, so dass nun der eingangs gesuchte Zusammenhang folgt:

$$- (N^{\gamma-1}c)' \mathbf{b}\, M = (M^{\gamma} c)' \tag{5.60}$$

Da der skalare Faktor $(N^{\gamma-1}c)'\,\mathbf{b}$ nach Voraussetzung (5.52) nicht verschwindet, gilt die Äquivalenz:

$$M \neq 0 \Leftrightarrow (M^{\gamma} c)' \neq 0$$

Damit ist für Eingrößenmodelle mit dem Index $k = 1$ gezeigt, dass der ursprünglich hinreichende Charakter der Behauptung 3.3 auch notwendig ist[16]. Die Übertragung dieser Aussage auf höher indizierte Eingrößenmodelle ist trivial, weil nur die Vektorfunktion $\mathbf{g}(\mathbf{x}, \mathbf{z}, u)$ im Zuge der Berechnungen ab Gl. (5.50) zu ersetzen ist durch die Vektorfunktion $\mathbf{g}_{k-1}(\mathbf{x}, \mathbf{z}, u)$, die vom *Modifizierten Shuffle-Algorithmus* geliefert wird.

5.2.3.2 Analyse von rückgekoppelten Mehrgrößensystemen

Im Grunde ist die Analyse von Mehrgrößensystemen vergleichbar mit der für Eingrößensysteme aus dem vorangegangenen Abschnitt; es sind lediglich formale Hürden zu überwinden. Ausgangspunkt ist ein Mehrgrößenmodell mit dem Index $k = 1$:

$$\dot{\mathbf{x}} = \mathbf{a}(\mathbf{x}, \mathbf{z}) + \mathbf{B}(\mathbf{x}, \mathbf{z})\mathbf{u}$$
$$\mathbf{0} = \mathbf{g}(\mathbf{x}, \mathbf{z}, u) \tag{5.61}$$
$$\mathbf{y} = \mathbf{c}(\mathbf{x}, \mathbf{z})$$

Die γ_i-fache Ableitung der Ausgangsgröße y_i mit $i = 1, \ldots, m$ ist gemäß Gl. (3.16b) durch

$$\overset{(\gamma_i)}{y_i} = (N^{\gamma_i-1}c_i)'\,(\mathbf{a} + \mathbf{B}\mathbf{u}) + (M^{\gamma_i-1}c_i)'\,\dot{\mathbf{u}} \tag{5.62}$$

gegeben; ist darin in Analogie zu den Voraussetzungen (5.52)

$$(M^{\gamma_i-1}c_i)' = \mathbf{0}^T, \quad \text{rang}\left\{\widehat{\mathbf{D}}\right\} = m, \quad \frac{\partial}{\partial \mathbf{u}}(N^{\gamma_i-1}c_i)'^T = \mathbf{0}, \tag{5.63}$$

kann eine geforderte Kanaldynamik $\overset{(\gamma)}{\mathbf{y}} \overset{!}{=} \mathbf{v}$ mit der statischen Rückkopplung

$$\mathbf{u} = \widehat{\mathbf{D}}^{-1}\,(\mathbf{v} - \widehat{\mathbf{c}}) \tag{5.64}$$

---

[16] Auf das Postulat 5.1 sei hingewiesen.

eingestellt werden; siehe dazu Gl. (3.18), aus deren Kontext der Aufbau der Größen $\widehat{\mathbf{D}}$ und $\widehat{\mathbf{c}}$ zu entnehmen ist, aber aus Gründen einfacher Verweise hier wiederholt wird:

$$\widehat{\mathbf{D}} = \begin{bmatrix} \left(N^{\gamma_1-1}c_1\right)' \\ \vdots \\ \left(N^{\gamma_m-1}c_m\right)' \end{bmatrix} \mathbf{B}, \quad \widehat{\mathbf{c}} = \begin{bmatrix} \left(N^{\gamma_1-1}c_1\right)' \\ \vdots \\ \left(N^{\gamma_m-1}c_m\right)' \end{bmatrix} \mathbf{a} \tag{5.65}$$

Mit diesen Vorbereitungen ist die Stelle erreicht, an der die Rückführung (5.64) in die Form der Koppelgleichung (5.10) zu übertragen ist:

$$\mathbf{u} = \mathbf{q}(\mathbf{y}) = -\mathbf{y} \quad \text{und} \quad \mathbf{y} = \bar{\mathbf{c}} = \widehat{\mathbf{D}}^{-1}\widehat{\mathbf{c}} \tag{5.66}$$

Dies ist das Mehrgrößen-Analogon zu den Beziehungen (5.54); auch hier wurde mit den dort angegebenen Begründungen $\mathbf{v} = \mathbf{0}$ gesetzt – für die externen Eingangsgrößen und für die Test-Eingangsgrößen, beide mit dem gleichen Symbol belegt.

Wie im Eingrößenfall ist auch hier leicht nachzuvollziehen, dass für die relevante Matrix $\mathbf{M}$ gemäß Beziehung (5.35) im Mehrgrößenfall

$$\mathbf{M} = \mathbf{Q}_u - \mathbf{Q}_z\mathbf{G}_z^{-1}\mathbf{G}_u \quad \text{mit}$$
$$\mathbf{G}_z = \frac{\partial\mathbf{g}}{\partial\mathbf{z}}, \quad \mathbf{G}_u = \frac{\partial\mathbf{g}}{\partial\mathbf{u}}, \quad \mathbf{Q}_z = -\frac{\partial\bar{\mathbf{c}}}{\partial\mathbf{z}}, \quad \mathbf{Q}_u = -\frac{\partial\bar{\mathbf{c}}}{\partial\mathbf{u}} - \mathbf{E} \tag{5.67}$$

gilt. Die beiden Matrizen $\mathbf{Q}_z$ und $\mathbf{Q}_u$ in der Beziehung (5.67) sind noch weiter zu untersuchen, um sie in brauchbare Formen zu fassen.

Aus den Ausdrücken (5.65) in Verbindung mit der dritten Voraussetzung (5.63) folgt:

$$\mathbf{Q}_u = -\mathbf{E} \tag{5.68}$$

Anstelle der Ableitung für die Bildung der Matrix $\mathbf{Q}_z$ wird abermals der aus der Zuordnung (5.66) folgende äquivalente Ausdruck

$$\widehat{\mathbf{D}}\,\bar{\mathbf{c}} = \widehat{\mathbf{c}}$$

nach $\mathbf{z}$ abgeleitet, und zwar zeilenweise – vgl. die Zusammenhänge (5.65):

$$\frac{\partial}{\partial\mathbf{z}}\left[(N^{\gamma_i-1}c_i)'\,\mathbf{B}\right]\bar{\mathbf{c}} + (N^{\gamma_i-1}c_i)'\,\mathbf{B}\,\frac{\partial\bar{\mathbf{c}}}{\partial\mathbf{z}} = \frac{\partial}{\partial\mathbf{z}}\left[(N^{\gamma_i-1}c_i)'\,\mathbf{a}\right]$$

Hiermit ist ein Ausdruck entstanden, der aus dem Ausdruck (5.57) des Eingrößenfalls folgt, wenn die Übergänge $\gamma \to \gamma_i$, $c \to c_i$, $\mathbf{b} \to \mathbf{B}$ und $\bar{c} \to \bar{\mathbf{c}}$ einfließen. Ohne auf die Details der Berechnungen einzugehen, kann mit dem weiteren Übergang $u \to \mathbf{u}$ das Analogon zum Ausdruck (5.58)

$$(N^{\gamma_i-1}c_i)'\,\mathbf{B}\,\frac{\partial\bar{\mathbf{c}}}{\partial\mathbf{z}} = \frac{\partial}{\partial\mathbf{z}}(N^{\gamma_i}c_i)$$

und das Analogon zum Ausdruck (5.59)

$$-(N^{\gamma_i-1}c_i)' \, \mathbf{B} \, \mathbf{M} = (N^{\gamma_i-1}c_i)' \, \mathbf{B} - \frac{\partial}{\partial \mathbf{z}}(N^{\gamma_i}c_i)\left(\frac{\partial \mathbf{g}}{\partial \mathbf{z}}\right)^{-1}\frac{\partial \mathbf{g}}{\partial \mathbf{u}}$$

sowie der folgende Zeilenvektor

$$-(N^{\gamma_i-1}c_i)' \, \mathbf{B} \, \mathbf{M} = (M^{\gamma_i}c_i)' \tag{5.69}$$

angeschrieben werden. Die Zusammenfassung aller Zeilen (5.69) ergibt unter Beachtung der Schreibweisen (5.65) und (3.36) das matrixwertige Ergebnis (es ist das Analogon zum Zusammenhang (5.60)):

$$-\widehat{\mathbf{D}}\,\mathbf{M} = (\mathbf{M}^{\gamma}\mathbf{c})' \tag{5.70}$$

Da die statische Entkoppelmatrix $\widehat{\mathbf{D}}$ nach Voraussetzung (5.63) regulär ist, gilt die Äquivalenz:

$$\mathrm{rang}\,\{\mathbf{M}\} = m \Leftrightarrow \mathrm{rang}\,\left\{(\mathbf{M}^{\gamma}\mathbf{c})'\right\} = m$$

Damit ist auch für Mehrgrößenmodelle mit dem Index $k = 1$ gezeigt, dass der ursprünglich hinreichende Charakter der Behauptung 3.3 auch notwendig ist[17].

Die Übertragung dieser Aussage auf höher indizierte Mehrgrößenmodelle ist trivial, weil nur die Vektorfunktion $\mathbf{g}(\mathbf{x}, \mathbf{z}, \mathbf{u})$ im Zuge der Berechnungen ab Gl. (5.61) zu ersetzen ist durch die Vektorfunktion $\mathbf{g}_{k-1}(\mathbf{x}, \mathbf{z}, \mathbf{u})$, die vom *Modifizierten Shuffle-Algorithmus* geliefert wird.

---

[17] Auf das Postulat 5.1 sei hingewiesen.

Ergänzungen zu Berechnungen

A

A.1 Matrizenbelegung im Beispiel Netzwerk nach Abschn. 1.3.1

In diesem Beispiel konnte man mit Hilfe der algebraischen Gleichungen die Variablen $\mathbf{z}$ aus dem Deskriptormodell (1.14) eliminieren und so das Zustandsmodell (1.15) ermitteln. Die Belegung der dabei auftretenden Matrizen $\mathbf{A}_1$, $\mathbf{A}_2$ und $\mathbf{A}_3$ sowie der Vektoren $\mathbf{b}_1$ und $\mathbf{c}_1^T$ kann unmittelbar aus dem ursprünglichen Deskriptormodell abgelesen werden; hier sind diese Größen angeschrieben als $\mathbf{A}_1$, $\mathbf{A}_2^T$, $\mathbf{A}_3$, $\mathbf{b}_1^T$ und $\mathbf{c}_1^T$:

$$
\mathbf{A}_1 = \begin{bmatrix} \frac{1}{C_1} & 0 & 0 & 0\,0\,0\,0\,0\,0 \\ 0 & 0 & -\frac{1}{C_2} & 0\,0\,0\,0\,0\,0 \end{bmatrix}, \quad
\mathbf{A}_2^T = \begin{bmatrix} 0\,0\,0\,0\,0\,0 & -1 & 0 & 0 \\ 0\,0\,0\,0\,0\,0 & 0 & -1 & 0 \end{bmatrix},
$$

$$
\mathbf{A}_3 = \begin{bmatrix}
-R_1 & 0 & 0 & 0 & 0 & 1 & 0 & 0 & 0 \\
0 & -R_2 & 0 & 0 & 0 & 0 & 1 & 0 & 0 \\
0 & 0 & 0 & -R_4 & 0 & 0 & 0 & 1 & 0 \\
0 & 0 & 0 & 0 & R_5 & 0 & 0 & 0 & 1 \\
1 & 0 & 1 & 0 & 0 & 0 & 0 & 0 & 0 \\
0 & 1 & 0 & 1 & 1 & 0 & 0 & 0 & 0 \\
0 & 0 & 0 & 0 & 0 & -1 & 0 & 0 & 0 \\
0 & 0 & 0 & 0 & 0 & 0 & 0 & -1 & 0 \\
0 & 0 & 0 & 0 & 0 & 0 & -1 & 0 & 0
\end{bmatrix},
$$

$$
\mathbf{b}_1^T = \begin{bmatrix} 0\,0\,0\,0\,0\,0\,1\,0\,1 \end{bmatrix} \quad \text{und} \quad \mathbf{c}_1^T = \begin{bmatrix} 0\,0\,0\,0\,0\,0\,0\,0\,-1 \end{bmatrix}.
$$

Mit $\det\{\mathbf{A}_3\} = -R_1 R_2 R_4$ ist die Matrix $\mathbf{A}_3$ bei nicht verschwindenden Bauteilwerten für die Widerstände in den Vorwärtszweigen invertierbar. Der Bauteilwert für den Widerstand R_5 im Rückwärtszweig spielt für die Dynamik der Schaltung keine Rolle; er beeinflusst nur die Ausgangsgröße y.

© Der/die Herausgeber bzw. der/die Autor(en), exklusiv lizenziert durch Springer
Fachmedien Wiesbaden GmbH, ein Teil von Springer Nature 2021
F. Gausch, *Nichtlineare Deskriptormodelle,*
https://doi.org/10.1007/978-3-658-31944-1

A.2 Vom Deskriptor- zum Zustandsmodell im Beispiel Kurbelmechanismus nach Abschn. 1.3.2

Fasst man in diesem Beispiel die Zustandsgrößen der freien Teilsysteme, also die Winkellagen φ und ψ, die Positionen x und y, sowie die zugehörigen Geschwindigkeiten $\dot{\varphi}$, $\dot{\psi}$, $\dot{x}$ und $\dot{y}$ als differentielle Variable des Gesamtsystems im 8-dimensionalen Vektor $\mathbf{x} := [\varphi, \dot{\varphi}, \psi, \dot{\psi}, x, \dot{x}, y, \dot{y}]^T$ und die Zwangskräfte als algebraische Variable im 3-dimensionalen Vektor $\mathbf{z} := [S_x, S_y, Z]^T$ zusammen und setzt darüber hinaus für die Eingangsgröße $u = M$, kann das mit Hilfe der NEWTONschen Axiome entwickelte Deskriptormodell in der kompakten Form

$$\dot{\mathbf{x}} = \mathbf{f}(\mathbf{x}, \mathbf{z}, u)$$
$$\mathbf{0} = \mathbf{g}(\mathbf{x})$$

angegeben werden; darin gilt für die vektorwertigen Funktionen $\mathbf{f}$ und $\mathbf{g}$:

$$\mathbf{f} = \begin{bmatrix} x_2 \\ \dfrac{rz_1 \sin x_1 - rz_2 \cos x_1 + u}{\Theta} \\ x_4 \\ \dfrac{(L-l)z_3 \cos x_3 + lz_2 \cos x_3 + lz_1 \sin x_3}{J} \\ x_6 \\ \dfrac{z_1}{m} \\ x_8 \\ \dfrac{z_2 - z_3 - gm}{m} \end{bmatrix}, \quad \mathbf{g} = \begin{bmatrix} r \sin x_1 - l \sin x_3 - x_7 \\ r \cos x_1 + l \cos x_3 - x_5 \\ x_7 - (L-l) \sin x_3 \end{bmatrix}$$

Die erstmalige Differentiation der algebraischen Gleichung nach der Zeit t liefert:

$$\mathbf{0} = \dot{\mathbf{g}} = \mathbf{g}_1(\mathbf{x}) = \begin{bmatrix} -x_8 - lx_4 \cos x_3 + rx_2 \cos x_1 \\ -x_6 - lx_4 \sin x_3 - rx_2 \sin x_1 \\ x_8 - (L-l)x_4 \cos x_3 \end{bmatrix}$$

Eine nochmalige Differentiation der algebraischen Gleichung nach der Zeit t ergibt dann

$$\mathbf{0} = \ddot{\mathbf{g}} = \dot{\mathbf{g}}_1 = \mathbf{g}_2(\mathbf{x}, \mathbf{z}, u) = \begin{bmatrix} g_{21} \\ g_{22} \\ g_{23} \end{bmatrix} \tag{A.1}$$

mit:

$$g_{21} = \frac{\begin{array}{c}((l-L)ml\cos^2 x_3 + J)\Theta z_3 - (l^2 m\Theta\cos^2 x_3 + Jmr^2\cos^2 x_1 + J\Theta)\\ \cdot z_2 + (Jr^2\cos x_1\sin x_1 - l^2\Theta\cos x_3\sin x_3)mz_1\\ + Jm(l\Theta\sin x_3 x_4{}^2 - r\Theta\sin x_1 x_2{}^2 + + ru\cos x_1 + g\Theta)\end{array}}{Jm\Theta}$$

$$g_{22} = \frac{\begin{array}{c}(l-L)ml\Theta\cos x_3\sin x_3 z_3 + (Jr^2\cos x_1\sin x_1\\ - l^2\Theta\cos x_3\sin x_3)mz_2 - (l^2 m\Theta\sin^2 x_3 + Jmr^2\sin^2 x_1 + J\Theta)z_1\\ - Jm(l\Theta\cos x_3 x_4{}^2 + r\Theta\cos x_1 x_2{}^2 + ru\sin x_1)\end{array}}{Jm\Theta}$$

$$g_{23} = -\frac{\begin{array}{c}((L-l)^2 m\cos^2 x_3 + J)z_3 + ((L-l)lm\cos^2 x_3 - J)z_2\\ + (L-l)lm\cos x_3\sin x_3 z_1 - (L-l)Jm\sin x_3 x_4{}^2 + gJm\end{array}}{Jm}$$

Nach zweimaliger Differentiation der algebraischen Gl. (1.16b) ergab sich die algebraische Gl. (1.18) – das ist die eben detailliert angeführte Gl. (A.1) –, die in diesem Beispiel explizit nach $\mathbf{z} = \mathbf{z}(\mathbf{x}, u)$ aufgelöst werden kann und man erhält:

$$z_1 = \frac{\begin{array}{c}(JLmr^2\cos x_1\sin x_1\sin x_3 + ((-(L-l)^2 lm^2 - Jlm)r^2\cos^2 x_1 - L^2 lm\Theta)\\ \cdot\cos x_3)x_4{}^2 + (Llmr\Theta\sin x_1 x_2{}^2 + (L-l)glm^2 r^2\cos^2 x_1 - Llmru\cos x_1)\\ \cdot\cos x_3\sin x_3 + (((-l^2 + 2Ll - L^2)m^2 r^3 - L^2 mr\Theta)\cos x_1 x_2{}^2\\ + ((L-l)gLm^2 r^2\cos x_1 - L^2 mru)\sin x_1)\cos^2 x_3 - Jmr^3\cos x_1 x_2{}^2\end{array}}{n}$$

$$z_2 = \frac{\begin{array}{c}((JLmr^2\sin^2 x_1 + (l^2 m + J)L\Theta)\sin x_3 - ((L-l)^2 m + J)mlr^2\\ \cdot\cos x_1\sin x_1\cos x_3)x_4{}^2 + (Llmr\Theta\cos x_1 x_2{}^2 + ((L-l)glm^2 r^2\cos x_1\\ + Llmru)\sin x_1)\cos x_3\sin x_3 + (((2l-L)Lmr\Theta - (L-l)^2 m^2 r^3)\\ \cdot\sin x_1 x_2{}^2 + (L-l)Lgm^2 r^2\sin^2 x_1 + (L-2l)Lmru\cos x_1\\ + (L-l)gLm\Theta)\cos^2 x_3 - ((l^2 m + J)r\Theta + Jmr^3)\sin x_1 x_2{}^2\\ + (l^2 m + J)ru\cos x_1\end{array}}{n}$$

$$z_3 = \frac{\begin{array}{c}-((((l-L)l^2 m^2 + Jlm)r^2\cos^2 x_1 - (l^2 m + J)l\Theta - JLmr^2)\sin x_3\\ + ((l-L)l^2 m + Jl)mr^2\cos x_1\sin x_1\cos x_3)x_4{}^2 - (((l-L)lmr^3\\ - Llr\Theta)m\cos x_1 x_2{}^2 + +((l+L)glm^2 r^2\cos x_1 - Llmru)\sin x_1)\\ \cdot\cos x_3\sin x_3 - (((l-L)lm^2 r^3 - Llmr\Theta)\sin x_1 x_2{}^2\\ - (l+L)glm^2 r^2\cos^2 x_1 + Llmru\cos x_1 + gLlm\Theta + gLlm^2 r^2)\cos^2 x_3\\ - ((l^2 m + J)r\Theta + Jmr^3)\sin x_1 x_2{}^2 - (l^2 m + J)mgr^2\cos^2 x_1\\ + (l^2 m + J)ru\cos x_1\end{array}}{n}$$

mit dem gemeinsamen Nenner-Ausdruck

$$n = 2Llmr^2\cos x_1\sin x_1\cos x_3\sin x_3 + (-2lmr^2\cos^2 x_1 + L\Theta\\ + Lmr^2)L\cos^2 x_3 + (l^2 m + J)r^2\cos^2 x_1$$

Die algebraischen Gl. (1.19b) und (1.19c) – nämlich die ursprünglich gegebene (*explizit* gegebene) $0 = g(x)$ und die nach der 1. zeitlichen Ableitung entstandene (die *implizit* im DAE-System enthaltene) $0 = g_1(x)$ – können nach einer Untermenge von $x = [x_1, x_2, x_3, x_4, x_5, x_6, x_7, x_8]^T$, z. B. $\tilde{x} := [x_3, x_4, x_5, x_6, x_7, x_8]^T = [\psi, \dot{\psi}, x, \dot{x}, y, \dot{y}]^T$, in Abhängigkeit vom Rest in x, also $\hat{x} := [x_1, x_2]^T = [\varphi, \dot{\varphi}]^T$, aufgelöst werden und man erhält:

$$x_3 = -2\arctan\frac{\sqrt{L^2 - r^2\sin^2 x_1} - L}{r\sin x_1}$$

$$x_4 = \frac{r\cos x_1 x_2}{\sqrt{L^2 - r^2\sin^2 x_1}}$$

$$x_5 = \frac{l\sqrt{L^2 - r^2\sin^2 x_1} + Lr\cos x_1}{L}$$

$$x_6 = -\frac{r\sin x_1(L\sqrt{L^2 - r^2\sin^2 x_1} + lr\cos x_1)x_2}{L\sqrt{L^2 - r^2\sin^2 x_1}}$$

$$x_7 = \frac{(L-l)r\sin x_1}{L}$$

$$x_8 = \frac{(L-l)r\cos x_1 x_2}{L}$$

A.3   Deskriptormodell im Beispiel Gasmischanlage nach Abschn. 1.3.3

A.3.1   Druckabfall entlang einer Rohrleitung

Zur mathematischen Beschreibung der Bewegung eines Fluids in einem runden Rohr wird auf die Kontinuitätsgleichung und die Bewegungsgleichung nach NEWTON zurückgegriffen. Es wird vorausgesetzt, dass die Verteilung der Strömungsgeschwindigkeit über den Rohrquerschnitt durch eine mittlere Strömungsgeschwindigkeit v in achsialer Rohrrichtung x ersetzt werden kann:

$$v(x, t) = \frac{Q(x, t)}{A(x, t)} = \frac{\dot{m}(x, t)}{A(x, t)\varrho(x, t)} \tag{A.2}$$

$v(x, t)$ $[m/s]$: Strömungsgeschwindigkeit
$Q(x, t)$ $[m^3/s]$: Mengenfluss des Fluids
$A(x, t)$ $[m^2]$: Rohrquerschnitt
$\dot{m}(x, t)$ $[kg/s]$: Massenfluss des Fluids
$\varrho(x, t)$ $[kg/m^3]$: Dichte des Fluids

Setzt man weiters eine waagrechte Rohrmittellinie voraus, so lauten die Kontinuitätsgleichung [56]

$$\frac{\partial(A\varrho)}{\partial t} + \frac{\partial(A\varrho v)}{\partial x} = 0 \tag{A.3}$$

und die NEWTONsche Bewegungsgleichung [56]

$$\varrho\frac{\partial v}{\partial t} + \varrho v\frac{\partial v}{\partial x} + \frac{\partial p}{\partial x} + \varrho\frac{f v|v|}{2D} = 0, \tag{A.4}$$

wobei
$p(x, t) \ [N/m^2]$: Druck des Fluids
$D(x, t) \ [m]$ \qquad : Rohrdurchmesser
f \qquad $[-]$ \qquad : dimensionsloser Rohrreibungsbeiwert
bedeutet.

Da in den Rohrleitungen Phänomene, die zur Druckstoßausbreitung führen, keine Rolle
spielen, wird die Zeitabhängigkeit der Größen in den Gln.(A.3) und (A.4) unterdrückt.
Zudem ist die Strömungsgeschwindigkeit v sehr viel kleiner als die Schallgeschwindigkeit
c im Fluid, so dass in Gl.(A.4) nach [7] der Term $\varrho v\partial v/\partial x$ (in ihm kommt die kinetische
Energie zum Ausdruck) gegenüber den anderen Termen vernachlässigt werden kann. Unter
diesen Voraussetzungen lauten nun die Kontinuitäts- und die Bewegungsgleichung für den
stationären Fall:

$$\frac{d(A\varrho v)}{dx} = 0 \tag{A.5}$$

$$\frac{dp}{dx} = -\varrho\frac{f v|v|}{2D} \tag{A.6}$$

Aus der Differentialgleichung (A.5) folgt nun unmittelbar, dass das Produkt aus Rohrquerschnitt, Dichte und Strömungsgeschwindigkeit $A(x)\varrho(x)v(x)$ konstant ist

$$A(x)\varrho(x)v(x) = A_0\,\varrho_0\,v_0 \geq 0, \tag{A.7}$$

wobei der Index „0" auf geeignete Vergleichsgrößen, z. B. am Rohreintritt, hindeutet. Weiters
ist aufgrund des Anlagenbetriebes nur eine Strömungsrichtung $v > 0$ zu betrachten, sodass
sich mit diesem Ergebnis aus der Kontinuitätsgleichung die Bewegungsgleichung (A.6)
folgendermaßen schreibt:

$$\frac{dp}{dx} = -\frac{f\varrho_0^2 v_0^2}{2D}\left(\frac{A_0}{A}\right)^2\frac{1}{\varrho} \tag{A.8}$$

Obwohl in Gl. (A.8) zur bloßen Berechnung des Druckabfalls entlang einer Rohrleitung konstanten Querschnitts für $A = A_0$ gesetzt werden könnte, werden die weiteren Berechnungen
allgemeiner gehalten, um im nächsten Unterabschnitt zur Berechnung des Druckabfalls in
einem Ventil darauf zurückgreifen zu können.

Zur Integration der Gl. (A.8) ist es zweckmäßig, die Dichte ϱ als Funktion des Druckes p
auszudrücken. Einen solchen Zusammenhang liefert nach [48] die Beziehung der *polytropen*

Zustandsänderung bei *reversiblen* Prozessen in einem *idealen* Gas:

$$\frac{p}{p_0} = \left(\frac{\varrho}{\varrho_0}\right)^n \tag{A.9}$$

Darin ist n der Polytropenexponent; so entspricht z. B. der Fall $n = 1$ einer isothermen Zustandsänderung und der Fall $n = c_P/c_V$, das Verhältnis der beiden spezifischen Wärmekapazitäten, einer adiabatischen Zustandsänderung. Diese Zustandsänderung ist maßgeblich bei der Strömung durch ein wenig geöffnetes Ventil, jene bei der Strömung in einem Rohr.

Setzt man die Gl. (A.9) in die stationäre Bewegungsgleichung (A.8) ein, so erhält man nach elementaren Umformungen zunächst die Beziehung

$$p^{1/n}\frac{dp}{dx} = -\frac{\varrho_0\, v_0^2\, p_0^{1/n}}{2}\frac{f}{D}\left(\frac{A_0}{A}\right)^2,$$

die dann über das Rohr mit der Länge L, dem Eintrittsdruck p_0 und dem Austrittsdruck p_1 integriert

$$\int_{p_0}^{p_1} p^{1/n}\,dp = -\frac{\varrho_0\, v_0^2\, p_0^{1/n}}{2}\int_0^L \frac{f}{D}\left(\frac{A_0}{A}\right)^2 dx$$

folgendes liefert:

$$p_1^{\frac{n+1}{n}} - p_0^{\frac{n+1}{n}} = -\frac{n+1}{n}\frac{\varrho_0\, v_0^2\, p_0^{1/n}}{2}\int_0^L \frac{f}{D}\left(\frac{A_0}{A}\right)^2 dx$$

Wegen der herrschenden geringen Druckunterschiede (nur wenige *mbar* bei einem Verbrauchsdruck von $p_O = 1\,bar$, siehe Abschn. 1.3.3) ist auch der Druckabfall Δp entlang des Rohres klein gegenüber den Drücken in der Anlage, so dass man mit

$$p_1 = p_0 - \Delta p \quad\text{und}\quad \Delta p \ll p_0$$

in erster Näherung für den Druckabfall Δp folgende Beziehung findet:

$$\Delta p = \frac{\varrho_0\, v_0^2}{2}\int_0^L \frac{f}{D}\left(\frac{A_0}{A}\right)^2 dx \tag{A.10}$$

Zur Berechnung des Integrals in Gl. (A.10) werden nun die konkreten Verhältnisse in der zu untersuchenden Rohrströmung berücksichtigt. Zum einen ist der Rohrquerschnitt konstant, so dass $D = D_0$ und $A = A_0$ ist; zu anderen handelt es sich um ein „langes" Rohr, so dass nach [6] für $L/D > 25$ der Rohrreibungsbeiwert f konstant ist. Damit kann man die Größen im Integral vor das Integral ziehen und die verbleibende Integration über x liefert den Wert L. Schreibt man zudem gemäß Gl. (A.2) für $v_0 = Q_0/A_0$, so ergibt die Gl. (A.10):

$$\Delta p = \frac{\varrho_0 f L}{2 D_0 A_0^2} \, Q_0^2$$

Eine Indizierung der Größen mit R für „Rohr" liefert schließlich für den Druckabfall Δp_R entlang eines Rohres bei stationärem Fluss Q_R die folgende Beziehung:

$$\Delta p_R = c_R \, Q_R^2 \qquad \text{(A.11)}$$

Darin ist c_R der hydraulische Widerstand des Rohres, der sich über den Zusammenhang

$$c_R = \frac{\varrho_0 f L}{2 D_0 A_0^2}$$

aus gewissen Parametern der Anlage berechnen ließe, hier aber messtechnisch bestimmt wurde. So sind aus dem Datenmaterial, das in umfangreichen Druck - und Durchflussmessungen an der Anlage gesammelt wurde, in [58] die folgenden hydraulischen Rohrwiderstände ermittelt worden:

$$c_{R1} = 7 \; 10^5 \, [N s^2 / m^8]$$
$$c_{R2} = 4,2 \; 10^6 \, [N s^2 / m^8]$$
$$c_R = 1,1 \; 10^7 \, [N s^2 / m^8]$$

Hierin sind c_{R1} und c_{R2} die hydraulischen Widerstände des Trocken- bzw. des Feuchtgaszweiges und c_R ist jener des Mischgaszweiges.

A.3.2 Druckabfall in einem Ventil

Die Strömung durch ein Ventil ist mit rein analytischen Methoden wegen der komplizierten geometrischen Verhältnisse in Ventilkörper für beliebige Öffnungsgrade schwer vorhersagbar. Jedoch kann man annehmen, dass ein voll geöffnetes Ventil, wenn es sich nahtlos in eine lange Rohrleitung gleichen Querschnitts einfügt, einen Druckabfall beiträgt, der in Anlehnung an die für Rohre hergeleiteten Beziehung (A.11) berechnet werden kann:

$$\Delta p_V = c_{V1} \, Q_V^2 \qquad \text{für} \;\; \alpha \approx 1 \qquad \text{(A.12)}$$

Darin ist Δp_V der Druckabfall am Ventil, c_{V1} der Widerstandsbeiwert des Ventils bei großen Öffnungsgraden, Q_V der Ventildurchfluss und α der Öffnungsgrad des Ventils mit $0 \leq \alpha \leq 1$.

In den letzten Schritten der Herleitung der Beziehung (A.11) ist mit dem konstanten Reibungsbeiwert f implizit ein Reibungsgesetz verwendet worden, das die Reibungswirkung auf einen relativ kleinen Teil des Fluids an der Rohrwand konzentriert. Hingegen ist nach [7] bei Strömungsverhältnissen, wie sie zwischen den beweglichen und festen Teilen eines wenig geöffneten Ventils auftreten, die Reibungswirkung im gesamten Fluidquerschnitt zu beachten. Dafür ist in [6, 7] ein Reibungsbeiwert angegeben, der unter der Annahme, dass mit D ein äquivalenter hydraulischer Kreisdurchmesser der offenen Ventilfläche bei laminarer Strömung angesetzt werden kann, folgendermaßen lautet:

$$f = \frac{64\,\eta}{\varrho v D} \tag{A.13}$$

Darin ist $\eta\,[Ns/m^2]$ die dynamische Viskosität des Fluids. Macht man von der Kontinuitätsgleichung (A.7) $A\varrho v = A_0\varrho_0 v_0$ Gebrauch (A_0 ist der Kreisquerschnitt des voll geöffneten Ventils), so ergibt sich für den Reibungsbeiwert (A.13) die Beziehung

$$f = \frac{64\,\eta}{\varrho_0 v_0 D}\left(\frac{A}{A_0}\right),$$

die zusammen mit Gl. (A.10) für den Druckabfall Δp als Zwischenergebnis liefert:

$$\Delta p = \frac{\varrho_0\,v_0^2}{2}\int\limits_0^L \frac{64\,\eta}{\varrho_0 v_0 D^2}\left(\frac{A_0}{A}\right)^2 dx$$

Schreibt man für $D^2 = 4A/\pi$ und gemäß Gl. (A.7) für $v_0 = Q_0/A_0$, so erhält man:

$$\Delta p = \frac{8\pi\eta L}{A_0^2}\,Q_0\int\limits_0^L \left(\frac{A_0}{A(x,\alpha)}\right)^2 dx \tag{A.14}$$

In dieser Beziehung ist zum Ausdruck gebracht worden, dass die offene Fläche A des Ventils nicht nur von der Geometrie entlang der Ventilmittellinie x, sondern auch noch vom Öffnungsgrad α abhängt; ohne diese Abhängigkeit zu formulieren, liefert die Integration in Gl. (A.14) eine Funktion $\theta(\alpha)$. Indiziert man darüber hinaus die Größen in Gl. (A.14) mit V für „Ventil", so ergibt sich schließlich für den Druckabfall Δp_V entlang eines Ventiles bei geringem Öffnungsgrad α und bei stationärem Fluss Q_V die Beziehung:

$$\Delta p_V = c_{V0}\,Q_V\,\theta(\alpha) \quad \text{für} \quad \alpha \ll 1 \tag{A.15}$$

Darin ist $c_{V0}\,[Ns/m^5]$ der Widerstandsbeiwert des Ventiles bei geringen Öffnungsgraden, der anhand der Gl. (A.14) abgelesen werden kann.

Mit den Beziehungen (A.12) und (A.15) liegen nun Vorschriften zur Berechnung des Druckabfalls in einem Ventil für die beiden Grenzfälle des „fast bis ganz" geöffneten Ventils einerseits und des „wenig" geöffneten Ventils andererseits vor. Nach diesen theoretischen Untersuchungen sollte im Grenzfall $\alpha \approx 1$ der Druckabfall quadratisch und im anderen Grenzfall $\alpha \ll 1$ linear vom Durchfluss abhängen. Für die Approximation der durch Messungen am Ventil gewonnenen Daten ist es zweckmäßig, aus beiden Grenzfällen durch den

Ansatz

$$\Delta p_V = c_V \, Q_V^q \, \psi(\alpha) \qquad \text{für} \quad 0 \le \alpha \le 1 \qquad (A.16)$$

einen Kompromiss zu bilden. Es gilt nun, die Parameter c_V und q, sowie die Funktion $\psi(\alpha)$ des mathematischen Modells (A.16) so zu bestimmen, dass das durch Messungen gewonnene Ventil-Kennlinienfeld $Q_V(\Delta p_V, \alpha)$ möglichst gut approximiert wird. Über diesen Abgleich mit den Messdaten (siehe [58]) wurde

$$q = 1{,}4$$
$$c_V = 2{,}05 \ 10^5 \, [N/m^2(m^3/s)^q]$$

sowie der Graph der Funktion $\Phi(\alpha)$ nach Abb. A.1 ermittelt. Ein Ansatz zur Approximation des gemessenen Ventil-Kennlinienfeldes gestaltet sich einfacher anhand der umgeformten Beziehung (A.16): $Q_V = (\Delta p_V/c_V)^{1/q} \Phi(\alpha)$; es gilt dann für die Öffnungsgradfunktion $\psi = \Phi^{-q}$.

A.3.3 Numerische Lösung

Mit der Schließzeit

$$T = 36\,\text{s}$$

des Ventils ist das Deskriptormodell (1.28) der Gasmischanlage vollständig parametriert, sodass abschließend eine numerische Lösung präsentiert werden kann:

Mit geeigneter Vorgabe der Motorspannungen $\mathbf{u}(t) = [u_1(t), u_2(t)]^T$ sowie der Anfangswerte $\mathbf{x}_0 = [\alpha_{10}, \alpha_{20}]^T$ liefern die Differentialgleichungen $\dot{\mathbf{x}} = \mathbf{u}/T$ des Modells zeitliche Verläufe für die Öffnungsgrade $\mathbf{x}(t) = [\alpha_1(t), \alpha_2(t)]^T$ nach Abb. A.2, womit offensichtlich ein großer Teil des Betriebsbereiches der Anlage durchfahren wird.

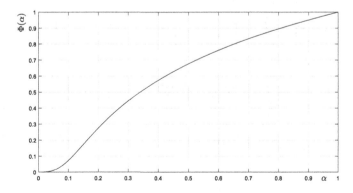

Abb. A.1 Funktion $\Phi(\alpha)$ für $0 < \alpha \le 1$

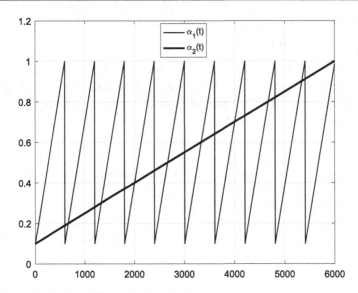

Abb. A.2 Beispielhaftes Durchfahren des Betriebsbereiches

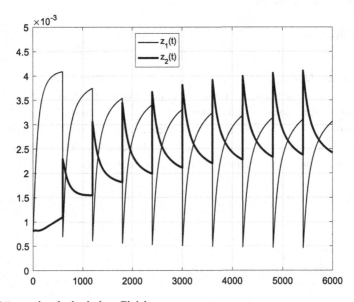

Abb. A.3 Lösung der algebraischen Gleichung

Die zugehörigen Lösungen $\mathbf{z}(t) = \mathbf{z}(\mathbf{x}(t))$ der algebraischen Gleichung $\mathbf{0} = \mathbf{g}(\mathbf{x}, \mathbf{z})$ zeigt Abb. A.3; sie wurden in einer MATLAB- SIMULINK™-Umgebung mit Hilfe des Bibliotheksblocks *Algebraic Constraint* ermittelt.

Diese Lösungen in die Ausgangsgleichungen $\mathbf{y} = \mathbf{c}(\mathbf{z}) = [f, Q]^T$ eingesetzt ergeben dann die Feuchte f und den Volumenstrom Q des Mischgases, die mit Messungen verglichen werden können. Auf eine Dokumentation der Modellgenauigkeit sei jedoch im Rahmen dieser Abhandlungen verzichtet.

A.4   Berechnungsdetails zum Beobachter für die Gasmischanlage

In diesem Abschnitt werden Ergebnisse des Abschn. 4.3.3 detailliert dargestellt.

• Berechnung des expliziten Deskriptormodelles (4.80):

(i) Das explizite Deskriptormodell, das zu einem regulären und realisierbaren semi-expliziten Modell gehört, wird mit dem *Modifizierten Shuffle-Algorithmus* berechnet; das allgemeine Ergebnis ist mit den Gln. (2.26)–(2.28) zusammengefasst. Dazu muss zuerst die JACOBI-Matrix des algebraischen Ausdrucks $\mathbf{g}$ bezüglich der algebraischen Variablen $\mathbf{z}$ auf ihre Regularität geprüft werden:

$$\frac{\partial \mathbf{g}}{\partial \mathbf{z}} = \begin{bmatrix} 2c_{R1}z_1 + c_V q \psi(x_1) z_1^{q-1} \\ + 2c_R(z_1 + z_2) & 2c_R(z_1 + z_2) \\ 2c_R(z_1 + z_2) & 2c_{R2}z_2 + c_V q \psi(x_2) z_2^{q-1} \\ & + 2c_R(z_1 + z_2) \end{bmatrix}$$

Diese Matrix ist für $z_1, z_2 \neq 0$ regulär.

(ii) Zur Berechnung der Dgl. für die algebraische Variable $\mathbf{z}$

$$\dot{\mathbf{z}} = -\left(\frac{\partial \mathbf{g}}{\partial \mathbf{z}}\right)^{-1} \left(\frac{\partial \mathbf{g}}{\partial \mathbf{x}} \dot{\mathbf{x}} + \frac{\partial \mathbf{g}}{\partial \mathbf{u}} \dot{\mathbf{u}}\right) = \begin{bmatrix} \dot{z}_1(\mathbf{x}, \mathbf{z}, \mathbf{u}) \\ \dot{z}_2(\mathbf{x}, \mathbf{z}, \mathbf{u}) \end{bmatrix}$$

sind noch die folgenden JACOBI-Matrizen erforderlich:

$$\frac{\partial \mathbf{g}}{\partial \mathbf{x}} = \begin{bmatrix} c_V z_1^q \psi'(x_1) & 0 \\ 0 & c_V z_2^q \psi'(x_2) \end{bmatrix} \quad \text{und} \quad \frac{\partial \mathbf{g}}{\partial \mathbf{u}} = \mathbf{0}$$

Schließlich erhält man für die beiden Dgln.:

$$\dot{z}_1 = \frac{1}{T} \frac{\begin{pmatrix} 2c_R c_V \psi'(x_2)u_2 z_1 z_2{}^{q+1}(z_2+z_1) - -c_V \psi'(x_1)u_1 z_1{}^{q+1} \\ \cdot \left(c_V \psi(x_2)q z_2{}^q + 2c_{R2} z_2{}^2 + 2c_R z_2{}^2 + 2c_R z_1 z_2 \right) \end{pmatrix}}{n(\mathbf{x},\mathbf{z})}$$

$$= \frac{1}{T} \frac{-c_V \psi'(x_1) z_1{}^{q+1} \left(c_V \psi(x_2)q z_2{}^q + 2c_{R2} z_2{}^2 + 2c_R z_2{}^2 + 2c_R z_1 z_2 \right)}{n(\mathbf{x},\mathbf{z})} u_1$$

$$+ \frac{1}{T} \frac{2c_R c_V \psi'(x_2) z_1 z_2{}^{q+1}(z_2+z_1)}{n(\mathbf{x},\mathbf{z})} u_2$$

$$= \frac{1}{T} \left(\tilde{b}_{31}(\mathbf{x},\mathbf{z})u_1 + \tilde{b}_{32}(\mathbf{x},\mathbf{z})u_2 \right)$$

$$\dot{z}_2 = \frac{1}{T} \frac{\begin{pmatrix} 2c_R c_V \psi'(x_1)u_1 z_1{}^{q+1} z_2 (z_2+z_1) - -c_V \psi'(x_2)u_2 z_2{}^{q+1} \\ \cdot \left(2c_R z_1 z_2 + c_V \psi(x_1)q z_1{}^q + 2c_{R1} z_1{}^2 + 2c_R z_1{}^2 \right) \end{pmatrix}}{n(\mathbf{x},\mathbf{z})}$$

$$= \frac{1}{T} \frac{2c_R c_V \psi'(x_1) z_1{}^{q+1} z_2 (z_2+z_1)}{n(\mathbf{x},\mathbf{z})} u_1$$

$$+ \frac{1}{T} \frac{-c_V \psi'(x_2) z_2{}^{q+1} \left(2c_R z_1 z_2 + c_V \psi(x_1)q z_1{}^q + 2c_{R1} z_1{}^2 + 2c_R z_1{}^2 \right)}{n(\mathbf{x},\mathbf{z})} u_2$$

$$= \frac{1}{T} \left(\tilde{b}_{41}(\mathbf{x},\mathbf{z})u_1 + \tilde{b}_{42}(\mathbf{x},\mathbf{z})u_2 \right)$$

Darin ist der gemeinsame Nennerausdruck durch

$$n(\mathbf{x},\mathbf{z}) = c_V{}^2 \psi(x_1)\psi(x_2)q^2 z_1{}^q z_2{}^q + 4z_1 z_2 \left(c_R(c_{R1} z_1{}^2 + c_{R2} z_2{}^2) \right)$$

$$+ (c_R c_{R1} + c_{R1} c_{R2} + c_R c_{R2})z_1 z_2)$$

$$+ 2c_V \psi(x_1)q z_1{}^q z_2 (c_{R2} z_2 + c_R z_2 + c_R z_1)$$

$$+ 2c_V \psi(x_2)q z_1 z_2{}^q (c_R z_2 + c_{R1} z_1 + c_R z_1)$$

gegeben und mit $\psi'(\xi)$ ist die partielle Ableitung $\dfrac{\partial \psi(\xi)}{\partial \xi}$ abgekürzt.

• Berechnung der Pseudo-Inversen $\mathbf{Q}_R^+$ der reduzierten Beobachtbarkeitsmatrix $\mathbf{Q}_R$:
Die reduzierte Beobachtbarkeitsmatrix wird über die beiden Zeilenvektoren $\partial c_i / \partial \mathbf{w}$, $i = 1, 2$

$$\mathbf{Q}_R(\mathbf{w}) = \begin{bmatrix} \dfrac{\partial c_1(\mathbf{w})}{\partial \mathbf{w}} \\ \dfrac{\partial c_2(\mathbf{w})}{\partial \mathbf{w}} \end{bmatrix} =: \begin{bmatrix} \rho_1^T(\mathbf{w}) \\ \rho_2^T(\mathbf{w}) \end{bmatrix}$$

aufgebaut (siehe Anhang C.4) – sie lauten für die Gasmischanlage:

$$\rho_1^T(\mathbf{w}) = \frac{f_2 - f_1}{(w_3 + w_4)^2} [0, 0, -w_4, w_3], \qquad \rho_2^T = [0, 0, 1, 1]$$

Die Distribution $\Delta = \mathrm{span}\{\boldsymbol{\rho}_1, \boldsymbol{\rho}_2\}$ hat für alle im Betrieb zulässigen Werte (siehe 1. und 2. Bedingung im Abschn. 3.4.3) die Dimension 2 in R^4; da die mit der LIE-Klammer

$$[\![\boldsymbol{\rho}_1, \boldsymbol{\rho}_2]\!] = \frac{\partial \boldsymbol{\rho}_2}{\partial \mathbf{w}} \boldsymbol{\rho}_1 - \frac{\partial \boldsymbol{\rho}_1}{\partial \mathbf{w}} \boldsymbol{\rho}_2$$

$$= - \begin{bmatrix} 0 & 0 & 0 & 0 \\ 0 & 0 & 0 & 0 \\ 0 & 0 & \dfrac{2(f_2 - f_1)w_4}{(w_3 + w_4)^3} & \dfrac{(f_2 - f_1)(w_4 - w_3)}{(w_3 + w_4)^3} \\ 0 & 0 & \dfrac{(f_2 - f_1)(w_4 - w_3)}{(w_3 + w_4)^3} & -\dfrac{2(f_2 - f_1)w_3}{(w_3 + w_4)^3} \end{bmatrix} \begin{bmatrix} 0 \\ 0 \\ 1 \\ 1 \end{bmatrix}$$

$$= \frac{f_2 - f_1}{(w_3 + w_4)^3} \begin{bmatrix} 0 \\ 0 \\ w_3 - 3w_4 \\ 3w_3 - w_4 \end{bmatrix}$$

gebildete Matrix

$$[\boldsymbol{\rho}_1, \boldsymbol{\rho}_2, [\![\boldsymbol{\rho}_1, \boldsymbol{\rho}_2]\!]]$$

für alle zulässigen Werte den Rang 2 besitzt, ist die Distribution involutiv in R^4. Die Verstärkungsmatrix $\mathbf{K}_{HR}$ kann deswegen (siehe Anhang C.4) über die Pseudo-Inverse $\mathbf{Q}_R^+$ der reduzierten Beobachtbarkeitsmatrix $\mathbf{Q}_R$

$$\mathbf{K}_{HR}(\widehat{\mathbf{w}}) = \mathbf{Q}_R^+(\widehat{\mathbf{w}}) \, \mathbf{K} = \begin{bmatrix} 0 & 0 \\ 0 & 0 \\ -\dfrac{\widehat{w}_3 + \widehat{w}_4}{f_2 - f_1} & \dfrac{\widehat{w}_3}{\widehat{w}_3 + \widehat{w}_4} \\ \dfrac{\widehat{w}_3 + \widehat{w}_4}{f_2 - f_1} & \dfrac{\widehat{w}_4}{\widehat{w}_3 + \widehat{w}_4} \end{bmatrix} \begin{bmatrix} k_1 & 0 \\ 0 & k_2 \end{bmatrix}$$

berechnet werden – dies ist das Ergebnis (4.81).

• Berechnung der Normalform und Analyse der Nulldynamik:
Zu Beginn des Abschn. 4.3.1 wurde vermittelt, dass das explizite Modell eines statisch rückgekoppelten semi-expliziten Deskriptormodells neben der linearen und entkoppelten Kanaldynamik stets eine interne Dynamik besitzt; eine mögliche Struktur zeigt Abb. 4.12. Für die Transformation in eine solche Normalform ist ein Diffeomorphismus (4.64)

$$\boldsymbol{\xi} = \begin{bmatrix} \boldsymbol{\zeta}(\mathbf{w}) \\ \boldsymbol{\eta}(\mathbf{w}) \end{bmatrix} = \boldsymbol{\varphi}(\mathbf{w})$$

anzugeben. Im Beispiel ist $\gamma_1 = \gamma_2 = 1$, $\gamma = \gamma_1 + \gamma_2 = 2$, $\hat{n} = 4$ und damit

$$\zeta = \begin{bmatrix} \zeta_1 \\ \zeta_2 \end{bmatrix} = \begin{bmatrix} y_1 \\ y_2 \end{bmatrix} = \begin{bmatrix} c_1(\mathbf{w}) \\ c_2(\mathbf{w}) \end{bmatrix} \quad \text{und} \quad \eta = \begin{bmatrix} \varphi_3(\mathbf{w}) \\ \varphi_4(\mathbf{w}) \end{bmatrix}.$$

Die Bestimmung der noch freien Funktionen $\varphi_i(\mathbf{w})$, $i = 3, 4$, die für eine Transformation in die BYRNES- ISIDORI-Normalform geeignet sind, bedarf es der Lösung der partiellen Dgln. (4.68)

$$\frac{\partial \varphi_i}{\partial \mathbf{w}} \widetilde{\mathbf{B}}(\mathbf{w}) \widetilde{\mathcal{B}}(\mathbf{w}) = \mathbf{0} \quad i = 3, 4$$

mit der Eingangsmatrix $\widetilde{\mathbf{B}}$ des expliziten Deskriptor-Modells (4.80) und der Matrix $\widetilde{\mathcal{B}} = \widehat{\mathbf{D}}^{-1}$ der statischen Rückführung (4.78). Dies sind vier formal besonders komplizierte partielle Dgln., für die keine Lösungen angegeben werden konnten; die Formulierung einer BYRNES-ISIDORI-Normalform ist somit gescheitert.

Zur Vervollständigung der Transformation $\boldsymbol{\xi} = \boldsymbol{\varphi}(\mathbf{w})$ bietet sich folgender Weg an: nämlich auf die zur oben untersuchten involutiven Distribution Δ gehörenden Ko-Distribution $\Delta^{\perp}$ zurückzugreifen und die einschlägigen Ko-Vektoren als Gradienten der gesuchten Funktionen aufzufassen, also die partiellen Dgln.

$$\frac{\partial \varphi_i(\mathbf{w})}{\partial \mathbf{w}} \left[\rho_1(\mathbf{w}), \rho_2 \right] = \mathbf{0} \quad i = 3, 4$$

zu lösen, so wie dies im Anhang C.4 ausgeführt wurde. Man überzeugt sich leicht, dass die Funktionen $\varphi_3 = w_1$ und $\varphi_4 = w_2$ den partiellen Dgln. genügen und die Transformation

$$\boldsymbol{\xi} = \boldsymbol{\varphi}(\mathbf{w}) = \begin{bmatrix} \dfrac{f_1 w_3 + f_2 w_4}{w_3 + w_4} \\ w_3 + w_4 \\ w_1 \\ w_2 \end{bmatrix}$$

eine JACOBI-Matrix mit der Determinante $(f_2 - f_1)/(w_3 + w_4)$ besitzt; die Transformation ist somit in jedem zulässigen Betriebspunkt ein lokaler Diffeomorphismus[1]. Die Umkehrtransformation lautet:

$$\mathbf{w} = \boldsymbol{\varphi}^{-1}(\boldsymbol{\xi}) = \begin{bmatrix} \xi_3 \\ \xi_4 \\ -\dfrac{\xi_1 \xi_2 - f_2 \xi_2}{f_2 - f_1} \\ \dfrac{\xi_1 \xi_2 - f_1 \xi_2}{f_2 - f_1} \end{bmatrix}$$

Wendet man den eben entwickelten Diffeomorphismus auf das explizite Modell des rückgekoppelten Gesamtsystems (Modell (4.80) mit Rückkopplung (4.78)) an, dann nimmt es die E/A-Normalform [66]

---

[1] Würde man mit dieser JACOBI-Matrix $\partial \boldsymbol{\varphi}/\partial \mathbf{w} =: \mathbf{Q}$ die Verstärkungsmatrix $\mathbf{K}_H(\widehat{\mathbf{w}}) = \mathbf{Q}^{-1}(\widehat{\mathbf{w}}) \, \mathbf{K}$ berechnen, würde sich am Ergebnis (4.81) nichts ändern.

$$\dot{\xi} = \begin{bmatrix} \dot{\zeta} \\ \dot{\eta} \end{bmatrix} = \begin{bmatrix} \mathbf{v} \\ \dfrac{1}{T}\widehat{\mathbf{D}}^{-1}(\varphi^{-1}(\xi))\mathbf{v} \end{bmatrix}$$

an, in der neben der **Kanaldynamik** (Dgl. für ζ) auch die **interne Dynamik** (Dgl. für η)[2] von der Eingangsgröße $\mathbf{v}$ beeinflusst wird. Jedoch wird dadurch die Untersuchung der Stabilität der Nulldynamik nicht erschwert, weil für alle stationären Betriebspunkte im zulässigen Bereich $\mathbf{v}(t) = \mathbf{v}_R = \mathbf{0}$ gilt; somit ist dort die **Nulldynamik**

$$\dot{\eta} = \mathbf{0}$$

nicht asymptotisch sondern „nur" stabil im Sinne von LJAPUNOV.

A.5   Simulationen für die Gasmischanlage

In diesem Abschnitt werden Simulationsergebnisse zur Beurteilung des dynamischen Verhaltens des Modells für die Gasmischanlage nach Abschn. 1.3.3 im Zusammenwirken mit der Rückkopplung zur exakten Linearisierung und Entkopplung des E/A-Verhaltens aus Abschn. 3.4.3 und dem Deskriptor-Beobachter aus Abschn. 4.3.3 gezeigt. Die Struktur des Simulationsmodells ist in Abb. A.4 dargestellt; diese Struktur wurde für Simulationszwecke in eine MATLAB™-Simulink-Umgebung übertragen. Zum Zwecke der Demonstration werden externe Eingangsgrößen $v_1(t)$ und $v_2(t)$ vorgegeben, deren Zeitverläufe in Abb. A.5 zu sehen sind.

In Übereinstimmung mit dem Entwurfsergebnis (4.79) der exakten Linearisierung und Entkopplung des E/A-Verhaltens gilt im nominellen Fall (d. h. bei gleichen Parametern und gleichen, konsistenten Anfangswerten im Prozessmodell und im Deskriptor-Kontrollbeobachter) wegen der rein integrierenden Kanaldynamiken $\dot{y}_1 = v_1 = \dot{f}$ und $\dot{y}_2 = v_2 = \dot{Q}$; die zugehörigen Zeitverläufe der Ausgangsgrößen sind in Abb. A.6 dargestellt.

Der Prozess war zum Zeitpunkt $t = 0$ stationär mit den Öffnungsgraden $x_1(0) = 0.2$ und $x_2(0) = 0.1$ und folgte dann den Eingangsgrößen aus Abb. A.5; die Anfangswerte des Deskriptor-Beobachters $\widehat{\mathbf{w}}(0) = [\mathbf{x}_0^T, \mathbf{z}_0^T]^T$ wurden konsistent mit $\mathbf{x}_0 = [x_1(0), x_2(0)]^T$ und $\mathbf{z}_0$ aus $\mathbf{0} = \mathbf{g}(\mathbf{x}_0, \mathbf{z}_0(\mathbf{x}_0))$ (zugehörige Volumenströme als Lösung der algebraischen Gleichungen) vorgegeben.

Die Abbildungen A.7 und A.8 zeigen die vom Kontroll-Beobachter ermittelten Schätzwerte $\widehat{\mathbf{w}}(t)$ für die Deskriptorvariablen $\mathbf{w} = [\mathbf{x}^T, \mathbf{z}^T]^T$; sie sind identisch mit den entsprechenden Variablen des Prozessmodells, was im nominellen Fall ja zu erwarten ist.

Um das dynamische Verhalten des geschlossenen Kreises nach Abb. A.4 im nicht nominellen Fall zu demonstrieren, sei angenommen, dass sich bei sonst unveränderter Simu-

---

[2]Hierin ist $\widehat{\mathbf{D}}^{-1}$ die inverse Entkoppelmatrix der statischen Rückkopplung (4.78), so dass für $\dot{\eta} = \mathbf{u}/T$ geschrieben werden kann, was aus der Transformation $\xi = \varphi(\mathbf{w})$ auch ersichtlich wäre.

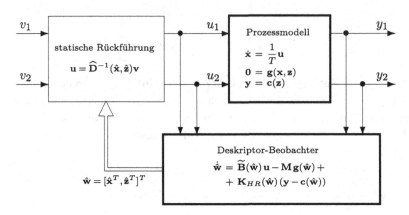

Abb. A.4 Prozessmodell der Gasmischanlage mit Deskriptor-Kontrollbeobachter

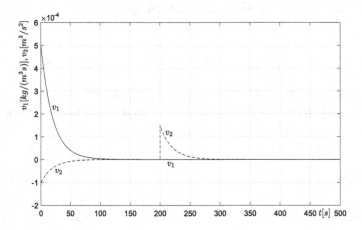

Abb. A.5 Vorgabe der externen Eingangsgrößen $v_1(t)$ und $v_2(t)$

lationsumgebung die Reibungsbeiwerte c_{R2} für das Feuchtgasrohr im Prozessmodell und im Kontroll-Beobachter um 20% unterscheiden. Die Abb. A.9 zeigt die Unterschiede der Ausgangsverläufe im Vergleich zum nominellen Fall; insbesondere ist zu erkennen, dass der kommandierte Arbeitspunktwechsel im Q-Kanal den stationären Wert der Feuchte f im anderen Kanal beeinflusst, obwohl in diesem Kanal keine Arbeitspunktänderung kommandiert wurde – das bedeutet, dass infolge der unterschiedlichen Parameter die Entkopplung der beiden Kanäle nicht mehr exakt ist.

Die Auswirkungen der Parameterunterschiede auf das Schätzungsverhalten des Kontroll-Beobachters sind in den Abb. A.10 und A.11 gezeigt. Auffallend ist die stationäre Differenz zwischen dem Schätzwert $\widehat{w}_2$ und der zugehörigen Größe x_2 im Prozessmodell. Dieser markante Fehler tritt auf, obwohl die algebraischen Gleichungen im Beobachter stationär erfüllt werden, was eine Analyse der Simulationsergebnisse zeigt. Es ist aber zu beachten, dass der

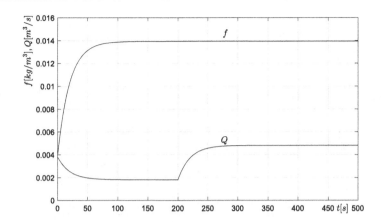

Abb. A.6 Verlauf der Ausgangsgrößen $y_1(t) = f(t)$ und $y_2(t) = Q(t)$ im nominellen Fall

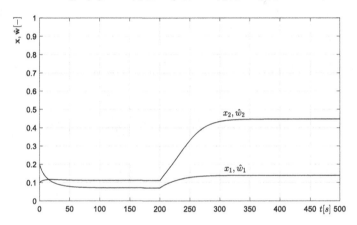

Abb. A.7 Verlauf der differentiellen Variablen $x_1(t)$ und $x_2(t)$ und der zugehörigen Schätzwerte $\widehat{w}_1(t)$ und $\widehat{w}_2(t)$ im nominellen Fall

variierte Parameter c_{R2} zusammen mit dem Öffnungsgrad x_2 in die algebraische Gleichung $0 = g_2(x_2, z_1, z_2)$ einfließt, die dann offenkundig weitgehend über eine Anpassung von x_2 bzw. dem zugehörigen Schätzwert $\widehat{w}_2$ wieder erfüllt wird.

Vergleichbare Änderungen in andern Parametern zeigen vergleichbare Auswirkungen auf das dynamische Verhalten des Gesamtsystems.

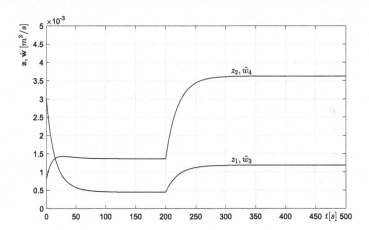

Abb. A.8 Verlauf der algebraischen Variablen $z_1(t)$ und $z_2(t)$ und der zugehörigen Schätzwerte $\widehat{w}_3(t)$ und $\widehat{w}_4(t)$ im nominellen Fall

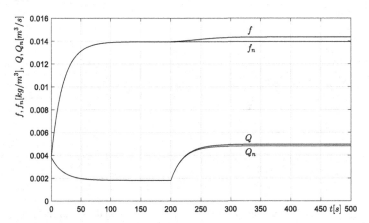

Abb. A.9 Ausgangsgrößen $y_1(t) = f$ und $y_2(t) = Q$ bei unterschiedlichen Parametern c_{R2}; $f_n(t)$ und $Q_n(t)$ sind die Verläufe aus Abb. A.6 für den nominellen Fall

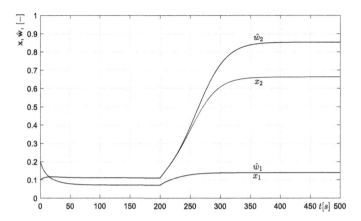

Abb. A.10 Verlauf der differentiellen Variablen $x_1(t)$ und $x_2(t)$ und der zugehörigen Schätzwerte $\widehat{w}_1(t)$ und $\widehat{w}_2(t)$ bei unterschiedlichen c_{R2}-Parametern

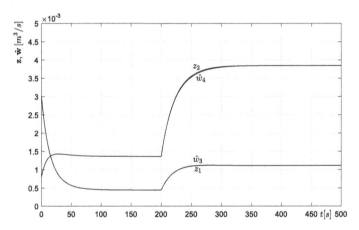

Abb. A.11 Verlauf der algebraischen Variablen $z_1(t)$ und $z_2(t)$ und der zugehörigen Schätzwerte $\widehat{w}_3(t)$ und $\widehat{w}_4(t)$ bei unterschiedlichen c_{R2}-Parametern

Mathematische Ergänzungen

B.1 Implizit gegebene Funktionen

Ausgangspunkt ist eine reellwertige Funktion $\mathbf{g}$ mit den reellwertigen Variablen $\mathbf{x}$ und $\mathbf{z}$:

$$\mathbf{g}(\mathbf{x}, \mathbf{z}) = \mathbf{0} \tag{B.1}$$

Sie sei eine stetig differenzierbare vektorwertige Funktion $\mathbf{g} = [g_1, \ldots, g_p]^T$ mit den vektorwertigen Variablen $\mathbf{x} = [x_1, \ldots, x_n]^T$ und $\mathbf{z} = [z_1, \ldots, z_p]^T$. Es sei nun vorausgesetzt, dass Punkte $\boldsymbol{\xi}$ und $\boldsymbol{\zeta}$ mit den folgenden Eigenschaften existieren [29]:

- $\mathbf{g}(\boldsymbol{\xi}, \boldsymbol{\zeta}) = \mathbf{0}$
- Sowohl der Punkt $\boldsymbol{\xi}$ als auch der Punkt $\boldsymbol{\zeta}$ ist von Punkten seinesgleichen umgeben; die Punkte dürfen also nicht auf dem Rand ihres Definitions- bzw. Wertebereiches liegen.
- Die JACOBI-Matrizen der Funktion $\mathbf{g}$ bezüglich ihrer Argumente existieren:

$$\exists \left. \frac{\partial \mathbf{g}}{\partial \mathbf{x}} \right|_{(\boldsymbol{\xi}, \boldsymbol{\zeta})} \quad \text{und} \quad \exists \left. \frac{\partial \mathbf{g}}{\partial \mathbf{z}} \right|_{(\boldsymbol{\xi}, \boldsymbol{\zeta})}$$

- Die JACOBI-Matrix der Funktion $\mathbf{g}$ bezüglich $\mathbf{z}$ ist regulär:

$$\exists \left[\left. \frac{\partial \mathbf{g}}{\partial \mathbf{z}} \right|_{(\boldsymbol{\xi}, \boldsymbol{\zeta})} \right]^{-1}$$

Dann gibt es in einer Umgebung von $\boldsymbol{\xi}$ genau eine stetige Funktion $\mathbf{f}$ mit

$$\mathbf{f}(\boldsymbol{\xi}) = \boldsymbol{\zeta} \quad \Longrightarrow \quad \mathbf{g}(\mathbf{x}, \mathbf{f}(\mathbf{x})) = \mathbf{0}. \tag{B.2}$$

Darüber hinaus ist $\mathbf{f}$ an der Stelle $\boldsymbol{\xi}$ differenzierbar, wobei für $\mathbf{f}'(\boldsymbol{\xi})$ gilt:

© Der/die Herausgeber bzw. der/die Autor(en), exklusiv lizenziert durch Springer Fachmedien Wiesbaden GmbH, ein Teil von Springer Nature 2021
F. Gausch, *Nichtlineare Deskriptormodelle*,
https://doi.org/10.1007/978-3-658-31944-1

$$\mathbf{f}'(\boldsymbol{\xi}) = - \left[\frac{\partial \mathbf{g}}{\partial \mathbf{z}} \bigg|_{(\boldsymbol{\xi},\boldsymbol{\zeta})} \right]^{-1} \frac{\partial \mathbf{g}}{\partial \mathbf{x}} \bigg|_{(\boldsymbol{\xi},\boldsymbol{\zeta})} \tag{B.3}$$

Man bezeichnet die Rechenoperation (B.3) als *implizite Differentiation*.

B.2   Modifizierter Shuffle-Algorithmus im Detail

Ausgangspunkt ist das reguläre und realisierbare Deskriptormodell in semi-expliziter Form:

$$\begin{aligned} \dot{\mathbf{x}} &= \mathbf{f}(\mathbf{x}, \mathbf{z}, \mathbf{u}) \\ 0 &= g_1(\mathbf{x}, \mathbf{z}, \mathbf{u}) =: g_{1,0} \\ &\vdots \\ 0 &= g_i(\mathbf{x}, \mathbf{z}, \mathbf{u}) =: g_{i,0} \\ &\vdots \\ 0 &= g_p(\mathbf{x}, \mathbf{z}, \mathbf{u}) =: g_{p,0} \end{aligned} \tag{B.4}$$

Die explizit gegebenen algebraischen Gleichungen $0 = g_\nu$ mit $\nu = 1, \ldots, p$ sind wegen der vorausgesetzten Regularität des Deskriptormodells funktionell unabhängig. Davon ausgehend sind mit dem iterativen Differentiationsprozesses (2.24) die Gleichungsindizes k_ν zu berechnen; dabei sind funktionelle Abhängigkeiten zu eliminieren, wenn sie unter den im Rahmen des Prozesses generierten Gleichungen auftreten.

Mit dem Differentiationsindex (2.22) und der Anzahl der Freiheitsgrade (2.32) folgt unter der Beachtung $\tilde{n} \geq 0$ für einen Gleichungsindex

$$k_\nu \leq n + 1, \tag{B.5}$$

worin $n = \dim\{\mathbf{x}\}$ ist; zur Steuerung wird der Algorithmus mit $k_\nu = n + 2$, $\nu = 1, \ldots, p$ initialisiert.

- Im 1. Schritt des *Modifizierten Shuffle-Algorithmus* wird die rechte Seite jeder algebraischen Gleichung, also $g_\nu = g_{\nu,0}$, einmal total nach der Zeit abgeleitet; zu untersuchen ist dabei die Abhängigkeit von $\dot{\mathbf{z}}$:

$$\frac{dg_{1,0}}{dt} = \frac{\partial g_{1,0}}{\partial \mathbf{x}}\dot{\mathbf{x}} + \frac{\partial g_{1,0}}{\partial \mathbf{u}}\dot{\mathbf{u}} + \frac{\partial g_{1,0}}{\partial \mathbf{z}}\dot{\mathbf{z}}$$

$$\frac{\partial g_{1,0}}{\partial \mathbf{z}} = \mathbf{0}^T \rightarrow \begin{cases} \dfrac{\partial g_{1,0}}{\partial \mathbf{u}} = \mathbf{0}^T \quad \text{(s. [E1])} \\[3mm] \dfrac{dg_{1,0}}{dt} = \dfrac{\partial g_{1,0}}{\partial \mathbf{x}}\dot{\mathbf{x}} =: g_{1,1}(\mathbf{x}, \mathbf{z}, \mathbf{u}) \end{cases}$$

$$\frac{\partial g_{1,0}}{\partial \mathbf{z}} \neq \mathbf{0}^T \rightarrow k_1 = 1$$

$$\vdots$$

$$\frac{dg_{i,0}}{dt} = \frac{\partial g_{i,0}}{\partial \mathbf{x}}\dot{\mathbf{x}} + \frac{\partial g_{i,0}}{\partial \mathbf{u}}\dot{\mathbf{u}} + \frac{\partial g_{i,0}}{\partial \mathbf{z}}\dot{\mathbf{z}}$$

$$\frac{\partial g_{i,0}}{\partial \mathbf{z}} = \mathbf{0}^T \rightarrow \begin{cases} \dfrac{\partial g_{i,0}}{\partial \mathbf{u}} = \mathbf{0}^T \quad \text{(s. [E1])} \\[3mm] \dfrac{dg_{i,0}}{dt} = \dfrac{\partial g_{i,0}}{\partial \mathbf{x}}\dot{\mathbf{x}} =: g_{i,1}(\mathbf{x}, \mathbf{z}, \mathbf{u}) \end{cases}$$

$$\frac{\partial g_{i,0}}{\partial \mathbf{z}} \neq \mathbf{0}^T : \begin{cases} h_{i,1}^{(0)} \dfrac{\partial g_{i,0}}{\partial \mathbf{z}} = \displaystyle\sum_{l,k_l=1}^{1,i-1} h_{i,1}^{(l)} \dfrac{\partial g_{l,k_l-1}}{\partial \mathbf{z}} \xRightarrow{nur} h_{i,1}^{(l)} = 0 \quad \text{(s. [E2])} \\ \qquad\qquad\qquad\qquad\qquad\qquad\qquad\qquad\qquad {\scriptstyle l=0,1,\ldots} \\ \rightarrow k_1 = 1 \\[3mm] h_{i,1}^{(0)} \dfrac{\partial g_{i,0}}{\partial \mathbf{z}} = \displaystyle\sum_{l,k_l=1}^{1,i-1} h_{i,1}^{(l)} \dfrac{\partial g_{l,k_l-1}}{\partial \mathbf{z}} \xRightarrow{auch} h_{i,1}^{(l)} \neq 0 \quad \text{(s. [E3])} \\ \qquad\qquad\qquad\qquad\qquad\qquad\qquad\qquad\qquad {\scriptstyle l\in\{0,1,\ldots\}} \\[3mm] \dfrac{dg_{i,0}}{dt} = \dfrac{\partial g_{i,0}}{\partial \mathbf{x}}\dot{\mathbf{x}} - \displaystyle\sum_{l,k_l=1}^{1,i-1} \tilde{h}_{i,1}^{(l)} \dfrac{\partial g_{l,k_l-1}}{\partial \mathbf{x}}\dot{\mathbf{x}} =: g_{i,1}(\mathbf{x}, \mathbf{z}, \mathbf{u}) \end{cases}$$

$$\vdots$$

$$\frac{dg_{p,0}}{dt} = \frac{\partial g_{p,0}}{\partial \mathbf{x}}\dot{\mathbf{x}} + \frac{\partial g_{p,0}}{\partial \mathbf{u}}\dot{\mathbf{u}} + \frac{\partial g_{p,0}}{\partial \mathbf{z}}\dot{\mathbf{z}}$$

$$\frac{\partial g_{p,0}}{\partial \mathbf{z}} = \mathbf{0}^T \rightarrow \begin{cases} \dfrac{\partial g_{p,0}}{\partial \mathbf{u}} = \mathbf{0}^T \quad \text{(s. [E1])} \\[3mm] \dfrac{dg_{p,0}}{dt} = \dfrac{\partial g_{p,0}}{\partial \mathbf{x}}\dot{\mathbf{x}} =: g_{p,1}(\mathbf{x}, \mathbf{z}, \mathbf{u}) \end{cases}$$

$$\frac{\partial g_{p,0}}{\partial \mathbf{z}} \neq \mathbf{0}^T : \begin{cases} h_{p,1}^{(0)} \dfrac{\partial g_{p,0}}{\partial \mathbf{z}} = \displaystyle\sum_{l,k_l=1}^{1,p-1} h_{p,1}^{(l)} \dfrac{\partial g_{l,k_l-1}}{\partial \mathbf{z}} \xRightarrow{nur} h_{p,1}^{(l)} = 0 \quad \text{(s. [E2])} \\ \qquad\qquad\qquad\qquad\qquad\qquad\qquad\qquad\qquad {\scriptstyle l=0,1,\ldots} \\ \rightarrow k_p = 1 \\[3mm] h_{p,1}^{(0)} \dfrac{\partial g_{p,0}}{\partial \mathbf{z}} = \displaystyle\sum_{l,k_l=1}^{1,p-1} h_{p,1}^{(l)} \dfrac{\partial g_{l,k_l-1}}{\partial \mathbf{z}} \xRightarrow{auch} h_{p,1}^{(l)} \neq 0 \quad \text{(s. [E3])} \\ \qquad\qquad\qquad\qquad\qquad\qquad\qquad\qquad\qquad {\scriptstyle l\in\{0,1,\ldots\}} \\[3mm] \dfrac{dg_{p,0}}{dt} = \dfrac{\partial g_{p,0}}{\partial \mathbf{x}}\dot{\mathbf{x}} - \displaystyle\sum_{l,k_l=1}^{1,p-1} \tilde{h}_{p,1}^{(l)} \dfrac{\partial g_{l,k_l-1}}{\partial \mathbf{x}}\dot{\mathbf{x}} =: g_{p,1}(\mathbf{x}, \mathbf{z}, \mathbf{u}) \end{cases}$$

- Im 2. Schritt und in den darauffolgenden Schritten des *Modifizierten Shuffle-Algorithmus* werden diejenigen algebraischen Gleichungen weiter untersucht, die ihren Index noch nicht erreicht haben; sie besitzen wegen der gewählten Initialisierung den Index $k_\mu = n + 2$ mit $\mu \in \{1, \ldots, p\}$. Im Allgemeinen ist dies eine mehrschrittige Iteration; hierfür wird ein Schrittzähler j eingeführt, dem zu Beginn der Wert $j = 2$ zugewiesen wird:

\# Iteration j

Wenn $k_1 = n + 2$:

$$\frac{dg_{1,j-1}}{dt} = \frac{\partial g_{1,j-1}}{\partial \mathbf{x}}\dot{\mathbf{x}} + \frac{\partial g_{1,j-1}}{\partial \mathbf{u}}\dot{\mathbf{u}} + \frac{\partial g_{1,j-1}}{\partial \mathbf{z}}\dot{\mathbf{z}}$$

$$\frac{\partial g_{1,j-1}}{\partial \mathbf{z}} = \mathbf{0}^T \rightarrow \begin{cases} \dfrac{\partial g_{1,j-1}}{\partial \mathbf{u}} = \mathbf{0}^T \quad (\text{s. [E1]}) \\[2ex] \dfrac{dg_{1,j-1}}{dt} = \dfrac{\partial g_{1,j-1}}{\partial \mathbf{x}}\dot{\mathbf{x}} =: g_{1,j}(\mathbf{x}, \mathbf{z}, \mathbf{u}) \end{cases}$$

$$\frac{\partial g_{1,j-1}}{\partial \mathbf{z}} \neq \mathbf{0}^T : \begin{cases} h_{1,j}^{(0)}\dfrac{\partial g_{1,j-1}}{\partial \mathbf{z}} = \displaystyle\sum_{l,k_l \leq j}^{1,p} h_{1,j}^{(l)}\dfrac{\partial g_{l,k_l-1}}{\partial \mathbf{z}} \xRightarrow[l=0,1,\ldots]{nur} h_{1,j}^{(l)} = 0 \quad (\text{s. [E2]}) \\[1ex] \rightarrow k_1 = j \\[3ex] h_{1,j}^{(0)}\dfrac{\partial g_{1,j-1}}{\partial \mathbf{z}} = \displaystyle\sum_{l,k_l \leq j}^{1,p} h_{1,j}^{(l)}\dfrac{\partial g_{l,k_l-1}}{\partial \mathbf{z}} \xRightarrow[l\in\{0,1,\ldots\}]{auch} h_{1,j}^{(l)} \neq 0 \quad (\text{s. [E3]}) \\[3ex] \dfrac{dg_{1,j-1}}{dt} = \dfrac{\partial g_{1,j-1}}{\partial \mathbf{x}}\dot{\mathbf{x}} - \displaystyle\sum_{l,k_l \leq j}^{1,p} \tilde{h}_{1,j}^{(l)}\dfrac{\partial g_{l,k_l-1}}{\partial \mathbf{x}}\dot{\mathbf{x}} =: g_{1,j}(\mathbf{x}, \mathbf{z}, \mathbf{u}) \end{cases}$$

$$\vdots$$

Wenn $k_i = n + 2$:

$$\frac{dg_{i,j-1}}{dt} = \frac{\partial g_{i,j-1}}{\partial \mathbf{x}}\dot{\mathbf{x}} + \frac{\partial g_{i,j-1}}{\partial \mathbf{u}}\dot{\mathbf{u}} + \frac{\partial g_{i,j-1}}{\partial \mathbf{z}}\dot{\mathbf{z}}$$

$$\frac{\partial g_{i,j-1}}{\partial \mathbf{z}} = \mathbf{0}^T \rightarrow \begin{cases} \dfrac{\partial g_{i,j-1}}{\partial \mathbf{u}} = \mathbf{0}^T \quad \text{(s. [E1])} \\[2mm] \dfrac{dg_{i,j-1}}{dt} = \dfrac{\partial g_{i,j-1}}{\partial \mathbf{x}}\dot{\mathbf{x}} =: g_{i,j}(\mathbf{x}, \mathbf{z}, \mathbf{u}) \end{cases}$$

$$\frac{\partial g_{i,j-1}}{\partial \mathbf{z}} \neq \mathbf{0}^T : \begin{cases} h_{i,j}^{(0)}\dfrac{\partial g_{i,j-1}}{\partial \mathbf{z}} = \displaystyle\sum_{l,k_l \leq j}^{1,p} h_{i,j}^{(l)}\dfrac{\partial g_{l,k_l-1}}{\partial \mathbf{z}} \xRightarrow{\underset{l=0,1,\dots}{nur}} h_{i,j}^{(l)} = 0 \quad \text{(s. [E2])} \\[2mm] \rightarrow k_i = j \\[4mm] h_{i,j}^{(0)}\dfrac{\partial g_{i,j-1}}{\partial \mathbf{z}} = \displaystyle\sum_{l,k_l \leq j}^{1,p} h_{i,j}^{(l)}\dfrac{\partial g_{l,k_l-1}}{\partial \mathbf{z}} \xRightarrow{\underset{l\in\{0,1,\dots\}}{auch}} h_{i,j}^{(l)} \neq 0 \quad \text{(s. [E3])} \\[4mm] \dfrac{dg_{i,j-1}}{dt} = \dfrac{\partial g_{i,j-1}}{\partial \mathbf{x}}\dot{\mathbf{x}} - \displaystyle\sum_{l,k_l \leq j}^{1,p} \tilde{h}_{i,1}^{(l)}\dfrac{\partial g_{l,k_l-1}}{\partial \mathbf{x}}\dot{\mathbf{x}} =: g_{1,j}(\mathbf{x}, \mathbf{z}, \mathbf{u}) \end{cases}$$

$$\vdots$$

Wenn $k_p = n + 2$:

$$\frac{dg_{p,j-1}}{dt} = \frac{\partial g_{p,j-1}}{\partial \mathbf{x}}\dot{\mathbf{x}} + \frac{\partial g_{p,j-1}}{\partial \mathbf{u}}\dot{\mathbf{u}} + \frac{\partial g_{p,j-1}}{\partial \mathbf{z}}\dot{\mathbf{z}}$$

$$\frac{\partial g_{p,j-1}}{\partial \mathbf{z}} = \mathbf{0}^T \rightarrow \begin{cases} \dfrac{\partial g_{p,j-1}}{\partial \mathbf{u}} = \mathbf{0}^T \quad \text{(s. [E1])} \\[2mm] \dfrac{dg_{p,j-1}}{dt} = \dfrac{\partial g_{p,j-1}}{\partial \mathbf{x}}\dot{\mathbf{x}} =: g_{p,j}(\mathbf{x}, \mathbf{z}, \mathbf{u}) \end{cases}$$

$$\frac{\partial g_{p,j-1}}{\partial \mathbf{z}} \neq \mathbf{0}^T : \begin{cases} h_{p,j}^{(0)}\dfrac{\partial g_{p,j-1}}{\partial \mathbf{z}} = \displaystyle\sum_{l,k_l \leq j}^{1,p} h_{p,j}^{(l)}\dfrac{\partial g_{l,k_l-1}}{\partial \mathbf{z}} \xRightarrow{\underset{l=0,1,\dots}{nur}} h_{p,j}^{(l)} = 0 \quad \text{(s. [E2])} \\[2mm] \rightarrow k_p = j \\[4mm] h_{p,j}^{(0)}\dfrac{\partial g_{p,j-1}}{\partial \mathbf{z}} = \displaystyle\sum_{l,k_l \leq j}^{1,p} h_{p,j}^{(l)}\dfrac{\partial g_{l,k_l-1}}{\partial \mathbf{z}} \xRightarrow{\underset{l\in\{0,1,\dots\}}{auch}} h_{p,j}^{(l)} \neq 0 \quad \text{(s. [E3])} \\[4mm] \dfrac{dg_{p,j-1}}{dt} = \dfrac{\partial g_{p,j-1}}{\partial \mathbf{x}}\dot{\mathbf{x}} - \displaystyle\sum_{l,k_l \leq j}^{1,p} \tilde{h}_{p,1}^{(l)}\dfrac{\partial g_{l,k_l-1}}{\partial \mathbf{x}}\dot{\mathbf{x}} =: g_{p,j}(\mathbf{x}, \mathbf{z}, \mathbf{u}) \end{cases}$$

Die Iteration stoppt hier, wenn alle algebraischen Gleichungen ihren Index erreicht haben; da die Regularität des Deskriptormodells vorausgesetzt wurde, ist dies spätestens im Schritt $j = n + 1$ der Fall: $\Longrightarrow$ ENDE des Algorithmus

Sonst: $j = j + 1 \Longrightarrow$ # Iteration j

Erläuterungen:

[E1] Dies muss gelten, weil die zugrundeliegende algebraische Gleichung im folgenden Schritt weiter abzuleiten ist, die Realisierbarkeit des Deskriptormodells (B.4) aber vorausgesetzt wurde.

[E2] Unter dieser Bedingung existieren keine funktionellen Abhängigkeiten von bereits generierten Gleichungen, so dass $\dot{\mathbf{z}}$ in der auszuwertenden Ableitung der zugrunde-liegenden algebraischen Gleichung nicht eliminiert werden kann.

[E3] Unter dieser Bedingung existieren funktionelle Abhängigkeiten von bereits generier-ten Gleichungen, so dass $\dot{\mathbf{z}}$ in der auszuwertenden Ableitung der zugrundeliegenden algebraischen Gleichung eliminiert wird; diese Elimination ist für die weitere Ablei-tung im folgenden Schritt zu berücksichtigen – s. Gl.(2.25).

B.3 Modifizierter Shuffle-Algorithmus: Modifikation einer algebraischen Gleichung

Ausgangspunkt ist eine algebraische Gleichung $0 = g_i$ eines semi-expliziten Deskriptor-modells (2.15) in ihrer $(j - 1)$-ten Ableitung

$$0 = g_{i,j-1}(\mathbf{x}, \mathbf{z}, \mathbf{u}) \,, \tag{B.6}$$

wobei im *Modifizierten Shuffle-Algorithmus* eine funktionelle Abhängigkeit gemäß Bedin-gung (2.24) festgestellt wurde:

$$h_{i,j}^{(0)} \frac{\partial g_{i,j-1}}{\partial \mathbf{z}} = \sum_{l, \exists k_l}^{1,p} h_{i,j}^{(l)} \frac{\partial g_{l,k_l-1}}{\partial \mathbf{z}} \tag{B.7}$$

Nun geht es darum, in der nächsten Ableitung von Gl. (B.6) die Abhängigkeit (B.7) zu berücksichtigen (dabei wird die Abkürzung $\tilde{h}_{i,j}^{(l)} = h_{i,j}^{(l)}/h_{i,j}^{(0)}$ unter Beachtung von $h_{i,j}^{(0)} \neq 0$ verwendet):

$$0 = g_{i,j} = \dot{g}_{i,j-1} = \frac{\partial g_{i,j-1}}{\partial \mathbf{x}}\dot{\mathbf{x}} + \frac{\partial g_{i,j-1}}{\partial \mathbf{z}}\dot{\mathbf{z}} + \frac{\partial g_{i,j-1}}{\partial \mathbf{u}}\dot{\mathbf{u}}$$

$$= \frac{\partial g_{i,j-1}}{\partial \mathbf{x}}\dot{\mathbf{x}} + \sum_{l,\exists k_l}^{1,p} \frac{h_{i,j}^{(l)}}{h_{i,j}^{(0)}}\frac{\partial g_{l,k_l-1}}{\partial \mathbf{z}}\dot{\mathbf{z}} + \frac{\partial g_{i,j-1}}{\partial \mathbf{u}}\dot{\mathbf{u}}$$

$$= \frac{\partial g_{i,j-1}}{\partial \mathbf{x}}\dot{\mathbf{x}} + \sum_{l,\exists k_l}^{1,p} \tilde{h}_{i,j}^{(l)}\frac{\partial g_{l,k_l-1}}{\partial \mathbf{z}}\dot{\mathbf{z}} + \frac{\partial g_{i,j-1}}{\partial \mathbf{u}}\dot{\mathbf{u}} \qquad \text{(B.8)}$$

Die algebraischen Gleichungen, deren Index bereits bekannt ist, werden nun in die Beziehung (B.8) aufgenommen, indem die letzten Gleichungen der Prozedur (2.23) herangezogen werden:

$$g_{i,j} = \frac{\partial g_{i,j-1}}{\partial \mathbf{x}}\dot{\mathbf{x}} - \sum_{l,\exists k_l}^{1,p} \tilde{h}_{i,j}^{(l)}\left[\frac{\partial g_{l,k_l-1}}{\partial \mathbf{x}}\dot{\mathbf{x}} + \frac{\partial g_{l,k_l-1}}{\partial \mathbf{u}}\dot{\mathbf{u}}\right] + \frac{\partial g_{i,j-1}}{\partial \mathbf{u}}\dot{\mathbf{u}}$$

Da die Realisierbarkeit des Deskriptormodells vorausgesetzt wird, $g_{i,j}$ aber wenigstens noch einmal differenziert werden muss ($k_i \geq j+1$), kann $g_{i,j}$ nicht von $\dot{\mathbf{u}}$ abhängen, womit schließlich folgt:

$$g_{i,j} = \frac{\partial g_{i,j-1}}{\partial \mathbf{x}}\dot{\mathbf{x}} - \sum_{l,\exists k_l}^{1,p} \tilde{h}_{i,j}^{(l)}\frac{\partial g_{l,k_l-1}}{\partial \mathbf{x}}\dot{\mathbf{x}}$$

B.4 Modifizierter Shuffle-Algorithmus: Explizites Modell

Es wurde vorausgesetzt, dass das semi-explizite Modell (2.26) regulär ist; aus der Def. 2.2 folgt dann mit Blick auf das explizite Modell (2.28) die Regularität der JACOBI-Matrix der Funktion $\mathbf{g}_{k-1}(\mathbf{x}, \mathbf{z}, \mathbf{u})$ bezüglich $\mathbf{z}$:

$$\text{rang}\left\{\frac{\partial \mathbf{g}_{k-1}}{\partial \mathbf{z}}\right\} = p$$

Neben dieser Argumentationskette kann auch folgender Beweis geführt werden. Die beteiligten Funktionen in $\mathbf{g}_{k-1}$ werden vom *Modifizierten Shuffle-Algorithmus* per Konstruktion (2.24), (2.25) gebildet und lauten formal – siehe Gl. (2.27)

$$\mathbf{g}_{k-1}(\mathbf{x}, \mathbf{z}, \mathbf{u}) = \begin{bmatrix} g_{1,k_1-1}(\mathbf{x}, \mathbf{z}, \mathbf{u}) \\ \vdots \\ g_{p,k_p-1}(\mathbf{x}, \mathbf{z}, \mathbf{u}) \end{bmatrix},$$

womit für die JACOBI-Matrix ebenso formal gilt:

$$\frac{\partial \mathbf{g}_{k-1}}{\partial \mathbf{z}} = \begin{bmatrix} \dfrac{\partial g_{1,k_1-1}}{\partial \mathbf{z}} \\ \vdots \\ \dfrac{\partial g_{p,k_p-1}}{\partial \mathbf{z}} \end{bmatrix}$$

Die Zeilen dieser JACOBI-Matrix tauchen aber in der Definition 2.4 des Gleichungsindexes auf; im Besonderen wird dann, wenn bereits $p - 1$ algebraischen Gleichungen ihr Index zugewiesen wurde und die letzte algebraische Gleichung – es sei die v-te Gleichung – vor der Zuweisung ihres Indexes steht, im zweiten Teil der Bedingung (2.24)

$$h_{v,k_v}^{(0)} \frac{\partial g_{v,k_v-1}}{\partial \mathbf{z}} = \sum_{l,l\neq v}^{1,p} h_{v,k_v}^{(l)} \frac{\partial g_{l,k_l-1}}{\partial \mathbf{z}} \xrightarrow[l=0,1,\ldots]{nur} h_{v,k_v}^{(l)} (\mathbf{x}, \mathbf{z}, \mathbf{u}) = 0$$

die funktionelle Unabhängigkeit der Zeilen der JACOBI-Matrix sichergestellt, weshalb sie zumindest lokal invertierbar ist.

B.5   Existenz und Eindeutigkeit einer ODE-Lösung

Untersucht wird die Existenz und Eindeutigkeit der Lösung für das nichtlineare zeitvariante Anfangswertproblem

$$\dot{\mathbf{x}} = \mathbf{f}(\mathbf{x}, t) \quad \text{für} \quad t \geq 0 \quad \text{mit} \quad \mathbf{x}(0) = \mathbf{x}_0 \tag{B.9}$$

mit den n-dimensionalen vektorwertigen Funktionen $\mathbf{x}$ und $\mathbf{f}$ (siehe [76]). Hierbei ist $\mathbf{x}(t)$ als Lösung von (B.9) über das Zeitintervall $0 \leq t \leq T$ eine fast überall differenzierbare Funktion – d. h. $\dot{\mathbf{x}}$ und damit $\mathbf{f}$ ist dort definiert mit Ausnahme abzählbar vieler Zeitpunkte in diesem Intervall – und die zu allen Zeitpunkten, in denen $\dot{\mathbf{x}}$ definiert ist, der Dgl. (B.9) genügt.

Es sei zunächst die *lokale* und danach die *globale* Existenz einer eindeutigen Lösung erörtert.

Lokale Existenz und Eindeutigkeit

Es sei vorausgesetzt, dass endliche positive Konstanten T, L, r und h existieren, so dass

- $\|\mathbf{f}(\mathbf{x}, t) - \mathbf{f}(\boldsymbol{\xi}, t)\| \leq L \|\mathbf{x} - \boldsymbol{\xi}\|$
  $\forall \mathbf{x}$ mit $\|\mathbf{x} - \mathbf{x}_0\| \leq r$ und $\forall \boldsymbol{\xi}$ mit $\|\boldsymbol{\xi} - \mathbf{x}_0\| \leq r$ und $0 \leq t \leq T$
- $\|\mathbf{f}(\mathbf{x}_0, t)\| \leq h \quad 0 \leq t \leq T$

gilt. Dann hat das Problem (B.9) genau eine Lösung im Intervall $0 \leq t \leq \delta$, wobei gilt:

$$h\delta e^{L\delta} \leq r \quad \text{und} \quad \delta \leq min\left(T, \frac{r}{h + Lr}, \frac{\varrho}{L}\right) \quad \text{für} \quad \varrho < 1$$

Globale Existenz und Eindeutigkeit

Es sei vorausgesetzt, dass für $0 \leq T < \infty$ endliche positive Konstanten L_T und h_T existieren, so dass

- $\|\mathbf{f}(\mathbf{x}, t) - \mathbf{f}(\boldsymbol{\xi}, t)\| \leq L_T \|\mathbf{x} - \boldsymbol{\xi}\| \quad \forall \mathbf{x}, \boldsymbol{\xi} \quad \text{und} \quad 0 \leq t \leq T$
- $\|\mathbf{f}(\mathbf{x}_0, t)\| \leq h_T \quad 0 \leq t \leq T$

gilt. Dann hat das Problem (B.9) genau eine Lösung im Intervall $0 \leq t \leq T$ für alle T im Intervall $0 \leq T < \infty$.

Die Existenz einer globalen LIPSCHITZ-Konstanten L_T aus Sicht des Anwenders ist in [75] zu finden.

B.6   Existenz und Eindeutigkeit einer DAE-Lösung

In [64] wird die Existenz und Eindeutigkeit der Lösung für das nichtlineare zeitvariante Problem

$$\mathbf{M}(\mathbf{w}, t)\,\dot{\mathbf{w}} = \mathbf{f}(\mathbf{w}, t) \tag{B.10a}$$

$$\mathbf{0} = \mathbf{g}(\mathbf{w}, t) \tag{B.10b}$$

untersucht. Den dortigen Ausführungen folgend, sei zunächst die Existenz einer eindeutigen Lösung für das **zeitinvariante Problem** erörtert; Ausgangspunkt ist das zeitinvariante Modell:

$$\mathbf{M}(\mathbf{w})\,\dot{\mathbf{w}} = \mathbf{f}(\mathbf{w}) \tag{B.11a}$$

$$\mathbf{0} = \mathbf{g}(\mathbf{w}) \tag{B.11b}$$

Darin seien die vektorwertigen Funktionen $\mathbf{w}$, $\mathbf{f}$, $\mathbf{g}$ mit $\dim\{\mathbf{w}\} = \hat{n}$, $\dim\{\mathbf{f}\} = n$ und $\dim\{\mathbf{g}\} = p$, sowie die matrixwertige Funktion $\mathbf{M}$ mit $\dim\{\mathbf{M}\} = n \times \hat{n}$ hinreichend glatt. Alle im Anschluss adressierten Mengen seien offene Teilmengen des $\mathbf{R}^{\hat{n}}$ und der (lokale) Fluss eines Vektorfeldes auf einer Mannigfaltigkeit existiere als Abbildung.

Die Menge $\mathcal{S}$ umfasse alle $\mathbf{w}$, die der algebraischen Gl. (B.11b) genügen, und die Menge $\mathcal{R}$ umfasse alle $\mathbf{w}$ aus $\mathcal{S}$, für die der Spaltenrang der JACOBI-Matrix[3] $\partial\mathbf{g}/\partial\mathbf{w}$ in (B.11b) gleich p ist; dann ist die Menge $\mathcal{M}$ aller $\mathbf{w}$ aus $\mathcal{R}$ mit $\mathbf{0} = \mathbf{g}(\mathbf{w})$ eine nichtleere Mannigfaltigkeit.

---

[3] In der einschlägigen Literatur (siehe z. B. [38]) wird an dieser Stelle oft die FRECHET-Ableitung einer Funktion eingesetzt; wenn eine reellwertige Funktion stetige partielle Ableitungen besitzt, kann dafür der Gradient eingesetzt werden.

Ist $\mathbf{w}$ eine stetig differenzierbare Lösungsfunktion des DAE-Systems (B.11) über $0 \leq t < T$, dann muss für alle t in diesem Intervall für den Tangentialvektor $\mathbf{q}(t) = d\mathbf{w}(t)/dt$ gelten:

$$\mathbf{N}(\mathbf{w})\,\mathbf{q} = \begin{bmatrix} \mathbf{0} \\ \mathbf{f}(\mathbf{w}) \end{bmatrix} \quad \text{mit} \quad \mathbf{N}(\mathbf{w}) = \begin{bmatrix} \dfrac{\partial \mathbf{g}(\mathbf{w})}{\partial \mathbf{w}} \\ \mathbf{M}(\mathbf{w}) \end{bmatrix} \tag{B.12}$$

Die Menge $\mathcal{S}_0$ umfasse nun alle $\mathbf{w}$ aus $\mathcal{S}$, für die die $(\hat{n} \times \hat{n})$-dimensionale Matrix $\mathbf{N}(\mathbf{w})$ regulär ist[4]; schließlich sei die Schnittmenge $\mathcal{M}_0$ der Mengen $\mathcal{M}$ und $\mathcal{S}_0$ nicht leer.

Dann ist $\mathcal{M}_0$ eine Untermannigfaltigkeit von $\mathcal{M}$, auf der mit

$$\hat{\mathbf{f}}(\mathbf{w}) = \left[\mathbf{N}(\mathbf{w})\right]^{-1} \begin{bmatrix} \mathbf{0} \\ \mathbf{f}(\mathbf{w}) \end{bmatrix} \quad \forall \mathbf{w} \in \mathcal{M}_0 \tag{B.13}$$

ein Vektorfeld $\mathbf{q}$ definiert ist, so dass die Lösungen von

$$\mathbf{q} = \dot{\mathbf{w}} = \hat{\mathbf{f}}(\mathbf{w}) \quad 0 \leq t < T \tag{B.14}$$

auf $\mathcal{M}_0$ genau die Lösungen von (B.11) in $\mathcal{S}_0$ sind.

Und nun zur Behandlung des **zeitvarianten Problems** (B.10): Hierzu wird das zeitvariante Problem durch die Hinzunahme der Differentialgleichung $\dot{t} = 1$ in ein erweitertes zeitinvariantes Problem überführt. Anstelle der Matrix $\mathbf{N}(\mathbf{w})$ in der Bedingung (B.12) ist im erweiterten Fall die $((\hat{n}+1) \times (\hat{n}+1))$-dimensionale Matrix $\widetilde{\mathbf{N}}(\mathbf{w}, t)$

$$\widetilde{\mathbf{N}}(\mathbf{w}, t) = \begin{bmatrix} \dfrac{\partial \mathbf{g}(\mathbf{w}, t)}{\partial \mathbf{w}} & \dfrac{\partial \mathbf{g}(\mathbf{w}, t)}{\partial t} \\ \mathbf{M}(\mathbf{w}, t) & \mathbf{0} \\ \mathbf{0}^T & 1 \end{bmatrix} \tag{B.15}$$

zu setzen; allerdings kann wegen der speziellen Struktur (B.15) der Matrix $\widetilde{\mathbf{N}}$ die Bestimmung der Menge $\mathcal{S}_0$ weiterhin anhand der Struktur (B.12) der Matrix $\mathbf{N}$ erfolgen – sie umfasst nun alle $(\mathbf{w}, t)$ aus $\mathcal{S}$, für die die $(\hat{n} \times \hat{n})$-dimensionale Matrix $\mathbf{N}(\mathbf{w}, t)$ regulär ist. Darüber hinaus ist das Vektorfeld (B.13) nunmehr durch

$$\hat{\mathbf{f}}(\mathbf{w}, t) = \left[\mathbf{N}(\mathbf{w}, t)\right]^{-1} \begin{bmatrix} -\dfrac{\partial \mathbf{g}(\mathbf{w}, t)}{\partial t} \\ \mathbf{f}(\mathbf{w}, t) \end{bmatrix} \quad \forall (\mathbf{w}, t) \in \mathcal{M}_0 \tag{B.16}$$

zu ersetzen. Die Existenz- und Eindeutigkeitsaussagen sind damit analog zum zeitinvarianten Fall zu tätigen.

---

[4]Der in [64] betrachtete singuläre Fall kann bei regulären realisierbaren Deskriptormodellen nicht auftreten.

Systemtheoretische Ergänzungen

C

C.1 Grundlagen der exakten Linearisierung und Entkopplung

Gegenstand dieses Abschnitts ist die Herleitung von Formalismen zur Linearisierung und bei Mehrgrößensystemen auch zur Entkopplung des E/A-Verhaltens zeitinvarianter nichtlinearer dynamischer Systeme mit Zustandsmodellen. Die Ergebnisse dieses Abschnitts dienen der Herleitung vergleichbarer Formalismen für Mehrgrößensysteme mit Deskriptormodellen im Abschn. 3.4.

Zweckmäßigerweise werden die einleitenden Untersuchungen zunächst für Eingrößensysteme durchgeführt und erst im folgenden Abschnitt auf Mehrgrößensysteme ausgedehnt.

C.1.1 Nichtlineare zeitinvariante Eingrößensysteme

Der **Ausgangspunkt** ist ein nichtlineares zeitinvariantes Eingrößenmodell mit der Eingangsgröße u, der Ausgangsgröße y und den messbaren Zustandsgrößen $\mathbf{x} = [x_1, \ldots, x_n]^T$ nach Abb. C.1 bzw. das zugehörige mathematische Modell:

$$\dot{\mathbf{x}} = \mathbf{f}(\mathbf{x}, u)$$
$$y = c(\mathbf{x}) \tag{C.1}$$

Das **Ziel** ist ein Entwurfsverfahren für eine dynamiklose – also statische – Zustandsrückkopplung (Abb. C.2), so dass das dynamische Verhalten zwischen der Ausgangsgröße y und einer externen Eingangsgröße v linear ist (Abb. C.3), obwohl die innere Struktur des rückgekoppelten Modells nichtlinear bleibt.

Die **Vorgehensweise** zur Lösung dieser Aufgabenstellung wird zweckmäßigerweise mit der Forderung nach einer linearen E/A-Dynamik begonnen, indem die folgende lineare

Abb. C.1 Nichtlineares
Eingrößensystem

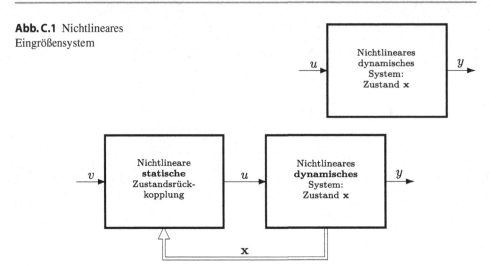

Abb. C.2 Gesamtsystem mit Zustandsrückkopplung

Differentialgleichung mit konstanten Koeffizienten für die E/A-Dynamik gemäß Abb. C.3
angesetzt wird:

$$\alpha_0 y(t) + \alpha_1 \dot{y}(t) + \alpha_2 \ddot{y}(t) + \ldots + \overset{(r)}{y}(t) = \lambda v(t) \qquad \text{(C.2)}$$

Die Konstanten $\alpha_0, \alpha_1, \ldots, \lambda, r$ sind noch zu bestimmen. Die Forderung (C.2) wird nun
benutzt, um die gesuchte Zustandsrückkopplung $u = u(v, \mathbf{x})$ gemäß Abb. C.2 zu ermitteln.
Es wird angestrebt, dieses u aus der angesetzten Dgl. (C.2) heraus zu berechnen. Das führt
auf die Frage, in welchem Term u enthalten ist: laut Ausgangsgleichung im Modell (C.1)
ist u in y nicht enthalten. Man muss also in sukzessiven Schritten die Ableitungen $\dot{y}, \ddot{y}, \ldots$
bilden

Abb. C.3 Rückgekoppeltes
Gesamtsystem mit linearer
Eingangs-Ausgangsdynamik

$$\dot{y}(t) = g_1(\mathbf{x})$$

$$\ddot{y}(t) = g_2(\mathbf{x})$$

$$\vdots$$

$$\overset{(r-1)}{y}(t) = g_{r-1}(\mathbf{x})$$

$$\overset{(r)}{y}(t) = g_r(\mathbf{x}, u),$$

(C.3)

um festzustellen in welcher Ableitung die Eingangsgröße u zum ersten Mal aufscheint. Dies sei dann die r-fache Ableitung von y, womit die Konstante r (der sogenannte **relative Grad** der Ausgangsgröße) in der angesetzten Dgl. (C.2) bestimmt ist; er ist eine modellinhärente Größe und wird zumindest in einem Teilgebiet des Zustandsraumes $\mathbb{R}^n$ als konstant angesehen.

Setzt man nun die gebildeten Ableitungen (C.3) der Ausgangsgröße in die angesetzte Differentialgleichung (C.2) ein, so erhält man mit der Umbenennung $c(\mathbf{x}) = g_0(\mathbf{x})$ zunächst

$$\alpha_0 g_0(\mathbf{x}) + \alpha_1 g_1(\mathbf{x}) + \ldots + \alpha_{r-1} g_{r-1}(\mathbf{x}) + g_r(\mathbf{x}, u) = \lambda\, v$$

und dann nach einer Umformung die Gleichung

$$g_r(\mathbf{x}, u) = \lambda\, v - \sum_{\nu=0}^{r-1} \alpha_\nu g_\nu(\mathbf{x}) ,$$

(C.4)

welche – sofern sie nach u auflösbar ist – die gesuchte nichtlineare statische Zustandsrückkopplung

$$u = u(\mathbf{x}, v)$$

liefert[5]. Diese Rückkopplung prägt dem Gesamtmodell eine lineare E/A-Dynamik auf, die im Bildbereich durch die Übertragungsfunktion $G(s)$ über

$$y(s) = G(s)v(s) = \frac{\lambda}{s^r + \ldots + \alpha_2 s^2 + \alpha_1 s + \alpha_0} v(s)$$

beschrieben werden kann, sofern die Anfangswerte

$$y(0) = \dot{y}(0) = \ddot{y}(0) = \ldots = \overset{(r-1)}{y}(0) = 0$$

---

[5]An dieser Stelle wird ersichtlich, dass aus Gründen der Realisierbarkeit der Zustandsrückführung keine Ableitungen $\dot{v}, \ddot{v}, \ldots$ in die Forderung (C.2) einfließen durften.

verschwinden[6].

Die oben geforderte Auflösbarkeit der Gl. (C.4) nach u ist ein Grund, weiterhin nur solche Modelle zu betrachten, in deren Zustandsdifferentialgleichung die Eingangsgröße u explizit eingeht, also:

$$\dot{\mathbf{x}} = \mathbf{a}(\mathbf{x}) + \mathbf{b}(\mathbf{x})\, u \tag{C.5}$$

Modelle dieser Art werden vielfach mit AI-Modelle bezeichnet – **AI** steht für **A**ffine **I**nput. Diese Einschränkung in der Systembeschreibung bringt es mit sich, dass auch die r-fache Ableitung der Ausgangsgröße eine in u affine Funktion ist –

$$\overset{(r)}{y} = g(\mathbf{x}) + h(\mathbf{x})\, u \tag{C.6}$$

– womit die Auflösbarkeit der Gl. (C.4) nach u im i. A. gesichert ist. Die skizzierte Vorgangsweise (C.3) zur Bildung der totalen Ableitungen der Ausgangsgröße $y(t)$ nach der Zeit t liefert nun für AI-Modelle (C.5) folgende Beziehungen:

$$
\begin{aligned}
\dot{y} &= \frac{\partial c}{\partial \mathbf{x}}\, \dot{\mathbf{x}} \\
&= \frac{\partial c}{\partial \mathbf{x}}\, \mathbf{a} && \text{für} \quad \frac{\partial c}{\partial \mathbf{x}}\, \mathbf{b} = 0 \\
\ddot{y} &= \frac{\partial}{\partial \mathbf{x}}\left(\frac{\partial c}{\partial \mathbf{x}}\, \mathbf{a}\right) \dot{\mathbf{x}} \\
&= \frac{\partial}{\partial \mathbf{x}}\left(\frac{\partial c}{\partial \mathbf{x}}\, \mathbf{a}\right) \mathbf{a} && \text{für} \quad \frac{\partial}{\partial \mathbf{x}}\left(\frac{\partial c}{\partial \mathbf{x}}\, \mathbf{a}\right) \mathbf{b} = 0 \\
\overset{(3)}{y} &= \frac{\partial}{\partial \mathbf{x}}\left[\frac{\partial}{\partial \mathbf{x}}\left(\frac{\partial c}{\partial \mathbf{x}}\, \mathbf{a}\right) \mathbf{a}\right] \dot{\mathbf{x}} \\
&= \frac{\partial}{\partial \mathbf{x}}\left[\frac{\partial}{\partial \mathbf{x}}\left(\frac{\partial c}{\partial \mathbf{x}}\, \mathbf{a}\right) \mathbf{a}\right] \mathbf{a} \quad \text{für} \quad \frac{\partial}{\partial \mathbf{x}}\left[\frac{\partial}{\partial \mathbf{x}}\left(\frac{\partial c}{\partial \mathbf{x}}\, \mathbf{a}\right) \mathbf{a}\right] \mathbf{b} = 0 \\
&\;\;\vdots
\end{aligned}
\tag{C.7}
$$

Betrachtet man diese Ableitungen, so erkennt man für die darin auftretenden Ausdrücke ein rekursives Bildungsgesetz, das in folgender Weise

---

[6]Eine Verallgemeinerung der Vorgangsweise, die auf eine dynamische Zustandsrückkopplung und schließlich auf eine Übertragungsfunktion $G(s) = Z(s)/N(s)$ führt, ist möglich. Es kann gezeigt werden, dass die sogenannte Graddifferenz – $grad(N(s)) - grad(Z(s))$ – auch in diesem Fall gleich r sein muss und dass diese Übertragungsfunktion auch durch Hintereinanderschaltung einer im Text beschriebenen statischen Zustandsrückkopplung und eines geeigneten dynamischen Systems erzielt werden kann.

$$\overset{(v)}{y} = N^v c \qquad v = 0, 1, \ldots, r - 1$$

$$\overset{(r)}{y} = N^r c + \frac{\partial}{\partial \mathbf{x}} \left(N^{r-1} c \right) \mathbf{b} u \tag{C.8}$$

kompakt dargestellt werden kann, wobei der rekursive Operator N angewandt auf c (d. h. auf die Ausgangsgröße y, ein Unterscheidungsmerkmal bei Mehrgrößensystemen) in der Rekursionsstufe k wie folgt definiert ist[7]:

$$N^k c := \left[\frac{\partial}{\partial \mathbf{x}} \left(N^{k-1} c \right) \right] \mathbf{a} \quad \text{mit} \quad N^0 c = c \tag{C.9}$$

Ein Blick auf das Ableitungsprozedere (C.8) zeigt, dass der relative Grad r durch das erstmalige Nichtverschwinden des Faktors vor der Eingangsgröße u charakterisiert ist, so dass es naheliegend ist, ihn auf folgende Weise zu definieren[8]:

$$r := \min \left\{ j : \frac{\partial}{\partial \mathbf{x}} \left(N^{j-1} c \right) \mathbf{b} \neq 0; \quad j = 1, \ldots, n \right\} \tag{C.10}$$

Setzt man schließlich die Ableitungen (C.8) der Ausgangsgröße eines AI-Modells in die Differentialgleichung (C.2) zur Beschreibung der linearen E/A-Dynamik ein, gelangt man über die Einführung von Zwischengrößen $\alpha(\mathbf{x})$ und $\beta(\mathbf{x})$ zur statischen Rückkopplung $u(\mathbf{x}, v)$ in der Form:

$$u(\mathbf{x}, v) = \alpha(\mathbf{x}) + \beta(\mathbf{x}) \, v$$

$$\text{mit} \quad \alpha(\mathbf{x}) := - \frac{N^r c + \sum_{v=0}^{r-1} \alpha_v N^v c}{\frac{\partial}{\partial \mathbf{x}} \left(N^{r-1} c \right) \mathbf{b}}$$

$$\text{und} \quad \beta(\mathbf{x}) := \frac{\lambda}{\frac{\partial}{\partial \mathbf{x}} \left(N^{r-1} c \right) \mathbf{b}} \tag{C.11}$$

Bemerkung

Dem gegebenen nichtlinearen Modell mit der Ordnung n wurde eine Zustandsrückkopplung nach Abb. C.4 vorgeschaltet. Da diese Zustandsrückführung statisch ist, besitzt das rückgekoppelte nichtlineare Gesamtmodell ebenfalls die Ordnung n, aber eine lineare E/A-Dynamik der Ordnung $r \leq n$. Für den Fall $r < n$ existiert offensichtlich ein im allgemeinen

---

[7]Diese Definition ist identisch mit der LIE-Ableitung des Skalars N entlang des Vektorfeldes $\mathbf{a}(\mathbf{x})$; anstelle von der LIE-Ableitung wird hier aber vom Operator N gesprochen, um seiner Erweiterung, die im Zusammenhang mit Deskriptormodellen erforderlich sein wird, bereits im Kontext Platz zu machen.

[8]In [31] ist gezeigt, dass die n-dimensionalen Vektoren $\partial \left(N^{j-1} c \right) / \partial \mathbf{x}$ linear unabhängig sind und dass deswegen $r \leq n$ gelten muss. Ist gemäß der Definition für den relativen Grad bis $j = n$ kein von Null verschiedener Faktor gefunden worden, ist technisch gesehen keine „Verbindung" zwischen der Eingangsgröße u und der Ausgangsgröße y vorhanden.

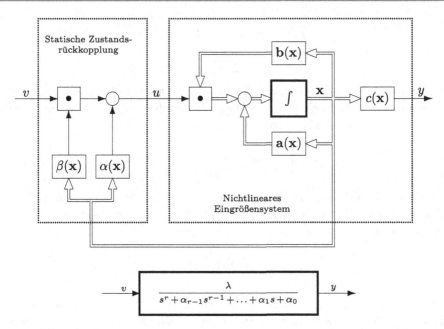

Abb. C.4 Blockstruktur des rückgekoppelten nichtlinearen Systems mit linearer E/A-Dynamik

nichtlineares Teilsystem, das keine Wirkung auf die E/A-Dynamik zeigt. Aus regelungstechnischer Sicht kann es erstrebenswert sein, dieses nicht beobachtbare Teilsystem zu eliminieren, indem man versucht, $r = n$ zu erreichen. Es zeigt sich, dass dies unter Umständen durch geeignete Wahl der Ausgangsfunktion $c(\mathbf{x})$ möglich ist.

C.1.2   Nichtlineare zeitinvariante Mehrgrößensysteme

Im vorigen Abschnitt wurde eine zur E/A-Linearisierung nichtlinearer Eingrößensysteme geeignete statische Zustandsrückkopplung hergeleitet. Nunmehr werden diese Ergebnisse auf Mehrgrößensysteme übertragen, wobei der verfolgte Weg prinzipiell beibehalten wird.

Um den Rechengang nicht unnötig zu belasten, werden Mehrgrößensysteme betrachtet, bei denen die Anzahl der Ausgangsgrößen gleich der Anzahl der Eingangsgrößen ist. Auch aus praktischer Sicht ist das keine wesentliche Einschränkung, denn bei ungleicher Anzahl muss ohnehin die Anzahl der Eingänge (Steuergrößen) größer als die Anzahl der Ausgänge (Regelgrößen) sein, so dass durch Hinzunahme „fiktiver" Ausgangsgrößen wieder die Gleichheit erreicht werden kann.

Es werden nichtlineare zeitinvariante Mehrgrößenmodelle in der AI-Zustandsdarstellung

$$\begin{aligned}
\dot{\mathbf{x}} &= \mathbf{a}(\mathbf{x}) + \mathbf{B}(\mathbf{x})\,\mathbf{u} \\
\mathbf{y} &= \mathbf{c}(\mathbf{x})
\end{aligned}$$

(C.12)

mit

$$\mathbf{x} := [x_1, \dots, x_n]^T, \quad \mathbf{u} := [u_1, \dots, u_m]^T, \quad \mathbf{y} := [y_1, \dots, y_m]^T$$

$$\mathbf{a} := [a_1, \dots, a_n]^T, \quad \mathbf{B} := [\mathbf{b}_1, \dots, \mathbf{b}_m], \quad \mathbf{c} := [c_1, \dots, c_m]^T$$

betrachtet.

Das Modell (C.12) besitzt m Ausgangsgrößen $y_1, \dots, y_m$, denen nun m relative Grade $r_1, \dots, r_m$ zuzuordnen sind. Die Deutung des relativen Grades im Eingrößenfall bestand darin, dass er ausgedrückt hat, wie oft die Ausgangsgröße y abgeleitet werden muss, damit die Eingangsgröße u erstmals explizit aufscheint. Konsequenterweise bedeutet der relative Grad r_i im Mehrgrößenfall, wie oft man die zugehörige Ausgangsgröße y_i ableiten muss, damit *wenigstens eine* der Eingangsgrößen u_ν ($\nu = 1, \dots, m$) explizit auftritt, bzw. auf die wievielte Ableitung von y_i wenigstens eine der Eingangsgrößen u_ν ($\nu = 1, \dots, m$) durchgreift, vorausgesetzt, die Ausgangsgröße ist überhaupt von wenigstens einer der Eingangsgrößen beeinflussbar. Demnach kann zur Bestimmung des relativen Grades r_i auf die entsprechende Beziehung (C.10) im Eingrößenfall zurückgegriffen werden. Nur ist jetzt für r_i jenes minimale j ($j = 1, \dots, n$) zu nehmen, für das die Ausdrücke

$$\frac{\partial}{\partial \mathbf{x}} \left(N^{j-1} c_i \right) \mathbf{b}_\nu \neq 0 \quad \nu = 1, \dots, m$$

nicht gleichzeitig verschwinden, denn dann greift offensichtlich wenigstens eine der Eingangsgrößen u_ν auf die j-fache Ableitung der Ausgangsgröße y_i durch. Mit Hilfe der Matrix $\mathbf{B}$ lautet der formale Ausdruck für r_i:

$$r_i := \min \left\{ j : \frac{\partial}{\partial \mathbf{x}} \left(N^{j-1} c_i \right) \mathbf{B} \neq \mathbf{0}^T; \quad j = 1, \dots, n \right\} \tag{C.13}$$

Mit der Beziehung (C.13) sind nun die relativen Grade $r_1, \dots, r_m$ für die Ausgangsgrößen $y_1, \dots, y_m$ bestimmt. Natürlich muss für die weiteren Untersuchungen vorausgesetzt werden, dass *alle* relativen Grade zumindest in einem Teilgebiet des Zustandsraumes existieren und konstant sind; unter dieser Voraussetzung gilt – siehe z. B. [31]:

$$\sum_{i=1}^{m} r_i = r \leq n$$

Zur Ermittlung einer statischen Zustandsrückführung, die zusammen mit dem Mehrgrößenmodell (C.12) ein Gesamtmodell mit linearer und entkoppelter E/A-Dynamik gemäß Abb. 3.1 erzeugt, wird dieselbe **Vorgehensweise** wie im Eingrößenfall verwendet; es wird also die Dgl. (C.2) als Vorgabe einer linearen E/A-Dynamik für jede der Ausgangsgrößen y_i mit $i = 1, \dots, m$ angesetzt:

$$\alpha_{i,0} y_i(t) + \alpha_{i,1} \dot{y}_i(t) + \dots + \alpha_{i,r_i-1} \overset{(r_i-1)}{y_i}(t) + \overset{(r_i)}{y_i}(t) = \lambda_i v_i(t) \tag{C.14}$$

Die erforderlichen Ableitungen der Ausgangsgrößen erhält man in Analogie zur Prozedur
(C.8) des Eingrößenfalls

$$\overset{(\nu)}{y_i} = N^\nu c_i \qquad \nu = 0, 1, \ldots, r_i - 1$$

$$\overset{(r_i)}{y_i} = N^{r_i} c_i + \frac{\partial}{\partial \mathbf{x}} \left(N^{r_i - 1} c_i \right) \mathbf{B} \mathbf{u} =: \widehat{c}_i + \widehat{\mathbf{d}}_i^T \mathbf{u} \, ,$$

wobei zur Vereinfachung der Schreibweise die Abkürzungen $\widehat{c}_i$ und $\widehat{\mathbf{d}}_i^T$ eingeführt wurden.
Das Einsetzen dieser Ableitungen in die Dgl. (C.14) ergibt

$$\sum_{\nu=0}^{r_i-1} \alpha_{i,\nu} N^\nu c_i + \widehat{c}_i + \widehat{\mathbf{d}}_i^T \mathbf{u} = \lambda_i v_i =: \widehat{\alpha}_i + \widehat{c}_i + \widehat{\mathbf{d}}_i^T \mathbf{u}$$

mit der weiteren Abkürzung $\widehat{\alpha}_i$ bezüglich der auftretenden Summe. Geht man über in die
zugehörige Matrixdarstellung

$$\begin{bmatrix} \widehat{\alpha}_1 \\ \vdots \\ \widehat{\alpha}_m \end{bmatrix} + \begin{bmatrix} \widehat{c}_1 \\ \vdots \\ \widehat{c}_m \end{bmatrix} + \begin{bmatrix} \widehat{\mathbf{d}}_1^T \\ \vdots \\ \widehat{\mathbf{d}}_m^T \end{bmatrix} \mathbf{u} = \begin{bmatrix} \lambda_1 & & \mathbf{0} \\ & \ddots & \\ \mathbf{0} & & \lambda_m \end{bmatrix} \begin{bmatrix} v_1 \\ \vdots \\ v_m \end{bmatrix}$$

bzw.

$$\widehat{\boldsymbol{\alpha}} + \widehat{\mathbf{c}} + \widehat{\mathbf{D}} \mathbf{u} = \boldsymbol{\Lambda} \mathbf{v} \, ,$$

ergibt sich daraus mit der Annahme einer **invertierbaren Entkoppelmatrix** $\widehat{\mathbf{D}}$

$$\text{rang}\{\widehat{\mathbf{D}}\} = m \tag{C.15}$$

für die Zustandsrückführung:

$$\mathbf{u} = -\widehat{\mathbf{D}}^{-1}(\widehat{\boldsymbol{\alpha}} + \widehat{\mathbf{c}}) + \widehat{\mathbf{D}}^{-1} \boldsymbol{\Lambda} \mathbf{v}$$

Dafür kann man in formaler Anlehnung an das Ergebnis (C.11) im Eingrößenfall auch
schreiben:

$$\mathbf{u}(\mathbf{x}, \mathbf{v}) = \boldsymbol{\alpha}(\mathbf{x}) + \mathcal{B}(\mathbf{x}) \mathbf{v}$$

$$\text{mit} \quad \boldsymbol{\alpha}(\mathbf{x}) := -\widehat{\mathbf{D}}^{-1}(\widehat{\boldsymbol{\alpha}} + \widehat{\mathbf{c}}) \tag{C.16}$$

$$\text{und} \quad \mathcal{B}(\mathbf{x}) := \widehat{\mathbf{D}}^{-1} \boldsymbol{\Lambda}$$

Bemerkung
Die hier gewählte Vorgehensweise impliziert, dass die Zustandsrückführung (C.16) eine
notwendige Bedingung für die Linearisierung und Entkopplung des E/A-Verhaltens gemäß
Abb. 3.1 ist. Man kann aber zeigen, dass die Bedingung auch **hinreichend** ist [19], indem
man die Rückführung (C.16) in das Modell (C.12) einsetzt und über einige Umformungen
zeigt, dass das E/A-Verhalten des rückgekoppelten Modells durch die Übertragungsmatrix
$\mathbf{G}(s)$ wie folgt beschrieben wird:

$$\mathbf{y}(s) = \mathbf{G}(s)\,\mathbf{v}(s)$$

$$\text{mit} \quad \mathbf{G}(s) = \begin{bmatrix} G_1(s) & & \mathbf{0} \\ & \ddots & \\ \mathbf{0} & & G_m(s) \end{bmatrix}$$

$$\text{und} \quad G_i(s) = \frac{\lambda_i}{s^{r_i} + \alpha_{i,r_i-1}s^{r_i-1} + \ldots + \alpha_{i,1}s + \alpha_{i,0}}$$

Dabei wurden verschwindende Anfangsauslenkungen $y_i(0) = \ldots = \overset{(r_i-1)}{y_i}(0) = 0$ vorausgesetzt. Die Konstanten λ_i und $\alpha_{i,\nu}$ zur Erzielung eines gewünschten E/A-Verhaltens sind frei wählbar.

C.2 E/A-Verhalten in Deskriptormodellen

Gegenstand dieses Abschnitts ist der Beweis der Behauptung 3.1, mit der die Beschreibung des E/A-Verhaltens von semi-expliziten Deskriptormodellen mithilfe des Ableitungsgrades festgehalten wurde.

Die Ausgangsgrößen y_i mit $i = 1, \ldots, m$ des semi-expliziten Deskriptormodells (3.8)

$$\dot{\mathbf{x}} = \mathbf{a}(\mathbf{x}, \mathbf{z}) + \mathbf{B}(\mathbf{x}, \mathbf{z})\,\mathbf{u}$$

$$\mathbf{0} = \mathbf{g}(\mathbf{x}, \mathbf{z}, \mathbf{u})$$

$$\mathbf{y} = \mathbf{c}(\mathbf{x}, \mathbf{z})$$

sind solange zeitlich abzuleiten, bis gemäß Definition 3.2 des Ableitungsgrades erstmalig eine Abhängigkeit von wenigstens einer Eingangsgröße in $\mathbf{u} = [u_1, \ldots, u_m]^T$ bzw. der Ableitung einer Eingangsgröße in $\dot{\mathbf{u}} = [\dot{u}_1, \ldots, \dot{u}_m]^T$ auftritt.

Der Beweis der Behauptung erfolgt durch *Vollständige Induktion*.
Unter der Annahme der Regularität und der Realisierbarkeit des Deskriptormodells lautet die Ableitung der Ausgangsgröße $y_i = c_i(\mathbf{x}, \mathbf{z})$ im 1. Differentiationsschritt $\nu = 1$:

$$\dot{y}_i = \frac{\partial c_i}{\partial \mathbf{x}}\dot{\mathbf{x}} + \frac{\partial c_i}{\partial \mathbf{z}}\dot{\mathbf{z}} = \cdots \text{s. Gl. (3.9)} \cdots$$

$$= \frac{\partial c_i}{\partial \mathbf{x}}\dot{\mathbf{x}} - \frac{\partial c_i}{\partial \mathbf{z}}\left(\frac{\partial \mathbf{g}_{k-1}}{\partial \mathbf{z}}\right)^{-1}\left[\frac{\partial \mathbf{g}_{k-1}}{\partial \mathbf{x}}\dot{\mathbf{x}} + \frac{\partial \mathbf{g}_{k-1}}{\partial \mathbf{u}}\dot{\mathbf{u}}\right]$$

$$= \left[\frac{\partial c_i}{\partial \mathbf{x}} - \frac{\partial c_i}{\partial \mathbf{z}}\left(\frac{\partial \mathbf{g}_{k-1}}{\partial \mathbf{z}}\right)^{-1}\frac{\partial \mathbf{g}_{k-1}}{\partial \mathbf{x}}\right]\dot{\mathbf{x}} + \left[-\frac{\partial c_i}{\partial \mathbf{z}}\left(\frac{\partial \mathbf{g}_{k-1}}{\partial \mathbf{z}}\right)^{-1}\frac{\partial \mathbf{g}_{k-1}}{\partial \mathbf{u}}\right]\dot{\mathbf{u}}$$

Setzt man nun die Operatorenschreibweise (3.12)–(3.14) ein und beachtet, dass die Ausgangsgröße keinen unmittelbaren Durchgriff besitzt, dass also $\partial c_i/\partial \mathbf{u} = \mathbf{0}^T$ gilt, dann schreibt sich die 1. Ableitung wie folgt:

$$\dot{y}_i = (N^0 c_i)' \, \dot{\mathbf{x}} + (M^0 c_i)' \, \dot{\mathbf{u}} = (N^0 c_i)' \mathbf{a} + (N^0 c_i)' \mathbf{B}\mathbf{u} + (M^0 c_i)' \, \dot{\mathbf{u}}$$

Wenn in diesem Ausdruck für den Faktor $(N^0 c_i)' \mathbf{B} \neq \mathbf{0}^T$ und/oder für den Faktor $(M^0 c_i)' \neq \mathbf{0}^T$ gilt, ist gemäß Beziehung (3.15) der Ableitungsgrad $\gamma_1 = 1$, womit keine weitere Differentiation dieser Ausgangsgröße y_i erforderlich ist. Anderenfalls gilt $\gamma_i > 1$ und wegen $(N^0 c_i)' \mathbf{B} = (M^0 c_i)' = \mathbf{0}^T$ folgt im Einklang mit der Operatordefinition (3.12):

$$\dot{y}_i = N^1 c_i$$

Dies ist der erste Schritt im Differentiationsprozess (3.16a) und damit ist der erste Schritt der Induktion abgeschlossen. Im nächsten Schritt der Induktion wird obiges Ergebnis verallgemeinert angeschrieben und einmal abgeleitet[9]:

$$\overset{(\nu)}{y_i} = N^\nu c_i$$

$$\overset{(\nu+1)}{y_i} = \left(\frac{d}{dt} N^\nu c_i \right) (\mathbf{x}, \mathbf{z}, \mathbf{u})$$

$$= \frac{\partial}{\partial \mathbf{x}} (N^\nu c_i) \, \dot{\mathbf{x}} + \frac{\partial}{\partial \mathbf{z}} (N^\nu c_i) \, \dot{\mathbf{z}} + \frac{\partial}{\partial \mathbf{u}} (N^\nu c_i) \, \dot{\mathbf{u}} = \cdots \text{s. Gl. (3.9)} \cdots$$

$$= \frac{\partial}{\partial \mathbf{x}} (N^\nu c_i) \, \dot{\mathbf{x}} - \frac{\partial}{\partial \mathbf{z}} (N^\nu c_i) \left(\frac{\partial \mathbf{g}_{k-1}}{\partial \mathbf{z}} \right)^{-1} \left[\frac{\partial \mathbf{g}_{k-1}}{\partial \mathbf{x}} \, \dot{\mathbf{x}} + \frac{\partial \mathbf{g}_{k-1}}{\partial \mathbf{u}} \, \dot{\mathbf{u}} \right]$$

$$+ \frac{\partial}{\partial \mathbf{u}} (N^\nu c_i) \, \dot{\mathbf{u}}$$

$$= \left[\frac{\partial}{\partial \mathbf{x}} (N^\nu c_i) - \frac{\partial}{\partial \mathbf{z}} (N^\nu c_i) \left(\frac{\partial \mathbf{g}_{k-1}}{\partial \mathbf{z}} \right)^{-1} \frac{\partial \mathbf{g}_{k-1}}{\partial \mathbf{x}} \right] \dot{\mathbf{x}}$$

$$+ \left[\frac{\partial}{\partial \mathbf{u}} (N^\nu c_i) - \frac{\partial}{\partial \mathbf{z}} (N^\nu c_i) \left(\frac{\partial \mathbf{g}_{k-1}}{\partial \mathbf{z}} \right)^{-1} \frac{\partial \mathbf{g}_{k-1}}{\partial \mathbf{u}} \right] \dot{\mathbf{u}}$$

$$= \cdots \text{s. Gln. (3.13), (3.14)} \cdots$$

$$= (N^\nu c_i)' \, \dot{\mathbf{x}} + (M^\nu c_i)' \, \dot{\mathbf{u}}$$

$$= N^{\nu+1} c_i$$

Damit ist die Richtigkeit der Rekursion (3.16a) gezeigt; diese Rekursion endet mit $\overset{(\gamma_i - 1)}{y_i} = N^{\gamma_i - 1} c_i$, woraus der nächste Differentiationsschritt

---

[9]In diesen Berechnungen verschwinden wegen der Beziehung (3.15) zur Ermittlung des Ableitungsgrades die beiden Faktoren $(N^\nu c_i)' \mathbf{B}$ und $(M^\nu c_i)'$

$$\overset{(\gamma_i)}{y_i} = \left(\frac{d}{dt} N^{\gamma_i-1} c_i \right)(\mathbf{x}, \mathbf{z}, \mathbf{u})$$

$$= \frac{\partial}{\partial \mathbf{x}}(N^{\gamma_i-1} c_i)\,\dot{\mathbf{x}} + \frac{\partial}{\partial \mathbf{z}}(N^{\gamma_i-1} c_i)\,\dot{\mathbf{z}} + \frac{\partial}{\partial \mathbf{u}}(N^{\gamma_i-1} c_i)\,\dot{\mathbf{u}}$$

$$= \cdots \text{s. oben} \cdots$$

$$= \left[\frac{\partial}{\partial \mathbf{x}}(N^{\gamma_i-1} c_i) - \frac{\partial}{\partial \mathbf{z}}(N^{\gamma_i-1} c_i)\left(\frac{\partial \mathbf{g}_{k-1}}{\partial \mathbf{z}} \right)^{-1} \frac{\partial \mathbf{g}_{k-1}}{\partial \mathbf{x}} \right] \dot{\mathbf{x}}$$

$$+ \left[\frac{\partial}{\partial \mathbf{u}}(N^{\gamma_i-1} c_i) - \frac{\partial}{\partial \mathbf{z}}(N^{\gamma_i-1} c_i)\left(\frac{\partial \mathbf{g}_{k-1}}{\partial \mathbf{z}} \right)^{-1} \frac{\partial \mathbf{g}_{k-1}}{\partial \mathbf{u}} \right] \dot{\mathbf{u}}$$

$$= (N^{\gamma_i-1} c_i)'\,\dot{\mathbf{x}} + (M^{\gamma_i-1} c_i)'\,\dot{\mathbf{u}} = N^{\gamma_i} c_i + (M^{\gamma_i-1} c_i)'\,\dot{\mathbf{u}}$$

mit der Ableitung (3.16b) übereinstimmt; in diesem letzten Schritt ist zu beachten, dass – mit Blick auf Relation (3.15) zur Ermittlung des Ableitungsgrades – die Faktoren $(N^{\gamma_1-1} c_i)'\,\mathbf{B}$ und $(M^{\gamma_i-1} c_i)'$ nicht gleichzeitig verschwinden.

C.3   Scheitern der statischen Rückkopplung

Gegenstand dieses Abschnitts ist der Beweis der Behauptung 3.3, mit der festgestellt werden kann, ob eine statische Rückkopplung der Deskriptorvariablen für ein semi-explizites Deskriptormodell im geschlossenen Kreis eine algebraische Schleife erzeugt und daher nicht betreibbar ist.

Um die folgenden Ausführungen übersichtlich zu gestalten, werden die Vektoren $(N^{\gamma_i} c_i)'$ der Def. (3.13) und die Vektoren $(M^{\gamma_i} c_i)'$ der Def. (3.14) zu Matrizen zusammengefasst

$$(\mathbf{N}^{\gamma}\mathbf{c})' := \begin{bmatrix} (N^{\gamma_1} c_1)' \\ \vdots \\ (N^{\gamma_m} c_m)' \end{bmatrix} \quad \text{bzw.} \quad (\mathbf{M}^{\gamma}\mathbf{c})' := \begin{bmatrix} (M^{\gamma_1} c_1)' \\ \vdots \\ (M^{\gamma_m} c_m)' \end{bmatrix} \tag{C.17}$$

und zwei Abkürzungen eingeführt:

$$\widehat{\mathbf{N}} := \frac{\partial \widehat{\boldsymbol{\alpha}}}{\partial \mathbf{x}} - \frac{\partial \widehat{\boldsymbol{\alpha}}}{\partial \mathbf{z}}\left(\frac{\partial \mathbf{g}_{k-1}}{\partial \mathbf{z}} \right)^{-1} \frac{\partial \mathbf{g}_{k-1}}{\partial \mathbf{x}} \quad \text{bzw.} \quad \widehat{\mathbf{M}} := -\frac{\partial \widehat{\boldsymbol{\alpha}}}{\partial \mathbf{z}}\left(\frac{\partial \mathbf{g}_{k-1}}{\partial \mathbf{z}} \right)^{-1} \frac{\partial \mathbf{g}_{k-1}}{\partial \mathbf{u}} \tag{C.18}$$

Ausgangspunkt ist Gl. (3.23) für den Entwurf einer Rückführung bzw. die unter Beachtung von $\widetilde{\mathbf{D}} = \mathbf{0}$ für eine statische Rückführung reduzierte Entwurfsgleichung (3.35):

$$\overset{(\gamma)}{\mathbf{y}} = N^{\gamma}\mathbf{c} = \widehat{\mathbf{c}}(\mathbf{x}, \mathbf{z}) + \widehat{\mathbf{D}}(\mathbf{x}, \mathbf{z})\mathbf{u} = -\widehat{\boldsymbol{\alpha}}(\mathbf{x}, \mathbf{z}) + \boldsymbol{\Lambda}\mathbf{v} \tag{C.19}$$

Der Term $N^{\gamma}\mathbf{c}$ ergibt sich aus den Ableitungen (3.16b) unter Beachtung von $(M^{\gamma-1}\mathbf{c})' = \mathbf{0}$. Die algebraische Variable $\mathbf{z}$ ist i. A. nur implizit gegeben, ihre Ableitung $\dot{\mathbf{z}}$ ist mit Gl. (3.9) aber explizit bekannt, sodass es zweckmäßig ist, die Gl. (C.19) noch einmal abzuleiten, um den Einfluss von $\mathbf{z}$ auf die statische Rückführung $\mathbf{u}$ zu analysieren:

$$\overset{(\gamma+1)}{\mathbf{y}} = \left(\frac{d}{dt} \mathbf{N}^\gamma \mathbf{c} \right) (\mathbf{x}, \mathbf{z}, \mathbf{u})$$

$$= \frac{\partial}{\partial \mathbf{x}} (\mathbf{N}^\gamma \mathbf{c}) \, \dot{\mathbf{x}} + \frac{\partial}{\partial \mathbf{z}} (\mathbf{N}^\gamma \mathbf{c}) \, \dot{\mathbf{z}} + \frac{\partial}{\partial \mathbf{u}} (\mathbf{N}^\gamma \mathbf{c}) \, \dot{\mathbf{u}} = \cdots \text{s. Gl. (3.9)} \cdots$$

$$= \frac{\partial}{\partial \mathbf{x}} (\mathbf{N}^\gamma \mathbf{c}) \, \dot{\mathbf{x}} - \frac{\partial}{\partial \mathbf{z}} (\mathbf{N}^\gamma \mathbf{c}) \left(\frac{\partial \mathbf{g}_{k-1}}{\partial \mathbf{z}} \right)^{-1} \left[\frac{\partial \mathbf{g}_{k-1}}{\partial \mathbf{x}} \, \dot{\mathbf{x}} + \frac{\partial \mathbf{g}_{k-1}}{\partial \mathbf{u}} \, \dot{\mathbf{u}} \right]$$

$$+ \frac{\partial}{\partial \mathbf{u}} (\mathbf{N}^\gamma \mathbf{c}) \, \dot{\mathbf{u}}$$

$$= \left[\frac{\partial}{\partial \mathbf{x}} (\mathbf{N}^\gamma \mathbf{c}) - \frac{\partial}{\partial \mathbf{z}} (\mathbf{N}^\gamma \mathbf{c}) \left(\frac{\partial \mathbf{g}_{k-1}}{\partial \mathbf{z}} \right)^{-1} \frac{\partial \mathbf{g}_{k-1}}{\partial \mathbf{x}} \right] \dot{\mathbf{x}}$$

$$+ \left[\frac{\partial}{\partial \mathbf{u}} (\mathbf{N}^\gamma \mathbf{c}) - \frac{\partial}{\partial \mathbf{z}} (\mathbf{N}^\gamma \mathbf{c}) \left(\frac{\partial \mathbf{g}_{k-1}}{\partial \mathbf{z}} \right)^{-1} \frac{\partial \mathbf{g}_{k-1}}{\partial \mathbf{u}} \right] \dot{\mathbf{u}}$$

$$= \cdots \text{s. Gln. (3.13), (3.14), (C.17)} \cdots$$

$$= (\mathbf{N}^\gamma \mathbf{c})' \, \dot{\mathbf{x}} + (\mathbf{M}^\gamma \mathbf{c})' \, \dot{\mathbf{u}}$$

$$= \cdots \text{rechte Seite von Gl. (C.19) abgeleitet} \cdots$$

$$= \frac{d}{dt} (-\widehat{\boldsymbol{\alpha}}(\mathbf{x}, \mathbf{z}) + \boldsymbol{\Lambda} \mathbf{v})$$

$$= -\frac{\partial \widehat{\boldsymbol{\alpha}}}{\partial \mathbf{x}} \, \dot{\mathbf{x}} - \frac{\partial \widehat{\boldsymbol{\alpha}}}{\partial \mathbf{z}} \, \dot{\mathbf{z}} + \boldsymbol{\Lambda} \dot{\mathbf{v}} = \cdots \text{s. Gl. (3.9)} \cdots$$

$$= -\frac{\partial \widehat{\boldsymbol{\alpha}}}{\partial \mathbf{x}} \, \dot{\mathbf{x}} + \frac{\partial \widehat{\boldsymbol{\alpha}}}{\partial \mathbf{z}} \left(\frac{\partial \mathbf{g}_{k-1}}{\partial \mathbf{z}} \right)^{-1} \left[\frac{\partial \mathbf{g}_{k-1}}{\partial \mathbf{x}} \, \dot{\mathbf{x}} + \frac{\partial \mathbf{g}_{k-1}}{\partial \mathbf{u}} \, \dot{\mathbf{u}} \right] + \boldsymbol{\Lambda} \dot{\mathbf{v}}$$

$$= -\left[\frac{\partial \widehat{\boldsymbol{\alpha}}}{\partial \mathbf{x}} - \frac{\partial \widehat{\boldsymbol{\alpha}}}{\partial \mathbf{z}} \left(\frac{\partial \mathbf{g}_{k-1}}{\partial \mathbf{z}} \right)^{-1} \frac{\partial \mathbf{g}_{k-1}}{\partial \mathbf{x}} \right] \dot{\mathbf{x}}$$

$$- \left[-\frac{\partial \widehat{\boldsymbol{\alpha}}}{\partial \mathbf{z}} \left(\frac{\partial \mathbf{g}_{k-1}}{\partial \mathbf{z}} \right)^{-1} \frac{\partial \mathbf{g}_{k-1}}{\partial \mathbf{u}} \right] \dot{\mathbf{u}} + \boldsymbol{\Lambda} \dot{\mathbf{v}}$$

$$= \cdots \text{s. Gl. (C.18)} \cdots$$

$$= -\widehat{\mathbf{N}} \dot{\mathbf{x}} - \widehat{\mathbf{M}} \dot{\mathbf{u}}$$

Nach diesen Umformungen lautet die abgeleitete Entwurfsgleichung nunmehr:

$$\left[(\mathbf{N}^\gamma \mathbf{c})' + \widehat{\mathbf{N}} \right] \dot{\mathbf{x}} + \left[(\mathbf{M}^\gamma \mathbf{c})' + \widehat{\mathbf{M}} \right] \dot{\mathbf{u}} = \boldsymbol{\Lambda} \dot{\mathbf{v}} \tag{C.20}$$

Bislang blieb der Ausdruck $\widehat{\mathbf{c}} + \widehat{\mathbf{D}} \mathbf{u}$ in Gl. (C.19) noch unberücksichtigt: er besagt, dass die γ_i-fachen Ableitungen der Ausgangsgrößen y_i nur von $\mathbf{u}$ und nicht von $\dot{\mathbf{u}}$ abhängen dürfen

– andernfalls würde sie für die Ermittlung einer statischen Rückführung nicht geeignet sein. Im Ansatz (3.22) für die geforderte Kanaldynamik sind mit $\widehat{\boldsymbol{\alpha}}$ die Summen der gewichteten Ableitungen der Ausgangsgrößen von der 0-ten bis zur $(\gamma_i - 1)$-ten zusammengefasst. Es ist zu untersuchen, welchen Bedingungen $\widehat{\boldsymbol{\alpha}}$ unterliegen muss, um ein Einfließen von $\dot{\mathbf{u}}$ in die γ_i-fachen Ableitungen der Ausgangsgrößen y_i zu unterbinden.

Wegen der vorausgesetzten Regularität und Realisierbarkeit des zugrunde liegenden Deskriptormodells ist ein Aufscheinen von $\mathbf{z}$ in $\widehat{\boldsymbol{\alpha}}$ allenfalls in den $(\gamma_i - 1)$-ten Ableitungen aller Ausgangsgrößen y_i von Bedeutung; ist das der Fall, gilt für die (γ_i)-te Ableitung:

$$
\begin{aligned}
\overset{(\gamma_i)}{y_i} &= \left(\frac{d}{dt} \overset{(\gamma_i-1)}{y_i} \right)(\mathbf{x}, \mathbf{z}) \\
&= \frac{\partial}{\partial \mathbf{x}} \left(\overset{(\gamma_i-1)}{y_i} \right) \dot{\mathbf{x}} + \frac{\partial}{\partial \mathbf{z}} \left(\overset{(\gamma_i-1)}{y_i} \right) \dot{\mathbf{z}} \\
&= \frac{\partial}{\partial \mathbf{x}} \left(\overset{(\gamma_i-1)}{y_i} \right) \dot{\mathbf{x}} - \frac{\partial}{\partial \mathbf{z}} \left(\overset{(\gamma_i-1)}{y_i} \right) \left(\frac{\partial \mathbf{g}_{k-1}}{\partial \mathbf{z}} \right)^{-1} \left[\frac{\partial \mathbf{g}_{k-1}}{\partial \mathbf{x}} \dot{\mathbf{x}} + \frac{\partial \mathbf{g}_{k-1}}{\partial \mathbf{u}} \dot{\mathbf{u}} \right]
\end{aligned}
$$

Da $\dot{\mathbf{u}}$ in obiger Ableitung gemäß Annahme nicht auftritt, muss für den Zeilenvektor

$$
\frac{\partial}{\partial \mathbf{z}} \left(\overset{(\gamma_i-1)}{y_i} \right) \left(\frac{\partial \mathbf{g}_{k-1}}{\partial \mathbf{z}} \right)^{-1} \frac{\partial \mathbf{g}_{k-1}}{\partial \mathbf{u}} = \mathbf{0}
$$

gegolten haben; in Übereinstimmung mit den obigen Bemerkungen bezüglich des Auftretens von $\mathbf{z}$ in $\widehat{\boldsymbol{\alpha}}$ gilt überdies die Identität

$$
\frac{\partial}{\partial \mathbf{z}} \left(\overset{(\gamma_i-1)}{y_i} \right) \equiv \frac{\partial \widehat{\alpha}_i}{\partial \mathbf{z}},
$$

so dass das Ergebnis für alle $i = 1, \ldots, m$ zusammengefasst in der matrixwertigen Bedingung

$$
\frac{\partial \widehat{\boldsymbol{\alpha}}}{\partial \mathbf{z}} \left(\frac{\partial \mathbf{g}_{k-1}}{\partial \mathbf{z}} \right)^{-1} \frac{\partial \mathbf{g}_{k-1}}{\partial \mathbf{u}} = \mathbf{0}
$$

mündet. Damit ist gezeigt, dass im Zuge des Entwurfs einer statischen Rückführung die Bedingung $\widehat{\mathbf{M}} = \mathbf{0}$ gilt und die zugehörige abgeleitete Entwurfsgleichung (C.20) die Form

$$
\left[(\mathbf{N}^{\gamma} \mathbf{c})' + \widehat{\mathbf{N}} \right] \dot{\mathbf{x}} + (\mathbf{M}^{\gamma} \mathbf{c})' \dot{\mathbf{u}} = \mathbf{0} \tag{C.21}
$$

annimmt, worin ohne Einschränkung der daraus folgenden Konsequenzen für die externe Eingangsgröße $\mathbf{v} = \mathbf{0}$ gesetzt wurde; damit und mit der implizit gegebenen Lösung $\mathbf{z} = \mathbf{z}(\mathbf{x}, \mathbf{u})$ der algebraischen Gleichung des semi-expliziten Deskriptormodells lautet die Entwurfsgleichung (C.19):

$$
\widehat{\mathbf{c}}(\mathbf{x}, \mathbf{z}(\mathbf{x}, \mathbf{u})) + \widehat{\mathbf{D}}(\mathbf{x}, \mathbf{z}(\mathbf{x}, \mathbf{u}))\mathbf{u} + \widehat{\boldsymbol{\alpha}}(\mathbf{x}, \mathbf{z}(\mathbf{x}, \mathbf{u})) = \mathbf{0} \tag{C.22}
$$

Wie in [36] gezeigt wurde, folgt aus der eindeutigen Existenz der implizit gegebenen Lösung $\mathbf{u}(\mathbf{x})$ der Entwurfsgleichung (C.22) auch die Eindeutigkeit ihrer Ableitung:

$$\mathbf{u}' = \frac{\partial \mathbf{u}}{\partial \mathbf{x}}$$

Im Sinne der Aussagenlogik gilt die Verknüpfung $\exists \mathbf{u} \implies \exists \mathbf{u}'$, die weiter unten in ihrer negierten Form[10]

$$\neg \exists \mathbf{u} \Longleftarrow \neg \exists \mathbf{u}'$$

gebraucht wird. Wenn nun $\dot{\mathbf{u}}$ in Gl. (C.21) nicht existiert, genau dann existiert auch $\mathbf{u}'$ nicht, weil $\dot{\mathbf{u}} = \mathbf{u}'\dot{\mathbf{x}}$ gilt, aber $\dot{\mathbf{x}}$ existiert

$$\neg \exists \dot{\mathbf{u}} \Longleftrightarrow \neg \exists \mathbf{u}'$$

und Gl. (C.21) besitzt genau dann keine eindeutige Lösung für $\dot{\mathbf{u}}$, wenn die Matrix $(\mathbf{M}^\gamma \mathbf{c})'$ singulär ist

$$\neg \exists [(\mathbf{M}^\gamma \mathbf{c})']^{-1} \Longleftrightarrow \neg \exists \dot{\mathbf{u}}$$

Insgesamt beweist die folgende Schlusskette die Behauptung 3.3:

$$\neg \exists [(\mathbf{M}^\gamma \mathbf{c})']^{-1} \Longleftrightarrow \neg \exists \dot{\mathbf{u}} \Longleftrightarrow \neg \exists \mathbf{u}' \implies \neg \exists \mathbf{u}$$

C.4   Reduzierte Beobachter-Verstärkung

Gegenstand dieses Abschnitts ist die Herleitung der reduzierten Beobachter-Verstärkung (4.25), die über die Pseudo-Inverse der reduzierten Beobachtbarkeitsmatrix (4.24) berechnet werden kann. Dabei wird angenommen, dass alle angesprochenen Funktionen und Vektorfelder hinreichend glatt sind.

• Ausgangspunkt ist die Verstärkung $\mathbf{k}_H$ im Beobachter (4.22) für den **SISO**-Fall

$$\mathbf{k}_H = \mathbf{Q}^{-1}(\widehat{\mathbf{w}}) \, \mathbf{k}_0 = \mathbf{Q}^{-1}(\widehat{\mathbf{w}}) \begin{bmatrix} \mathbf{k} \\ \mathbf{0} \end{bmatrix} \qquad (C.23)$$

mit der Matrix $\mathbf{Q}$ als JACOBI-Matrix der Variablentransformation und der LUENBERGER-Verstärkung $\mathbf{k}$; die Matrix $\mathbf{Q}$ (vgl. Struktur (4.23)) wird in eine „leicht berechenbare" Teilmatrix $\mathbf{Q}_R$ und eine „schwer berechenbare" Teilmatrix $\mathbf{R}$ aufgespalten (das Zeichen $\widehat{}$ ist für die folgenden Abhandlungen unerheblich):

$$\mathbf{Q}(\mathbf{w}) = \begin{bmatrix} \mathbf{Q}_R(\mathbf{w}) \\ \mathbf{R}(\mathbf{w}) \end{bmatrix} \qquad (C.24)$$

Die $(\gamma \times \hat{n})$-dimensionale reduzierte Beobachtbarkeitsmatrix $\mathbf{Q}_R$ und die $((\hat{n} - \gamma) \times \hat{n})$-dimensionale Restmatrix $\mathbf{R}$ sind über ihre Zeilenvektoren folgendermaßen aufgebaut:

---

[10]Hierin hat $\neg \exists \{\cdot\}$ die Bedeutung von $\{\cdot\}$ existiert nicht bzw. existiert nicht eindeutig.

$$\mathbf{Q}_R(\mathbf{w}) = \begin{bmatrix} \dfrac{\partial}{\partial \mathbf{w}} N^0 c(\mathbf{w}) \\ \vdots \\ \dfrac{\partial}{\partial \mathbf{w}} N^{\gamma-1} c(\mathbf{w}) \end{bmatrix} =: \begin{bmatrix} \rho_1^T(\mathbf{w}) \\ \vdots \\ \rho_\gamma^T(\mathbf{w}) \end{bmatrix}$$

$$\mathbf{R}(\mathbf{w}) = \begin{bmatrix} \dfrac{\partial}{\partial \mathbf{w}} \varphi_{\gamma+1}(\mathbf{w}) \\ \vdots \\ \dfrac{\partial}{\partial \mathbf{w}} \varphi_{\hat{n}}(\mathbf{w}) \end{bmatrix} \tag{C.25}$$

Regularität der Matrix Q

Mit der Voraussetzung, dass der Ableitungsgrad γ existiert, sind die Vektoren ρ_i (die Vektorfelder für einen festen Punkt $\mathbf{w}$) in der Matrix $\mathbf{Q}_R$ linear unabhängig und spannen einen von $\mathbf{w}$ abhängigen Unterraum des $\mathbb{R}^{\hat{n}}$ (eine Distribution $\mathbf{D}$)

$$\mathbf{D} = \mathrm{span}\left\{\rho_1, \dots, \rho_\gamma\right\}$$

auf, der von konstanter Dimension $\dim\{\mathbf{D}\} = \gamma$ und deswegen *regulär* ist [31]. Die zugehörige Kodistribution $\mathbf{D}^\perp$

$$\mathbf{D}^\perp = \mathrm{span}\left\{\varrho_1, \dots, \varrho_{\hat{n}-\gamma}\right\}$$

ist ebenfalls *regulär*; für sie gilt per Konstruktion:

$$\varrho_j^T \rho_i = 0 \qquad \text{für } i = 1, \dots, \gamma; \quad j = 1, \dots, \hat{n} - \gamma \tag{C.26}$$

An dieser Stelle ist vorauszusetzen, dass die Distribution $\mathbf{D}$ *involutiv*[11] ist, dass heißt, für jedes Paar von Vektoren ρ_k, ρ_l aus $\mathbf{D}$ liegt ihre LIE-Klammer $[\![\rho_k, \rho_l]\!]$ ebenfalls in $\mathbf{D}$:

$$\rho_k, \rho_l \in \mathbf{D} \Longrightarrow [\![\rho_k, \rho_l]\!] := \frac{\partial \rho_l}{\partial \mathbf{w}} \rho_k - \frac{\partial \rho_k}{\partial \mathbf{w}} \rho_l \in \mathbf{D}$$

Denn damit ist nach dem Theorem von FROBENIUS die Distribution auch *vollständig integrierbar*, das heißt, es existieren Funktionen $\kappa_1, \dots, \kappa_{\hat{n}-\gamma}$ als Lösung der partiellen Dgln.

$$\frac{\partial \kappa_j(\mathbf{w})}{\partial \mathbf{w}} \left[\rho_1(\mathbf{w}), \dots, \rho_\gamma(\mathbf{w})\right] = 0 \qquad j = 1, \dots, \hat{n} - \gamma$$

mit linear unabhängigen Gradienten [31]; mit Blick auf die Verknüpfung (C.26) für die Konstruktion der Kodistribution $\mathbf{D}^\perp$ sind diese Gradienten die zu $\mathbf{D}^\perp$ gehörigen Kovektoren ϱ_j, so dass mit $\varphi_{\gamma+j}(\mathbf{w}) = \kappa_j(\mathbf{w})$ für $j = 1, \dots, \hat{n} - \gamma$ die Matrix $\mathbf{R}$ gemäß (C.25) gebildet werden kann. Letztlich ist dadurch sichergestellt, dass die Matrix $\mathbf{Q}$ regulär ist

---

[11] Man kann diese Eigenschaft als eine Verallgemeinerung der Vertauschbarkeit von partiellen Ableitungen auffassen.

$$\mathrm{rang}\,\{\mathbf{Q}\} = \hat{n}$$

und die Beobachter-Verstärkung (C.23) berechnet werden kann. Darüber hinaus ist

$$\boldsymbol{\xi} = \boldsymbol{\varphi}(\mathbf{w}) = \begin{bmatrix} N^0 c(\mathbf{w}) \\ \vdots \\ N^{\gamma-1} c(\mathbf{w}) \\ \varphi_{\gamma+1}(\mathbf{w}) \\ \vdots \\ \varphi_{\hat{n}}(\mathbf{w}) \end{bmatrix}$$

ein (lokaler) Diffeomorphismus [66].

Reduzierte Beobachter-Verstärkung

Die Untersuchung wird nun fortgesetzt mit der Singulärwertzerlegung der reduzierten Beobachtbarkeitsmatrix $\mathbf{Q}_R$

$$\mathbf{Q}_R(\mathbf{w}) = \mathbf{U}(\mathbf{w})\mathbf{S}(\mathbf{w})\mathbf{V}^T(\mathbf{w})$$

mit orthogonalen Matrizen $\mathbf{U}(\mathbf{w})$ und $\mathbf{V}(\mathbf{w})$ mit den Dimensionen $(\gamma \times \gamma)$ bzw. $(\hat{n} \times \hat{n})$; in der $(\gamma \times \hat{n})$-dimensionalen Matrix $\mathbf{S}(\mathbf{w}) = [\boldsymbol{\Sigma}(\mathbf{w}),\, \mathbf{0}]$ ist $\boldsymbol{\Sigma}(\mathbf{w})$ die reguläre Diagonalmatrix der Singulärwerte.

Die Verknüpfung (C.26) kann reformuliert werden in (ab jetzt ohne Argument $\mathbf{w}$ wegen einer deutlicheren Sicht)

$$\mathbf{R}\mathbf{Q}_R^T = \mathbf{0} \quad \Longrightarrow \quad \mathbf{R}\mathbf{V}\mathbf{S}^T\mathbf{U}^T = \mathbf{0},$$

woraus mit der Abkürzung

$$\mathbf{R}\mathbf{V} =: \tilde{\mathbf{R}} = [\mathbf{R}_1, \mathbf{R}_2] \quad \Longrightarrow \quad \mathbf{R} = \tilde{\mathbf{R}}\mathbf{V}^{-1} = [\mathbf{R}_1, \mathbf{R}_2]\mathbf{V}^T$$

und in weiterer Folge

$$[\mathbf{R}_1, \mathbf{R}_2]\mathbf{S}^T\mathbf{U}^T = [\mathbf{R}_1, \mathbf{R}_2]\begin{bmatrix} \boldsymbol{\Sigma}\mathbf{U}^T \\ \mathbf{0} \end{bmatrix} = \mathbf{R}_1\boldsymbol{\Sigma}\mathbf{U}^T = \mathbf{0} \quad \Longrightarrow \quad \mathbf{R}_1 = \mathbf{0}.$$

Mit dem Zwischenergebnis $\mathbf{R}_1 = \mathbf{0}$ kann nun für die Matrix (C.24)

$$\mathbf{Q} = \begin{bmatrix} \mathbf{Q}_R \\ \mathbf{R} \end{bmatrix} = \begin{bmatrix} \mathbf{U}\mathbf{S}\mathbf{V}^T \\ \tilde{\mathbf{R}}\mathbf{V}^T \end{bmatrix} = \begin{bmatrix} \mathbf{U}\boldsymbol{\Sigma} & \mathbf{0} \\ \mathbf{0} & \mathbf{R}_2 \end{bmatrix}\mathbf{V}^T$$

geschrieben werden; aus der oben gezeigten Regularität der Matrix $\mathbf{Q}$ folgt nun auch die Regularität der Matrix $\mathbf{R}_2$, so dass die Beobachter-Verstärkung (C.23) weiter analysiert werden kann:

$$\mathbf{k}_H = \mathbf{Q}^{-1} \begin{bmatrix} \mathbf{k} \\ \mathbf{0} \end{bmatrix} = \mathbf{V} \begin{bmatrix} (\mathbf{U}\boldsymbol{\Sigma})^{-1} & \mathbf{0} \\ \mathbf{0} & (\mathbf{R}_2)^{-1} \end{bmatrix} \begin{bmatrix} \mathbf{k} \\ \mathbf{0} \end{bmatrix} = \mathbf{V} \begin{bmatrix} \boldsymbol{\Sigma}^{-1} \\ \mathbf{0} \end{bmatrix} \mathbf{U}^T \mathbf{k} = \mathbf{Q}_R^+ \, \mathbf{k}$$

Die Matrix $\mathbf{Q}_R^+$ ist die MOORE- PENROSE-Inverse bzw. die Pseudo-Inverse der Matrix $\mathbf{Q}_R$ ausgedrückt mit Hilfe der Transformationsmatrizen [5]:

$$\mathbf{Q}_R^+(\mathbf{w}) = \mathbf{Q}_R^T(\mathbf{w}) \left[\mathbf{Q}_R(\mathbf{w}) \, \mathbf{Q}_R^T(\mathbf{w}) \right]^{-1}$$

• Ist die Verstärkungsmatrix $\mathbf{K}_{HR}$ (4.63) für den **MIMO**-Fall zu ermitteln, gilt für die reduzierte Beobachtbarkeitsmatrix $\mathbf{Q}_R$

$$\mathbf{Q}_R(\mathbf{w}) = \begin{bmatrix} \mathbf{Q}_{R,1}(\mathbf{w}) \\ \vdots \\ \mathbf{Q}_{R,m}(\mathbf{w}) \end{bmatrix} = \begin{bmatrix} \dfrac{\partial}{\partial \mathbf{w}} N^0 c_1(\mathbf{w}) \\ \vdots \\ \dfrac{\partial}{\partial \mathbf{w}} N^{\gamma_1 - 1} c_1(\mathbf{w}) \\ \vdots \\ \dfrac{\partial}{\partial \mathbf{w}} N^0 c_m(\mathbf{w}) \\ \vdots \\ \dfrac{\partial}{\partial \mathbf{w}} N^{\gamma_m - 1} c_m(\mathbf{w}) \end{bmatrix} = \begin{bmatrix} \boldsymbol{\rho}_1^T(\mathbf{w}) \\ \vdots \\ \boldsymbol{\rho}_{\gamma_1}^T(\mathbf{w}) \\ \vdots \\ \boldsymbol{\rho}_{\gamma - \gamma_m + 1}^T(\mathbf{w}) \\ \vdots \\ \boldsymbol{\rho}_\gamma^T(\mathbf{w}) \end{bmatrix}$$

Das explizite Modell (4.57) als Basismodell für den MIMO-Beobachter (4.60) wird als Zustandsmodell betrachtet, in dem der vektorielle Ableitungsgrad $\boldsymbol{\gamma}$ (3.19) existiert – hier gilt dies wegen der Einschränkung der Modellklasse auf solche, für die eine linearisierte und entkoppelte Kanaldynamik mit einer statischen Rückkopplung realisiert werden kann, auch für den vektoriellen relativen Grad (3.20) $\mathbf{r} = \boldsymbol{\gamma}$. Dann sind die Vektoren $\boldsymbol{\rho}_1^T(\mathbf{w}), \ldots, \boldsymbol{\rho}_\gamma^T(\mathbf{w})$ für ein festes $\mathbf{w}$ linear unabhängig [31]; die obigen Rechenschritte zur reduzierten Beobachter-Verstärkung im SISO-Fall können in analoger Weise ausgeführt werden.

C.5   MIMO-Beobachter: Fehlermodell

C.5.1   Deskriptor-Kontrollbeobachter

In diesem Abschnitt wird das Stabilitätsverhalten in einer Umgebung der Ruhelage des MIMO-Gesamtsystems mit **Deskriptor-Kontrollbeobachter** gemäß Abb. C.5 untersucht; es wird der gleiche Weg verfolgt, der im Abschn. 4.1.6 bei der Untersuchung der Stabilität der Fehlerdynamik im SISO-Fall eingeschlagen wurde.

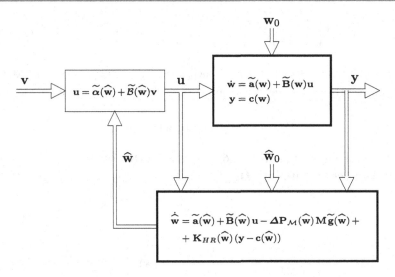

Abb. C.5 Explizites Deskriptormodell mit Deskriptor-Kontrollbeobachter im MIMO-Fall

Die dort gemachten Voraussetzungen bezüglich der TAYLOR-Reihenentwicklung seien im Sinne der Anwendung auch hier erfüllt; aus dem mathematischen Modell (es ist vollständig in Abb. C.5 ersichtlich) folgt für eine ins Auge gefasste Ruhelage

$$\widehat{\mathbf{w}}(t) = \mathbf{w}(t) = \mathbf{w}_R$$

die Bestimmungsgleichung für die Ruhelage $\mathbf{w}_R$ in Abhängigkeit von der konstanten Eingangsgröße $\mathbf{v}(t) = \mathbf{v}_R$:

$$0 = \widetilde{\mathbf{a}}(\mathbf{w}_R) + \widetilde{\mathbf{B}}(\mathbf{w}_R)[\widetilde{\boldsymbol{\alpha}}(\widehat{\mathbf{w}}_R) + \widetilde{\mathcal{B}}(\widehat{\mathbf{w}}_R)\mathbf{v}_R] \tag{C.27}$$

Mit den Transformationen

$$\widehat{\mathbf{w}}(t) = \mathbf{w}_R + \mathbf{e}$$
$$\mathbf{w}(t) = \mathbf{w}_R + \boldsymbol{\epsilon}$$

werden die Abweichungen $\mathbf{e}$ und $\boldsymbol{\epsilon}$ von der Ruhelage im Beobachter bzw. im Prozessmodell erfasst. In Analogie zur Herleitung der Fehlerdynamik (4.39) wird nun die Dynamik dieser Abweichungen in erster Näherung beschrieben.

• Die Berechnungen gelten zunächst dem Schätzfehler $\boldsymbol{\epsilon}$:

$$\dot{\boldsymbol{\epsilon}}\Big|_{\substack{\mathbf{w}=\mathbf{w}_R+\boldsymbol{\epsilon}\\\widehat{\mathbf{w}}=\mathbf{w}_R+e}} = \widetilde{\mathbf{a}}(\mathbf{w}_R+\boldsymbol{\epsilon}) + \widetilde{\mathbf{B}}(\mathbf{w}_R+\boldsymbol{\epsilon})\left[\widetilde{\boldsymbol{\alpha}}(\mathbf{w}_R+\mathbf{e}) + \widetilde{\mathcal{B}}(\mathbf{w}_R+\mathbf{e})\right]\mathbf{v}_R$$

$$= \widetilde{\mathbf{a}}(\mathbf{w}_R+\boldsymbol{\epsilon}) + \widetilde{\mathbf{B}}(\mathbf{w}_R+\boldsymbol{\epsilon})\widetilde{\boldsymbol{\alpha}}(\mathbf{w}_R+\mathbf{e}) + \widetilde{\mathbf{B}}(\mathbf{w}_R+\boldsymbol{\epsilon})\widetilde{\mathcal{B}}(\mathbf{w}_R+\mathbf{e})\mathbf{v}_R \tag{C.28}$$

Es ist angebracht, an obigen Produktbildungen beteiligte Vektoren und Matrizen nach ihren Elementen aufzuschlüsseln:

$$
\widetilde{\mathcal{B}}(\mathbf{w}_R + \mathbf{e})\mathbf{v}_R = \left[\widetilde{\boldsymbol{\beta}}_1(\mathbf{w}_R + \mathbf{e}), \ldots, \widetilde{\boldsymbol{\beta}}_m(\mathbf{w}_R + \mathbf{e})\right] \begin{bmatrix} v_{1,R} \\ \vdots \\ v_{m,R} \end{bmatrix}
$$

$$
= \begin{bmatrix} \widetilde{\beta}_{11}(\mathbf{w}_R + \mathbf{e}) \\ \vdots \\ \widetilde{\beta}_{m1}(\mathbf{w}_R + \mathbf{e}) \end{bmatrix} v_{1,R} + \ldots + \begin{bmatrix} \widetilde{\beta}_{1m}(\mathbf{w}_R + \mathbf{e}) \\ \vdots \\ \widetilde{\beta}_{mm}(\mathbf{w}_R + \mathbf{e}) \end{bmatrix} v_{m,R}
$$

$$
\widetilde{\mathbf{B}}(\mathbf{w}_R + \boldsymbol{\epsilon})\widetilde{\mathcal{B}}(\mathbf{w}_R + \mathbf{e})\mathbf{v}_R = \left[\widetilde{\mathbf{b}}_1(\mathbf{w}_R + \boldsymbol{\epsilon}), \ldots, \widetilde{\mathbf{b}}_m(\mathbf{w}_R + \boldsymbol{\epsilon})\right] \widetilde{\mathcal{B}}(\mathbf{w}_R + \mathbf{e})\mathbf{v}_R
$$

$$
= \widetilde{\mathbf{b}}_1(\mathbf{w}_R + \boldsymbol{\epsilon})\widetilde{\beta}_{11}(\mathbf{w}_R + \mathbf{e})v_{1,R} + \ldots
$$
$$
+ \widetilde{\mathbf{b}}_m(\mathbf{w}_R + \boldsymbol{\epsilon})\widetilde{\beta}_{1m}(\mathbf{w}_R + \mathbf{e})v_{1,R}
$$
$$
+ \ldots
$$
$$
+ \widetilde{\mathbf{b}}_1(\mathbf{w}_R + \boldsymbol{\epsilon})\widetilde{\beta}_{1m}(\mathbf{w}_R + \mathbf{e})v_{m,R} + \ldots
$$
$$
+ \widetilde{\mathbf{b}}_m(\mathbf{w}_R + \boldsymbol{\epsilon})\widetilde{\beta}_{mm}(\mathbf{w}_R + \mathbf{e})v_{m,R}
$$
$$
\approx \left[\widetilde{\mathbf{b}}_1(\mathbf{w}_R) + \frac{\partial \widetilde{\mathbf{b}}_1}{\partial \mathbf{w}}\bigg|_{\mathbf{w}_R}\boldsymbol{\epsilon}\right]\left[\widetilde{\beta}_{11}(\mathbf{w}_R) + \frac{\partial \widetilde{\beta}_{11}}{\partial \mathbf{w}}\bigg|_{\mathbf{w}_R}\mathbf{e}\right]v_{1,R} + \ldots
$$
$$
+ \left[\widetilde{\mathbf{b}}_m(\mathbf{w}_R) + \frac{\partial \widetilde{\mathbf{b}}_m}{\partial \mathbf{w}}\bigg|_{\mathbf{w}_R}\boldsymbol{\epsilon}\right]\left[\widetilde{\beta}_{m1}(\mathbf{w}_R) + \frac{\partial \widetilde{\beta}_{m1}}{\partial \mathbf{w}}\bigg|_{\mathbf{w}_R}\mathbf{e}\right]v_{1,R} + \ldots
$$
$$
+ \left[\widetilde{\mathbf{b}}_1(\mathbf{w}_R) + \frac{\partial \widetilde{\mathbf{b}}_1}{\partial \mathbf{w}}\bigg|_{\mathbf{w}_R}\boldsymbol{\epsilon}\right]\left[\widetilde{\beta}_{1m}(\mathbf{w}_R) + \frac{\partial \widetilde{\beta}_{1m}}{\partial \mathbf{w}}\bigg|_{\mathbf{w}_R}\mathbf{e}\right]v_{m,R} + \ldots
$$

$$
+ \left[\widetilde{\mathbf{b}}_m(\mathbf{w}_R) + \left.\frac{\partial \widetilde{\mathbf{b}}_m}{\partial \mathbf{w}}\right|_{\mathbf{w}_R} \boldsymbol{\epsilon} \right] \left[\widetilde{\beta}_{mm}(\mathbf{w}_R) + \left.\frac{\partial \widetilde{\beta}_{mm}}{\partial \mathbf{w}}\right|_{\mathbf{w}_R} \mathbf{e} \right] v_{m,R}
$$

$$
\approx \widetilde{\mathbf{b}}_1(\mathbf{w}_R) \left[\widetilde{\beta}_{11}(\mathbf{w}_R) + \left.\frac{\partial \widetilde{\beta}_{11}}{\partial \mathbf{w}}\right|_{\mathbf{w}_R} \mathbf{e} \right] v_{1,R}
$$

$$
+ \left.\frac{\partial \widetilde{\mathbf{b}}_1}{\partial \mathbf{w}}\right|_{\mathbf{w}_R} \boldsymbol{\epsilon}\; \widetilde{\beta}_{11}(\mathbf{w}_R)\, v_{1,R} + \ldots
$$

$$
+ \widetilde{\mathbf{b}}_m(\mathbf{w}_R) \left[\widetilde{\beta}_{m1}(\mathbf{w}_R) + \left.\frac{\partial \widetilde{\beta}_{m1}}{\partial \mathbf{w}}\right|_{\mathbf{w}_R} \mathbf{e} \right] v_{1,R}
$$

$$
+ \left.\frac{\partial \widetilde{\mathbf{b}}_m}{\partial \mathbf{w}}\right|_{\mathbf{w}_R} \boldsymbol{\epsilon}\; \widetilde{\beta}_{m1}(\mathbf{w}_R)\, v_{1,R} + \ldots
$$

$$
+ \widetilde{\mathbf{b}}_1(\mathbf{w}_R) \left[\widetilde{\beta}_{1m}(\mathbf{w}_R) + \left.\frac{\partial \widetilde{\beta}_{1m}}{\partial \mathbf{w}}\right|_{\mathbf{w}_R} \mathbf{e} \right] v_{m,R}
$$

$$
+ \left.\frac{\partial \widetilde{\mathbf{b}}_1}{\partial \mathbf{w}}\right|_{\mathbf{w}_R} \boldsymbol{\epsilon}\; \widetilde{\beta}_{1m}(\mathbf{w}_R)\, v_{m,R} + \ldots
$$

$$
+ \widetilde{\mathbf{b}}_m(\mathbf{w}_R) \left[\widetilde{\beta}_{mm}(\mathbf{w}_R) + \left.\frac{\partial \widetilde{\beta}_{mm}}{\partial \mathbf{w}}\right|_{\mathbf{w}_R} \mathbf{e} \right] v_{m,R}
$$

$$
+ \left.\frac{\partial \widetilde{\mathbf{b}}_m}{\partial \mathbf{w}}\right|_{\mathbf{w}_R} \boldsymbol{\epsilon}\; \widetilde{\beta}_{mm}(\mathbf{w}_R)\, v_{m,R}
$$

$$
= \widetilde{\mathbf{b}}_1(\mathbf{w}_R) \sum_{i=1}^{m} \left[\widetilde{\beta}_{1i}(\mathbf{w}_R) + \left.\frac{\partial \widetilde{\beta}_{1i}}{\partial \mathbf{w}}\right|_{\mathbf{w}_R} \mathbf{e} \right] v_{i,R} + \ldots
$$

$$
+ \widetilde{\mathbf{b}}_m(\mathbf{w}_R) \sum_{i=1}^{m} \left[\widetilde{\beta}_{mi}(\mathbf{w}_R) + \left.\frac{\partial \widetilde{\beta}_{mi}}{\partial \mathbf{w}}\right|_{\mathbf{w}_R} \mathbf{e} \right] v_{i,R}
$$

$$
+ \left.\frac{\partial \widetilde{\mathbf{b}}_1}{\partial \mathbf{w}}\right|_{\mathbf{w}_R} \boldsymbol{\epsilon} \sum_{i=1}^{m} \widetilde{\beta}_{1i}(\mathbf{w}_R)\, v_{i,R} + \ldots + \left.\frac{\partial \widetilde{\mathbf{b}}_m}{\partial \mathbf{w}}\right|_{\mathbf{w}_R} \boldsymbol{\epsilon} \sum_{i=1}^{m} \widetilde{\beta}_{mi}(\mathbf{w}_R)\, v_{i,R}
$$

$$= \sum_{j=1}^{m} \widetilde{\mathbf{b}}_j(\mathbf{w}_R) \sum_{i=1}^{m} \left[\widetilde{\beta}_{ji}(\mathbf{w}_R) + \frac{\partial \widetilde{\beta}_{ji}}{\partial \mathbf{w}} \bigg|_{\mathbf{w}_R} \mathbf{e} \right] v_{i,R}$$

$$+ \sum_{j=1}^{m} \frac{\partial \widetilde{\mathbf{b}}_j}{\partial \mathbf{w}} \bigg|_{\mathbf{w}_R} \boldsymbol{\epsilon} \sum_{i=1}^{m} \widetilde{\beta}_{ji}(\mathbf{w}_R) v_{i,R}$$

$$= \sum_{j=1}^{m} \widetilde{\mathbf{b}}_j(\mathbf{w}_R) \sum_{i=1}^{m} \widetilde{\beta}_{ji}(\mathbf{w}_R) v_{i,R}$$

$$+ \underbrace{\sum_{j=1}^{m} \widetilde{\mathbf{b}}_j(\mathbf{w}_R) \sum_{i=1}^{m} \frac{\partial \widetilde{\beta}_{ji}}{\partial \mathbf{w}} \bigg|_{\mathbf{w}_R} v_{i,R} \, \mathbf{e}}_{=:\mathbf{M}_1} + \underbrace{\sum_{j=1}^{m} \frac{\partial \widetilde{\mathbf{b}}_j}{\partial \mathbf{w}} \bigg|_{\mathbf{w}_R} \sum_{i=1}^{m} \widetilde{\beta}_{ji}(\mathbf{w}_R) v_{i,R} \, \boldsymbol{\epsilon}}_{=:\mathbf{M}_2} \tag{C.29}$$

$$\widetilde{\mathbf{B}}(\mathbf{w}_R + \boldsymbol{\epsilon}) \widetilde{\boldsymbol{\alpha}}(\mathbf{w}_R + \mathbf{e}) = \left[\widetilde{\mathbf{b}}_1(\mathbf{w}_R + \boldsymbol{\epsilon}), \dots, \widetilde{\mathbf{b}}_m(\mathbf{w}_R + \boldsymbol{\epsilon}) \right] \begin{bmatrix} \widetilde{\alpha}_1(\mathbf{w}_R + \mathbf{e}) \\ \vdots \\ \widetilde{\alpha}_m(\mathbf{w}_R + \mathbf{e}) \end{bmatrix}$$

$$\approx \left[\widetilde{\mathbf{b}}_1(\mathbf{w}_R) + \frac{\partial \widetilde{\mathbf{b}}_1}{\partial \mathbf{w}} \bigg|_{\mathbf{w}_R} \boldsymbol{\epsilon} \right] \left[\widetilde{\alpha}_1(\mathbf{w}_R) + \frac{\partial \widetilde{\alpha}_1}{\partial \mathbf{w}} \bigg|_{\mathbf{w}_R} \mathbf{e} \right] + \dots$$

$$+ \left[\widetilde{\mathbf{b}}_m(\mathbf{w}_R) + \frac{\partial \widetilde{\mathbf{b}}_m}{\partial \mathbf{w}} \bigg|_{\mathbf{w}_R} \boldsymbol{\epsilon} \right] \left[\widetilde{\alpha}_m(\mathbf{w}_R) + \frac{\partial \widetilde{\alpha}_m}{\partial \mathbf{w}} \bigg|_{\mathbf{w}_R} \mathbf{e} \right]$$

$$\approx \widetilde{\mathbf{b}}_1(\mathbf{w}_R) \left[\widetilde{\alpha}_1(\mathbf{w}_R) + \frac{\partial \widetilde{\alpha}_1}{\partial \mathbf{w}} \bigg|_{\mathbf{w}_R} \mathbf{e} \right] + \frac{\partial \widetilde{\mathbf{b}}_1}{\partial \mathbf{w}} \bigg|_{\mathbf{w}_R} \boldsymbol{\epsilon} \, \widetilde{\alpha}_1(\mathbf{w}_R) + \dots$$

$$+ \widetilde{\mathbf{b}}_m(\mathbf{w}_R) \left[\widetilde{\alpha}_m(\mathbf{w}_R) + \frac{\partial \widetilde{\alpha}_m}{\partial \mathbf{w}} \bigg|_{\mathbf{w}_R} \mathbf{e} \right] + \frac{\partial \widetilde{\mathbf{b}}_m}{\partial \mathbf{w}} \bigg|_{\mathbf{w}_R} \boldsymbol{\epsilon} \, \widetilde{\alpha}_m(\mathbf{w}_R)$$

$$= \sum_{j=1}^{m} \widetilde{\mathbf{b}}_j(\mathbf{w}_R) \widetilde{\alpha}_j(\mathbf{w}_R)$$

$$+ \underbrace{\sum_{j=1}^{m} \widetilde{\mathbf{b}}_j(\mathbf{w}_R) \frac{\partial \widetilde{\alpha}_j}{\partial \mathbf{w}} \bigg|_{\mathbf{w}_R} \mathbf{e}}_{\mathbf{M}_3} + \underbrace{\sum_{j=1}^{m} \frac{\partial \widetilde{\mathbf{b}}_j}{\partial \mathbf{w}} \bigg|_{\mathbf{w}_R} \widetilde{\alpha}_j(\mathbf{w}_R) \, \boldsymbol{\epsilon}}_{\mathbf{M}_4} \tag{C.30}$$

Approximiert man den ersten Summanden in der Fehler-Dgl. (C.28) und setzt für den zweiten und dritten Summanden die Zwischenergebnisse (C.29) bzw. (C.30) ein, erhält man nun für die Dynamik des Fehlers $\boldsymbol{\epsilon}$ näherungsweise:

$$
\dot{\epsilon}\Big|_{\substack{\mathbf{w}=\mathbf{w}_R+\epsilon \\ \hat{\mathbf{w}}=\mathbf{w}_R+e}} \approx \widetilde{\mathbf{a}}(\mathbf{w}_R) + \frac{\partial \widetilde{\mathbf{a}}}{\partial \mathbf{w}}\Big|_{\mathbf{w}_R}\epsilon + \sum_{j=1}^{m}\widetilde{\mathbf{b}}_j(\mathbf{w}_R)\sum_{i=1}^{m}\widetilde{\beta}_{ji}(\mathbf{w}_R)v_{i,R} + \mathbf{M}_1\,\mathbf{e} + \mathbf{M}_2\,\epsilon
$$

$$
+ \sum_{j=1}^{m}\widetilde{\mathbf{b}}_j(\mathbf{w}_R)\widetilde{\alpha}_j(\mathbf{w}_R) + \mathbf{M}_3\,\mathbf{e} + \mathbf{M}_4\,\epsilon
$$

$$
= \frac{\partial \widetilde{\mathbf{a}}}{\partial \mathbf{w}}\Big|_{\mathbf{w}_R}\epsilon + \mathbf{M}_1\,\mathbf{e} + \mathbf{M}_2\,\epsilon + \mathbf{M}_3\,\mathbf{e} + \mathbf{M}_4\,\epsilon \qquad \text{(C.31)}
$$

Im Ergebnis (C.31) ist berücksichtigt, dass die Summe der restlichen drei Summanden wegen der Bestimmungsgleichung (C.27) für die Ruhelage verschwindet.

• Die folgenden Berechnungen gelten dem Schätzfehler $\mathbf{e}$:

$$
\dot{\mathbf{e}}\Big|_{\substack{\mathbf{w}=\mathbf{w}_R+\epsilon \\ \hat{\mathbf{w}}=\mathbf{w}_R+e}} = \widetilde{\mathbf{a}}(\mathbf{w}_R + \mathbf{e}) + \widetilde{\mathbf{B}}(\mathbf{w}_R + \mathbf{e})\Big[\widetilde{\alpha}(\mathbf{w}_R + \mathbf{e}) + \widetilde{\mathcal{B}}(\mathbf{w}_R + \mathbf{e})\Big]\mathbf{v}_R
$$

$$
- \Delta \mathbf{P}_{\mathcal{M}}(\mathbf{w}_R + \mathbf{e})\,\mathbf{M}\,\widetilde{\mathbf{g}}(\mathbf{w}_R + \mathbf{e})
$$

$$
+ \mathbf{K}_{HR}(\mathbf{w}_R + \mathbf{e})\,[\mathbf{c}(\mathbf{w}_R + \epsilon) - \mathbf{c}(\mathbf{w}_R + \mathbf{e})] \qquad \text{(C.32)}
$$

Produktbildungen wie oben aufschlüsseln:

$$
\widetilde{\mathbf{B}}(\mathbf{w}_R + \mathbf{e})\widetilde{\alpha}(\mathbf{w}_R + \mathbf{e}) = \ldots \text{ aus Ergebnis (C.37) für } \epsilon = \mathbf{e} \text{ folgt } \ldots
$$

$$
= \sum_{j=1}^{m}\widetilde{\mathbf{b}}_j(\mathbf{w}_R)\widetilde{\alpha}_j(\mathbf{w}_R) + \underbrace{\sum_{j=1}^{m}\left[\widetilde{\mathbf{b}}_j(\mathbf{w}_R)\frac{\partial\widetilde{\alpha}_j}{\partial\mathbf{w}}\Big|_{\mathbf{w}_R} + \frac{\partial\widetilde{\mathbf{b}}_j}{\partial\mathbf{w}}\Big|_{\mathbf{w}_R}\widetilde{\alpha}_j(\mathbf{w}_R)\right]}_{\mathbf{M}_5}\mathbf{e}
$$

$$
\text{(C.33)}
$$

$$
\widetilde{\mathbf{B}}(\mathbf{w}_R + \mathbf{e})\widetilde{\mathcal{B}}(\mathbf{w}_R + \mathbf{e})\mathbf{v}_R = \ldots \text{ aus Ergebnis (C.29) für } \epsilon = \mathbf{e} \text{ folgt } \ldots
$$

$$
= \sum_{j=1}^{m}\widetilde{\mathbf{b}}_j(\mathbf{w}_R)\sum_{i=1}^{m}\widetilde{\beta}_{ji}(\mathbf{w}_R)v_{i,R}
$$

$$
+ \underbrace{\sum_{j=1}^{m}\left[\widetilde{\mathbf{b}}_j(\mathbf{w}_R)\sum_{i=1}^{m}\frac{\partial\widetilde{\beta}_{ji}}{\partial\mathbf{w}}\Big|_{\mathbf{w}_R}v_{i,R} + \frac{\partial\widetilde{\mathbf{b}}_j}{\partial\mathbf{w}}\Big|_{\mathbf{w}_R}\sum_{i=1}^{m}\widetilde{\beta}_{ji}(\mathbf{w}_R)\,v_{i,R}\right]}_{\mathbf{M}_6}\mathbf{e}
$$

$$
\text{(C.34)}
$$

$$\Delta \mathbf{P}_{\mathcal{M}}(\mathbf{w}_R + \mathbf{e})\, \mathbf{M}\, \widetilde{\mathbf{g}}(\mathbf{w}_R + \mathbf{e})$$

$$= \ldots \text{ mit } \Delta \mathbf{P}_{\mathcal{M}}\mathbf{M} =: [\mathbf{p}_1, \ldots, \mathbf{p}_{k_S}] \text{ und } \widetilde{\mathbf{g}} = [\widetilde{g}_1, \ldots, \widetilde{g}_{k_S}]^T \ldots$$

$$= \sum_{j=1}^{k_S} \mathbf{p}_j(\mathbf{w}_R + \mathbf{e})\, \widetilde{g}_j(\mathbf{w}_R + \mathbf{e})$$

$$\approx \sum_{j=1}^{k_S} \left[\mathbf{p}_j(\mathbf{w}_R) + \left. \frac{\partial \mathbf{p}_j}{\partial \mathbf{w}} \right|_{\mathbf{w}_R} \mathbf{e} \right] \left[\underbrace{\widetilde{g}_j(\mathbf{w}_R)}_{=0} + \left. \frac{\partial \widetilde{g}_j}{\partial \mathbf{w}} \right|_{\mathbf{w}_R} \mathbf{e} \right]$$

$$\approx \sum_{j=1}^{k_S} \mathbf{p}_j(\mathbf{w}_R) \left. \frac{\partial \widetilde{g}_j}{\partial \mathbf{w}} \right|_{\mathbf{w}_R} \mathbf{e} =: \mathbf{M}_7\, \mathbf{e} \tag{C.35}$$

$$\mathbf{K}_{HR}(\mathbf{w}_R + \mathbf{e})\, [\mathbf{c}(\mathbf{w}_R + \boldsymbol{\epsilon}) - \mathbf{c}(\mathbf{w}_R + \mathbf{e})]$$

$$= \ldots \text{ mit } \mathbf{K}_{HR} = [\mathbf{k}_{HR,1}, \ldots, \mathbf{k}_{HR,m}] \text{ und } \mathbf{c} = [c_1, \ldots, c_m]^T \ldots$$

$$= \sum_{j=1}^{m} \mathbf{k}_{HR,j}(\mathbf{w}_R + \mathbf{e}) \left[c_j(\mathbf{w}_R + \boldsymbol{\epsilon}) - c_j(\mathbf{w}_R + \mathbf{e}) \right]$$

$$\approx \sum_{j=1}^{m} \left[\mathbf{k}_{HR,j}(\mathbf{w}_R) + \left. \frac{\partial \mathbf{k}_{HR,j}}{\partial \mathbf{w}} \right|_{\mathbf{w}_R} \mathbf{e} \right]$$

$$\cdot \left[c_j(\mathbf{w}_R) + \left. \frac{\partial c_j}{\partial \mathbf{w}} \right|_{\mathbf{w}_R} \boldsymbol{\epsilon} - c_j(\mathbf{w}_R) - \left. \frac{\partial c_j}{\partial \mathbf{w}} \right|_{\mathbf{w}_R} \mathbf{e} \right]$$

$$\approx \sum_{j=1}^{m} \mathbf{k}_{HR,j}(\mathbf{w}_R) \left. \frac{\partial c_j}{\partial \mathbf{w}} \right|_{\mathbf{w}_R} (\boldsymbol{\epsilon} - \mathbf{e}) =: \mathbf{M}_8(\boldsymbol{\epsilon} - \mathbf{e}) \tag{C.36}$$

Approximiert man den ersten Summanden in der Fehler-Dgl. (C.32) und setzt für die restlichen Summanden die Zwischenergebnisse (C.33) bis (C.36) ein, erhält man unter Berücksichtigung der Bestimmungsgleichung (C.27) für die Ruhelage nun für die Dynamik des Fehlers $\mathbf{e}$ näherungsweise:

$$\left. \dot{\mathbf{e}} \right|_{\substack{\mathbf{w}=\mathbf{w}_R+\boldsymbol{\epsilon} \\ \hat{\mathbf{w}}=\mathbf{w}_R+\mathbf{e}}} \approx \left. \frac{\partial \widetilde{\mathbf{a}}}{\partial \mathbf{w}} \right|_{\mathbf{w}_R} \boldsymbol{\epsilon} + \mathbf{M}_5\, \mathbf{e} + \mathbf{M}_6\, \mathbf{e} - \mathbf{M}_7\, \mathbf{e} + \mathbf{M}_8(\boldsymbol{\epsilon} - \mathbf{e}) \tag{C.37}$$

• Schätzfehler $\mathbf{e}$ und $\boldsymbol{\epsilon}$ in geschlossener Form:
Über elementare Umstellungen in den Dgln. (C.31) und (C.37) gelangt man zu einer kompakten Darstellung für die Dynamikmatrix $\mathbf{A}_{KB}$ des Fehlermodells im Prozessmodell mit Deskriptor-Beobachter (die Gültigkeit *im Kleinen* wird hier nicht mehr durch das $\approx$-Zeichen hervorgehoben):

$$\begin{bmatrix} \dot{\mathbf{e}} \\ \dot{\boldsymbol{\epsilon}} \end{bmatrix} = \begin{bmatrix} \mathbf{A}_{11} & \mathbf{A}_{12} \\ \mathbf{A}_{21} & \mathbf{A}_{22} \end{bmatrix} \begin{bmatrix} \mathbf{e} \\ \boldsymbol{\epsilon} \end{bmatrix} = \mathbf{A}_{KB} \begin{bmatrix} \mathbf{e} \\ \boldsymbol{\epsilon} \end{bmatrix} \tag{C.38}$$

Darin sind die Teilmatrizen wie folgt zu berechnen:

$$\mathbf{A}_{22} = \left[\frac{\partial \widetilde{\mathbf{a}}}{\partial \mathbf{w}} + \sum_{j=1}^{m} \frac{\partial \widetilde{\mathbf{b}}_j}{\partial \mathbf{w}} \left(\widetilde{\alpha}_j + \sum_{i=1}^{m} \widetilde{\beta}_{ji} v_{i,R} \right) \right]\Bigg|_{\mathbf{w}_R} \tag{C.39a}$$

$$\mathbf{A}_{21} = \left[\sum_{j=1}^{m} \widetilde{\mathbf{b}}_j \left(\frac{\partial \widetilde{\alpha}_j}{\partial \mathbf{w}} + \sum_{i=1}^{m} \frac{\partial \widetilde{\beta}_{ji}}{\partial \mathbf{w}} v_{i,R} \right) \right]\Bigg|_{\mathbf{w}_R} \tag{C.39b}$$

$$\mathbf{A}_{12} = \left[\sum_{j=1}^{m} \mathbf{k}_{HR,j} \frac{\partial c_j}{\partial \mathbf{w}} \right]\Bigg|_{\mathbf{w}_R} \tag{C.39c}$$

$$\mathbf{A}_{11} = \mathbf{A}_{22} + \mathbf{A}_{21} - \mathbf{A}_{12} - \left[\sum_{i=1}^{k_S} \mathbf{p}_i \frac{\partial \widetilde{g}_i}{\partial \mathbf{w}} \right]\Bigg|_{\mathbf{w}_R} \tag{C.39d}$$

C.5.2   Deskriptor-Beobachter

Wird der Beobachter nicht als Kontrollbeobachter wie in Abb. C.5 eingesetzt, sondern als parallel zum Streckenmodell laufender **Deskriptorbeobachter,** dann ist die Dynamik des Schätzfehlers **e** mit

$$\dot{\mathbf{e}} = \mathbf{A}_R \mathbf{e}$$

von Bedeutung. Die Dynamikmatrix $\mathbf{A}_R$

$$\mathbf{A}_R = \left[\frac{\partial \widetilde{\mathbf{a}}}{\partial \mathbf{w}} + \sum_{i=1}^{m} \frac{\partial \widetilde{\mathbf{b}}_i}{\partial \mathbf{w}} u_{i,R} - \sum_{i=1}^{m} \mathbf{k}_{HR,i} \frac{\partial c_i}{\partial \mathbf{w}} - \sum_{i=1}^{k_S} \mathbf{p}_i \frac{\partial \widetilde{g}_i}{\partial \mathbf{w}} \right]\Bigg|_{\mathbf{w}_R}$$

ergibt sich aus der Submatrix $\mathbf{A}_{11}$ des Fehlermodells (C.38); zu ihrer Berechnung ist in den Vorschriften (C.39) allerdings die im Vergleich mit der Abb. C.5 geänderte Struktur zu berücksichtigen – d. h.

$$\widetilde{\alpha}_j + \sum_{i=1}^{m} \widetilde{\beta}_{ji} v_{i,R} = u_{i,R}, \quad \frac{\partial \widetilde{\alpha}_j}{\partial \mathbf{w}} = 0, \quad \frac{\partial \widetilde{\beta}_{ji}}{\partial \mathbf{w}} = 0$$

ist im Zuge der Berechnung zu beachten.

Literatur

1. J. H. Aggarwal und M. Vidyasagar. *Nonlinear Systems: Stability Analysis*. John Wiley und Sons Inc., 1977. isbn: 0-470-99044-9.
2. M. Araki und M. Saeki. „A quantitative condition for the well-posedness of interconnected dynamical systems". In: *Automatic Control, IEEE Transactions on* 28.5 (1983), S. 569–577. issn: 0018-9286.
3. S. Bächle und F. Ebert. *Element-based Topological Index Reduction for Differential-Algebraic Equations in Circuit Simulation*. 2005.
4. C. Balewski. *Realisierbarkeit von verkoppelten Deskriptorsystemen*. Berichte aus der Steuerungs- und Regelungstechnik. Aachen: Shaker, 2016. isbn: 978-3-8440-4654-0.
5. A. Ben-Israel und T. N. E. Greville. Generalized Inverses: Theory and Applications. Wiley-Interscience, 1974.
6. R. P. Benedict. *Fundamentals of Pipe Flow*. John Wiley und Sons, 1980.
7. J. F. Blackburn, G. Reethof und J. L. Shearer. *Fluid Power Control*. Krausskopf-Verlag für Wirtschaft, 1962.
8. C. I. Byrnes und A. Isidori. „Asymptotic stabilization of minimum phase nonlinear systems". In: *IEEE Trans. on Automatic Control* 36.10 (1991), S. 1122–1137.
9. C. I. Byrnes und A. Isidori. „New results and examples in nonlinear feedback stabilization". In: *Systems and Control Letters* 12 (1989), S. 437–442.
10. C.-T. Chen. *Linear system theory and design*. 3. ed., 3. print. The Oxford series in electrical and computer engineering. New York: Oxford Univ. Press, 1999. isbn: 0-19-511777-8.
11. G. Ciccarelle, M. Dalla Mora und A. Germani. „A Luenberger-like observer for nonlinear systems". In: *Int. J. Control* 57.3 (1993), S. 537–556.
12. N. H. Clamroch. „Feedback Stabilisation of Control Systems Described by a Class of Nonlinear Differential-Algebraic Equations". In: *Systems and Control Letters* 15 (1990), S. 53–60.
13. L. Dai. „Singular Control Systems". In: *Lecture Notes in Control and Information Sciences*. Hrsg. von M. Thoma und A. Wyner. Springer, Berlin, Heidelberg, 1989. isbn: 0387507248.
14. P. Deuflhard u. a. *Numerische Mathematik. Bd. 2. Integration gewöhnlicher Differentialgleichungen*. de Gruyter, Berlin, New York, 1994.
15. O. Föllinger. Regelungstechnik. 8., überarbeitete Auflage. Hüthig Buch Verlag Heidelberg, 1994. isbn: 3-7785-2336-8.

© Der/die Herausgeber bzw. der/die Autor(en), exklusiv lizenziert durch Springer Fachmedien Wiesbaden GmbH, ein Teil von Springer Nature 2021
F. Gausch, *Nichtlineare Deskriptormodelle*,
https://doi.org/10.1007/978-3-658-31944-1

16. D. Fürst. „Mathematische Modellbildung, regelungstechnische Analyse und Synthese mechatronischer Systeme in Deskriptorform". Dissertation. Universität Gesamthochschule Kassel, 2000.

17. F. Gausch. „Die Realisierbarkeit verkoppelter dynamischer Systeme". In: *e&i Elektrotechnik und Informationstechnik* 122.9 (2005), S. 314–318.

18. F. Gausch. „Regelung nichtlinearer Prozesse". Habilitationsschrift. Fakultät für Elektrotechnik der Technischen Universität Graz, 1992.

19. F. Gausch. „Regelungstheorie - Nichtlineare Regelungen". Vorlesungsskript. Steuerungs- und Regelungstechnik, Universität Paderborn, 2010.

20. F. Gausch, A. Hofer und K. Schlacher. *Digitale Regelkreise*. 2., durchgesehene und korrigierte Auflage. Methoden der Regelungs- und Automatisierungstechnik. R. Oldenbourg Verlag München Wien, 1993. isbn: 3-486-22734-3.

21. F. Gausch und P. Müller. „Statische und dynamische Rückführung in nichtlinearen Deskriptorsystemen". In: *at - Automatisierungstechnik* 52.12-2004 (2004), S. 569–576. issn: 0178-2312.

22. F. Gausch und N. Vhrovac. „Feedback Linearization of Descriptor Systems - A Classification Approach". In: *IJAA - International Journal Automation Austria* 18.1 (2010), S. 1–18.

23. Ch. W. Gear. „Differential-algebraic equation index transformations". In: *SIAM Journal on Scientific and Statistical Computing* 9.1 (1988), S. 39–47.

24. Ch. W. Gear. „Simultaneous Numerical Solution of Differential-Algebraic Equations". In: *IEEE Transactions on Circuit Theory* CT-18.1 (1971), S. 89–95.

25. Ch. W. Gear und L. R. Petzold. „ODE-Methods for the Solution of Differential/Algebraic Systems". In: *SIAM Journal on Numerical Analysis* 21.4 (1984), S. 716–728.

26. W. Hahn. *Stability of Motion*. Bd. 138. Grundlehren der mathematischen Wissenschaften. Springer-Verlag Berlin Heidelberg, 1967. isbn: 978-3-642-50087-9.

27. E. Hairer, C. Lubich und M. Roche. The Numerical Solution of Differential-Algebraic Systems by Runge-Kutta Methods. Bd. 1409. Lecture Notes on Mathematics. Springer-Verlag, 1989.

28. E. Hairer, S. C. Nørsett und G. Wanner. *Solving Ordinary Differential Equations I: Nonstiff problems*. Second Revised Edition. Springer series in computational mathematics 8. Berlin: Springer, 1993. isbn: 978-3-540-56670-0.

29. H. Heuser. *Lehrbuch der Analysis*. Bd. 2. Stuttgart: Teubner, 1981. isbn: 3-519-02222-2.

30. M. Horn und N. Dourdoumas. *Regelungstechnik: Rechnerunterstützter Entwurf zeitkontinuierlicher und zeitdiskreter Regelkreise*. [Nachdr., korrigiert]. et - Elektrotechnik Regelungstechnik. München: Pearson Studium, 2004. isbn: 9783827372604.

31. A. Isidori. *Nonlinear Control*. Second Edition. Lecture Notes in Control and Information Sciences. Berlin: Springer-Verlag, 1985. isbn: 3-540-50601-2.

32. A. Isidori und J. W. Grizzle. „Fixed modes and nonlinear noninteracting control with stability". In: *IEEE Trans.* on AC 33.10 (1988), S. 907–914.

33. B. de Jager. „Symbolic calculation of zero dynamics for nonlinear control systems". In: *Proc. of the International Symposium on Symbolic and Algebraic Computation* (1991), S. 321–322.

34. S. Kawaji und E. Z. Taha. „Feedback Linearization of a Class of Nonlinear Descriptor Systems". In: *Proc. of 33th Conference of Decision and Control*. 1994, S. 4035–4037.

35. H. K. Khalil und L. Praly. „High-gain observers in nonlinear control". In: *Int. J. Robust Nonlinear Control* 24 (2014), S. 993–1015.

36. St. Krantz und H. R. Parks. *The Implicit Function Theorem: History, Theory and Applications*. Boston [u.a.] : Birkhäuser, 2002.

37. L. Kronecker. „Algebraische Reduction der Schaaren bilinearer Formen". In: *Sitzungsberichte Akad. Wiss.* Berlin (1890), S. 1225–1237.

38. P. Kunkel und V. Mehrmann. *Differential-Algebraic Equations: Analysis and Numerical Solution*. EMS Textbooks in Mathematics. Zürich: European Math. Soc., 2006. isbn: 9783037190173.

39. P. Kunkel, V. Mehrmann und I. Seufer. GENDA: A software package for the solution of General Nonlinear Differential-Algebraic equations. Techn. Ber. Institut für Mathematik, Number 730–02. 2002.
40. R. Lamour, R. März und C. Tischendorf. *Differential-Algebraic Equations: A Projector Based Analysis*. Differential-Algebraic Equations Forum. Berlin, Heidelberg: Springer, 2013. isbn: 978-3-642-27554-8.
41. Chr. Landgraf und G. Schneider. *Elemente der Regelungstechnik. Springer Verlag* Berlin Heidelberg New York, 1970. isbn: Library of Congress Catalog Card Number 72-86182.
42. D. Luenberger. „Dynamic Equations in Descriptor Form". In: *IEEE Transactions on Automatic Control* 22.3 (1977), S. 313–321.
43. D. Luenberger. „Time-invariant descriptor systems". In: *Automatica* 14.5 (1978), S. 473–480.
44. R. März. „Numerical methods for differential algebraic equations". In: *Acta Numerica* 1 (Jan. 1992), S. 141–198. issn: 1474-0508.
45. S. E. Mattsson und G. Söderlind. „Index Reduction in Differential-Algebraic Equations Using Dummy Derivatives". In: *SIAM Journal on Scientific Computing* 14.3 (1993), S. 677–692.
46. R. McKenzie u. a. „Regularization of nonlinear DAEs based on Structural Analysis". In: *IFAC-PapersOnLine* 48.1 (2015). 8th Vienna International Conferenceon Mathematical Modelling MATHMOD 2015, S. 298–299. issn: 2405-8963.
47. V. Mehrmann. „Index concepts for differential-algebraic equations". In: *Encyclopedia of Applied and Computational Mathematics*. Hrsg. Von B. Engquist. Springer, Berlin, Heidelberg, 2015.
48. D. Morgenstern und I. Szabo. *Vorlesungen über Theoretische Mechanik*. Springer Verlag, 1961.
49. P. Müller. „Linearisierung und Entkopplung von Deskriptorsystemen". Dissertation. Fachbereich Elektrotechnik, Universität-GH Paderborn, 2000.
50. P. Müller und F. Gausch. „Besonderheiten der exakten Linearisierung von Deskriptorsystemen - Differentielle Ordnung, Ableitungsgrad und Index". In: *Tagungsband 11. Steirisches Seminar über Regelungstechnik und Prozessautomatisierung* (1999), S. 1–24.
51. P. C. Müller. „Kausale und nichtkausale Deskriptorsysteme". In: *Zeitschrift für angewandte Mathematik und Mechanik* 77.1 (1997), S 231. issn: 0044-2267.
52. P. C. Müller. „Stability and Optimal Control of Nonlinear Descriptor Systems". In: *Proc. 3rd Int. Symp. on Methods and Modelsin Automation and Robotics* (1996), S. 17–21.
53. H. J. Nam und J. H. Seo. „Input Output Linearization Approach to State Observer Design for Nonlinear System". In: *IEEE Transactions on Automatic Control* 45.12 (2000), S. 2388–2393.
54. H. Nijmeijer und T. I. Fossen. „New Directions in Nonlinear Observer Design". In: *Lecture Notes in Control and Information Science* 244 (1999).
55. C. C. Pantelides. „The Consistent Initialization of Differential-Algebraic Systems". In: *SIAM Journal on Scientific and Statistical Computing* 9.2 (1988), S. 213–231. issn: 0196-5204.
56. S. P. Parker. *McGraw-Hill Encyclopedia of Physics*. New York: McGraw-Hill Book Company, 1982. isbn: 0-07-045253-9.
57. L. Petzold. „A Description of DASSL: A Differential/Algebraic System Solver". In: *Proc. IMACS World Congress*. 1982.
58. E. Plasser. Feuchte- und Mengenregelung von Prozessgasen bei niedrigen Druckdifferenzen. Techn. Ber. Diplomarbeit, 1991.
59. J. W. Prüss und M. Wilke. *Gewöhnliche Differentialgleichungen und dynamische Systeme*. Birkhäuser-Verlag, 2010. isbn: 978-3-0348-0001-3.
60. S. Raghavan und J. K. Hedrick. „Observer design for a class of nonlinear systems". In: *Int. J. Contr.* 59.2 (1994), S. 515–528.
61. S. Reich. „Beitrag zur Theorie der Algebrodifferentialgleichungen". Dissertation. Technische Universität Dresden, 1989.

62. S. Reich. „On a geometrical interpretation of differential-algebraic equations". English. In: *Circuits, Systems and Signal Processing* 9.4 (1990), S. 367–382. issn: 0278-081X.

63. G. Reißig, W. S. Martinson und P. I. Barton. „Differential-Algebraic Equations of Index 1 may have an Arbitrarily High Structural Index". In: *SIAM Journal on Scientific Computing* 21.6 (2000), S. 1987–1990.

64. W. C. Rheinboldt. „Differential-algebraic systems as differential equations on manifolds". In: *Mathematics of Computation* 43.168 (1984), S. 473. issn: 0025-5718.

65. K. Röbenack. *Beitrag zur Analyse von Deskriptorsystemen*. Als Ms. gedr. Zugl.: Dresden, Techn. Univ., Diss., 1999. Aachen: Shaker, 1999. isbn: 3-8265-6795-1.

66. K. Röbenack. *Nichtlineare Regelungssysteme - Theorie und Anwendung der exakten Linearisierung*. Springer Vieweg, 2017. isbn: 978-3-662-44090-2.

67. K. Röbenack. „Zum High-Gain-Beobachterentwurf für eingangs-ausgangs-linearisierbare SISO-Systeme". In: *Automatisierungstechnik* 10 (2004), S. 481–488.

68. H. H. Rosenbrock. Mathematik Dynamischer Systeme. Oldenbourg, München, Wien, 1971.

69. K. Schlacher, W. Haas und A. Kugi. „Ein Vorschlag für eine Normalform für Deskriptorsysteme". In: *ZAMM Zeitschrift für Angewandte Mathematik und Mechanik* 79 (1999), S. 21–24.

70. K. Schlacher und A. Kugi. „Control of Nonlinear Descriptorsystems - a Computer Algebra Based Approach". In: *Lecture Notes in Control and Information Sciences* 259 (2001), S. 379–395.

71. K. Schlacher, A. Kugi und K. Zehetleitner. „A Lie-Groop Approach for Nonlinear Dynamic Systems Described by Implicite Ordinary Differential Equations". In: *Proc. of 15th Int. Symp. on Mathematical Theory of Networks and Systems*. 2002, 24255.pdf.

72. H. Schwarz. *Nichtlineare Regelungssysteme: Sytemtheoretische Grundlagen*. München: Oldenbourg, 1991. isbn: 3-486-21833-6.

73. U. Seidel, H. Buchta und K. J. Reinschke. „Variablen- und Parameterschätzung für Regelstreckenmodelle in Deskriptorform (Variable and Parameter Estimation for Plant Models in Descriptor Form)". In: *at - Automatisierungstechnik* 48.12/2000 (2000). issn: 0178-2312.

74. F. E. Thau. „Observing the state of non-linear dynamic systems". In: *Int. J. Control* 17.3 (1973), S. 471–479.

75. R. Unbehauen. Systemtheorie 2 - Mehrdimensionale, adaptive und nichtlineare Systeme. Bd. 7. Auflage. R. Oldenbourg Verlag München Wien, 1998.

76. M. Vidyasagar. *Nonlinear systems analysis*. Bd. 42. Siam, 2002.

77. M. Vidyasagar. „On the Well-Posedness of Large-Scale Interconnectes Systems". In: *IEEE Transactions on Automatic Control* 25.3 (1980), S. 413–421.

78. N. Vrhovac. *Beobachtungsaufgabe bei nichtlinearen Deskriptorsystemen*. 1. Aufl. Berichte aus der Steuerungs- und Regelungstechnik. Aachen: Shaker, 2015. isbn: 978-3-8440-3665-7.

79. W. Walter. *Gewöhnliche Differentialgleichungen*. Springer DE, 1986.

80. T. M. Weigl. *Der schwache DAE-Strukturindex: Eine strukturbasierte Indexanalyse differential-algebraischer Gleichungen*. neue Ausg. Saarbrücken: Südwestdeutscher Verlag für Hochschulschriften, 2012. isbn: 3838130383.

81. J. C. Willems. *The Analysis of Feedback Systems*. Bd. No. 62. Research Monograph. Cambridge, Massachusetts und London, England: The M.I.T. Press.

82. J. L. Willems. *Stabilität dynamischer Systeme*. Oldenbourg München, 1973. isbn: 3-486-38711-1.

83. L. Xiaoping und S. Celicovsky. „Feedback Control of Affine Nonlinear Singular Control Systems". In: *Int. J. Control* 68.4 (1997). issn: 753-774.

84. M. Zeitz. „The extended Luenberger observer for nonlinear systems". In: *Systems and Control Letters* 9 (1987), S. 149–156.

Stichwortverzeichnis

© Der/die Herausgeber bzw. der/die Autor(en), exklusiv lizenziert durch Springer
Fachmedien Wiesbaden GmbH, ein Teil von Springer Nature 2021
F. Gausch, *Nichtlineare Deskriptormodelle,*
https://doi.org/10.1007/978-3-658-31944-1

Printed in the United States
By Bookmasters